新世纪高职高专
基础类课程规划教材

U0727192

高等数学
GAODENG SHUXUE
（应用类）（第二版）

新世纪高职高专教材编审委员会 组编
主 编 关革强
副主编 杨华宣 段彩云

大连理工大学出版社
DALIAN UNIVERSITY OF TECHNOLOGY PRESS

图书在版编目(CIP)数据

高等数学:应用类 / 关革强主编. —2 版. —大连:大连理工大学出版社,
2008.6(2012.8 重印)
新世纪高职高专基础类课程规划教材
ISBN 978-7-5611-2955-5

Ⅰ.高…　Ⅱ.关…　Ⅲ.高等数学—高等学校—教材　Ⅳ.O13

中国版本图书馆 CIP 数据核字(2005)第 080669 号

大连理工大学出版社出版
地址:大连市软件园路 80 号　邮政编码:116023
发行:0411-84708842　邮购:0411-84703636　传真:0411-84701466
E-mail:dutp@dutp.cn　　URL:http://www.dutp.cn
丹东新东方彩色包装印刷有限公司印刷　大连理工大学出版社发行

幅面尺寸:185mm×260mm　印张:12.75　字数:289 千字
印数:33001~34500
2005 年 8 月第 1 版　　2008 年 7 月第 2 版
2012 年 8 月第 12 次印刷

责任编辑:杨　云　　　　　责任校对:周双双
封面设计:张　莹

ISBN 978-7-5611-2955-5　　定　价:21.00 元

总 序

我们已经进入了一个新的充满机遇与挑战的时代,我们已经跨入了21世纪的门槛。

20世纪与21世纪之交的中国,高等教育体制正经历着一场缓慢而深刻的革命,我们正在对传统的普通高等教育的培养目标与社会发展的现实需要不相适应的现状作历史性的反思与变革的尝试。

20世纪最后的几年里,高等职业教育的迅速崛起,是影响高等教育体制变革的一件大事。在短短的几年时间里,普通中专教育、普通高专教育全面转轨,以高等职业教育为主导的各种形式的培养应用型人才的教育发展到与普通高等教育等量齐观的地步,其来势之迅猛,发人深思。

无论是正在缓慢变革着的普通高等教育,还是迅速推进着的培养应用型人才的高职教育,都向我们提出了一个同样的严肃问题:中国的高等教育为谁服务,是为教育发展自身,还是为包括教育在内的大千社会? 答案肯定而且惟一,那就是教育也置身其中的现实社会。

由此又引发出高等教育的目的问题。既然教育必须服务于社会,它就必须按照不同领域的社会需要来完成自己的教育过程。换言之,教育资源必须按照社会划分的各个专业(行业)领域(岗位群)的需要实施配置,这就是我们长期以来明乎其理而疏于力行的学以致用问题,这就是我们长期以来未能给予足够关注的教育目的问题。

如所周知,整个社会由其发展所需要的不同部门构成,包括公共管理部门如国家机构、基础建设部门如教育研究机构和各种实业部门如工业部门、商业部门,等等。每一个部门又可作更为具体的划分,直至同它所需要的各种专门人才相对应。教育如果不能按照实际需要完成各种专门人才培养的目标,就不能很好地完成社会分工所赋予它的使命,而教育作为社会分工的一种独立存在就应受到质疑(在市场经济条件下尤其如此)。可以断言,按照社会的各种不同需要培养各种直接有用人才,是教育体制变革的终极目的。

随着教育体制变革的进一步深入,高等院校的设置是否会同社会对人才类型的不同需要一一对应,我们姑且不论。但高等教育走应用型人才培养的道路和走研究型(也是一种特殊应用)人才培养的道路,学生们根据自己的偏好各取所需,始终是一个理性运行的社会状态下高等教育正常发展的途径。

高等职业教育的崛起,既是高等教育体制变革的结果,也是高等教育体制变革的一个阶段性表征。它的进一步发展,必将极大地推进中国教育体制变革的进程。作为一种应用型人才培养的教育,它从专科层次起步,进而应用本科教育、应用硕士教育、应用博士教育……当应用型人才培养的渠道贯通之时,也许就是我们迎接中国教育体制变革的成功之日。从这一意义上说,高等职业教育的崛起,正是在为必然会取得最后成功的教育体制变革奠基。

高等职业教育还刚刚开始自己发展道路的探索过程,它要全面达到应用型人才培养的正常理性发展状态,直至可以和现存的(同时也正处在变革分化过程中的)研究型人才培养的教育并驾齐驱,还需要假以时日;还需要政府教育主管部门的大力推进,需要人才需求市场的进一步完善发育,尤其需要高职教学单位及其直接相关部门肯于做长期的坚忍不拔的努力。新世纪高职高专教材编审委员会就是由全国100余所高职高专院校和出版单位组成的旨在以推动高职高专教材建设来推进高等职业教育这一变革过程的联盟共同体。

在宏观层面上,这个联盟始终会以推动高职高专教材的特色建设为己任,始终会从高职高专教学单位实际教学需要出发,以其对高职教育发展的前瞻性的总体把握,以其纵览全国高职高专教材市场需求的广阔视野,以其创新的理念与创新的运作模式,通过不断深化的教材建设过程,总结高职高专教学成果,探索高职高专教材建设规律。

在微观层面上,我们将充分依托众多高职高专院校联盟的互补优势和丰裕的人才资源优势,从每一个专业领域、每一种教材入手,突破传统的片面追求理论体系严整性的意识限制,努力凸现高职教育职业能力培养的本质特征,在不断构建特色教材建设体系的过程中,逐步形成自己的品牌优势。

新世纪高职高专教材编审委员会在推进高职高专教材建设事业的过程中,始终得到了各级教育主管部门以及各相关院校相关部门的热忱支持和积极参与,对此我们谨致深深谢意,也希望一切关注、参与高职教育发展的同道朋友,在共同推动高职教育发展、进而推动高等教育体制变革的进程中,和我们携手并肩,共同担负起这一具有开拓性挑战意义的历史重任。

新世纪高职高专教材编审委员会
2001 年 8 月 18 日

前　言

　　《高等数学》(应用类)(第二版)是新世纪高职高专教材编委会组编的基础类课程规划教材之一。

　　为了适应高等院校培养复合型高级专门人才及高等职业教育新的教学形势,同时为了能更好地将课程与实际教学相结合,我们对《高等数学》(应用类)进行了修订,此次修订仍以"概念、定理适度掌握,强化实用,培养技能"为重点,充分体现以应用为目标、够用为度的高职高专教学基本原则。做到理论描述精确简练,具体讲解明晰易懂;兼顾高职高专各专业对高等数学知识的需要。

　　具体修订的内容包括:

　　(1)删除了部分难度较大的例题;

　　(2)把部分较难的章节作为选学内容;

　　(3)对全书中的图像进行了全面的修整完善;

　　(4)对部分不合实际的习题进行了删减,同时对全书的习题配有答案。

　　通过本次修订,本教材仍具有第一版所具有的显著特点:

　　(1)强调数学概念与实际问题的联系;

　　(2)适度淡化逻辑证明;

　　(3)充分考虑高职高专学生的数学基础,较好地处理了初等数学与高等数学之间的过渡和衔接;

　　(4)优选了微积分、矩阵与线性方程组、微分方程、拉普拉斯变换等知识在现实生活中的应用实例,适用专业面宽;

　　(5)每节后的习题针对性强,量少简洁;

　　(6)每章前附有本章教学要求,有利于教师、学生的教与学。

《高等数学》(应用类)(第二版)由关革强担任主编,杨华宣、段彩云担任副主编,颜秀芬参加了本教材的修订编写。具体编写分工如下:第3、4、5、6、7章由关革强编写,第8、9章由杨华宣编写,第1、2章由段彩云编写。

尽管我们在《高等数学》(应用类)(第二版)的编写过程中做出了许多努力,但由于我们的水平有限,书中难免有不妥之处,希望各教学单位和读者在使用本教材的过程中给予关注,并将意见和建议及时反馈给我们,以便修订时改进。

所有意见和建议请发往:dutpgz@163.com

欢迎访问我们的网站:http://www.dutpgz.cn

联系电话:0411—84706104 84707492

编 者

2008 年 7 月

目　录

第1章

函数、极限与连续

本章学习目标

理解函数的概念;了解函数的有界性、单调性、周期性和奇偶性;理解反函数和复合函数的概念;熟练掌握基本初等函数的性质及图形;能建立简单实际问题中的函数关系(包括基本经济函数);掌握极限的描述性定义,在整个学习过程中逐步加深对极限思想的理解;掌握极限的四则运算法则;会用两个重要极限求极限,掌握无穷小、无穷大的概念及无穷小的比较;理解函数在一点连续的概念,会判断间断点及间断点的类型;了解初等函数的连续性,理解在闭区间上连续函数的性质.

1.1 函 数

在自然现象、经济活动和工程技术中,往往同时遇到几个变量,这些变量通常不是孤立的,而是遵循一定规律相互依赖的,这个规律反映在数学上就是变量与变量之间的函数关系.关于函数的有关知识,已在中学数学中作了介绍,本节仅就其中的一部分作简要的叙述,并作必要的补充.

1.1.1 函数的概念

1.函数的定义

定义1 设某一变化过程中有两个变量 x 和 y,如果当变量 x 在其变化范围内任意取定一个值时,变量 y 按照一定的对应法则有确定的值与它对应,则称 y 是关于 x 的**函数**,记作 $y = f(x)$.其中 x 叫做**自变量**,y 叫做**因变量**.

如果自变量 x 取某一数值 x_0 时,函数 y 有确定的值和它对应,就称函数在点 x_0 有定义.在一般情况下,使函数有定义的自变量的值的集合,称为函数的定义域,它一般是数轴上的一些点的集合(区间).在实际问题中,还应结合实际意义来确定函数的定义域.自变量取定义域内某一值时,因变量的对应值叫做函数值.函数值的集合叫做函数的值域,它是由定义域和对应的法则决定的.

如果对于定义域内任意一个自变量的值,函数只有一个确定的值和它对应,这种函数叫做**单值函数**;否则,就叫做**多值函数**.本书所讨论的函数,如果没有特别指出,均指单值函数.

【例1】 求函数 $f_1(x) = \dfrac{x^2 - 2x}{x}$ 的定义域,并与函数 $f_2(x) = x - 2$ 比较一下,看它们是否表示同一个函数?

解 $f_1(x)$ 的定义域是 $x \neq 0$ 的一切实数,即 $(-\infty, 0) \bigcup (0, +\infty)$;而 $f_2(x)$ 的定义域是 $(-\infty, +\infty)$.

由于 $f_1(x)$ 与 $f_2(x)$ 的定义域不同,故 $f_1(x)$ 与 $f_2(x)$ 表示的不是同一个函数.

说明 决定函数的两要素是函数定义域和对应法则,因此,两个函数只有在它们的定义域和对应法则都相同时,才认为是相同的.

2.分段函数

表示函数的方法通常有解析法、列表法和图示法三种.

利用解析法表示函数时,一般用一个解析表达式表示一个函数.有时需要用几个解析表达式表示一个函数,即对于自变量不同的取值范围,函数采用不同的解析表达式,这种函数叫做**分段函数**.

例如:

$$y = |x| = \begin{cases} x & (x \geq 0) \\ -x & (x < 0) \end{cases} \quad \text{及} \quad y = \begin{cases} 1 & (0 < x \leq 5) \\ 0 & (x = 0) \\ -1 & (-5 \leq x < 0) \end{cases}$$

都是分段函数.其图像分别如图1-1和图1-2所示.

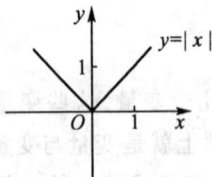

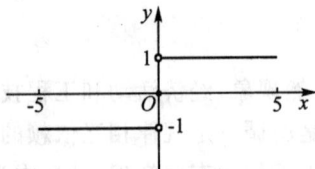

图 1-1 图 1-2

注 (1)分段函数是用几个解析表达式表示一个函数,而不是表示几个函数.

(2)分段函数的定义域是各段自变量取值集合的并集.

【例2】 A、B 两地间的汽车运输,其旅客携带行李按下列标准支付运费:不超过10公斤的不收行李费;超过10公斤而不超过25公斤的,超出部分每公斤收运费0.50元;超过25公斤而不超过100公斤的,超出部分每公斤收运费0.80元.试列出运输行李的运费与行李的重量之间的函数关系式,写出其定义域,并求出所带行李分别为16公斤和65公斤的甲、乙两旅客各应支付多少运费?

分析 由于行李的重量在不超过10公斤、超过10公斤而不超过25公斤、超过25公斤而不超过100公斤三种情况下,其运费的计算方法是各不相同的,因此,该关系式需用分段函数来表示.

假设行李的重量为 x 公斤,运费为 y 元,则

(1)当 $0 \leq x \leq 10$ 时,$y = 0$.

(2)当 $10 < x \leqslant 25$ 时,由于不超过 10 公斤的行李不收费,故单价为 0.50 元的行李重量为 $(x-10)$ 公斤,这时运费 $y = 0.50(x-10)$.

(3)当 $25 < x \leqslant 100$ 时,运费是由 y_1、y_2 两部分组成的:①前 25 公斤在扣除 10 公斤免费后,余下的 15 公斤每公斤收运费 0.50 元,则 $y_1 = 0.50 \times (25-10)$;②超过 25 公斤而不超过 100 公斤部分的重量为 $(x-25)$ 公斤,这时 $y_2 = 0.80(x-25)$.

因此,可得如下解答:

解 设行李重量为 x 公斤,则行李的运费为

$$y = f(x) = \begin{cases} 0 & (0 \leqslant x \leqslant 10) \\ 0.50(x-10) & (10 < x \leqslant 25) \\ 0.50 \times (25-10) + 0.80(x-25) & (25 < x \leqslant 100) \end{cases}$$

$$= \begin{cases} 0 & (0 \leqslant x \leqslant 10) \\ 0.50x - 5 & (10 < x \leqslant 25) \\ 0.80x - 12.5 & (25 < x \leqslant 100) \end{cases}$$

其定义域为 $[0, 100]$.

$$f(16) = 0.50 \times 16 - 5 = 3.00 \text{ (元)}$$

$$f(65) = 0.80 \times 65 - 12.5 = 39.50 \text{ (元)}$$

即甲、乙两旅客应分别支付运费 3.00 元和 39.50 元.

1.1.2 函数的几种特性

1. 函数的单调性

定义 2 设函数 $y = f(x)$ 定义在区间 (a, b) 内,如果对于 (a, b) 内的任意两点 x_1、x_2,当 $x_1 < x_2$ 时,都有

$$f(x_1) < f(x_2) \qquad (\text{或} f(x_1) > f(x_2))$$

成立,则称函数 $y = f(x)$ 在区间 (a, b) 内是单调增加(或单调减少)的,而称区间 (a, b) 为单调增加(或单调减少)区间.

【例 3】 判别函数 $f(x) = 1 - x^2$ 的单调性,并写出其增减区间.

解 对于任意的 x_1、$x_2 \in (-\infty, +\infty)$,且 $x_2 - x_1 > 0$,有

$$f(x_1) - f(x_2) = (1 - x_1^2) - (1 - x_2^2) = (x_2 + x_1)(x_2 - x_1)$$

(1)当 x_1、$x_2 \in (-\infty, 0)$ 时,因 $x_2 - x_1 > 0$,且 $x_2 + x_1 < 0$,所以 $f(x_1) - f(x_2) < 0$,即 $f(x)$ 在 $(-\infty, 0)$ 内是单调增加的.

(2)当 x_1、$x_2 \in [0, +\infty)$ 时,因 $x_2 - x_1 > 0$,且 $x_2 + x_1 > 0$,所以 $f(x_1) - f(x_2) > 0$,即 $f(x)$ 在 $[0, +\infty)$ 内是单调减少的.

所以函数 $f(x)$ 的单调增加区间为 $(-\infty, 0)$,单调减少区间为 $[0, \div\infty)$.

2. 函数的奇偶性

定义 3 设函数 $f(x)$ 定义在区间 (a, b) 内,如果对于任一 $x \in (a, b)$,都有

$$f(-x) = -f(x)$$

成立,则称函数 $f(x)$ 在区间 (a, b) 内是**奇函数**;如果对于任一 $x \in (a, b)$,都有

$$f(-x) = f(x)$$

成立,则称函数 $f(x)$ 在区间 (a,b) 内是**偶函数**.

奇函数的图像是关于原点对称的,偶函数的图像是关于 y 轴对称的.

【例 4】 判别下列函数的奇偶性:

(1) $f(x) = x^3$

(2) $f(x) = \dfrac{1}{2}(a^x + a^{-x})$

(3) $f(x) = \dfrac{1}{x} + 1$

解 (1)因为 $f(-x) = (-x)^3 = -x^3 = -f(x)$,所以

$f(x) = x^3$ 是奇函数.

(2)因为 $f(-x) = \dfrac{1}{2}[a^{-x} + a^{-(-x)}] = \dfrac{1}{2}(a^x + a^{-x}) = f(x)$,所以

$f(x) = \dfrac{1}{2}(a^x + a^{-x})$ 是偶函数.

(3)因为 $f(-x) = -\dfrac{1}{x} + 1$,它既不等于 $-f(x)$,也不等于 $f(x)$,所以

$f(x) = \dfrac{1}{x} + 1$ 是非奇非偶函数.

3.函数的周期性

定义 4 对于函数 $y = f(x)$,如果存在一个常数 $T(T \neq 0)$,使得对于其定义域内的所有 x,都有

$$f(x+T) = f(x)$$

成立,则称 $y = f(x)$ 是**周期函数**,而称 T 为**函数的周期**.通常,我们把周期函数的最小正周期简称为**周期**.

例如,函数 $y = \sin x$ 和 $y = \cos x$ 都是以 2π 为周期的周期函数,函数 $y = \tan x$ 和 $y = \cot x$ 都是以 π 为周期的周期函数.

4.函数的有界性

定义 5 对于定义在 (a,b) 内的函数 $y = f(x)$,如果存在一个正数 M,使得对于 (a,b) 内的所有 x,都有

$$|f(x)| \leqslant M$$

成立,则称 $y = f(x)$ 在 (a,b) 内是**有界的**.如果这种 M 不存在,则称 $y = f(x)$ 在 (a,b) 内是**无界的**.

例如,因为对于任一 $x \in (-\infty, +\infty)$,都有 $|\sin x| \leqslant 1$,所以,$y = \sin x$ 在 $(-\infty, +\infty)$ 内是有界的.而函数 $y = \dfrac{1}{x}$ 在区间 $(0,1)$ 内是无界的,因为不存在这样的正数 M,使 $\left|\dfrac{1}{x}\right| \leqslant M$ 对于 $(0,1)$ 内的所有 x 都成立;但 $y = \dfrac{1}{x}$ 在 $(1,2)$ 内是有界的,因为存在着这样的 M(例如 $M = 1$)使 $\left|\dfrac{1}{x}\right| \leqslant M$ 对于 $(1,2)$ 内的所有 x 都成立.

1.1.3 复合函数与初等函数

1.反函数

定义 6 设函数 $y = f(x)$ 的定义域是 (a,b)，值域是 (c,d)，若对于 (c,d) 中的任一 y 值,都有惟一的 $x \in (a,b)$,使得

$$f(x) = y$$

成立,这时 x 也是 y 的函数,称它为 $y = f(x)$ 的**反函数**,记作 $x = f^{-1}(y)$.这时,称 $y = f(x)$ 为**直接函数**.

由定义可知,反函数 $x = f^{-1}(y)$ 的定义域是直接函数的值域,而反函数的值域是直接函数的定义域.

习惯上,常用 x 表示自变量,y 表示因变量.因此,经常把反函数 $x = f^{-1}(y)$ 记作 $y = f^{-1}(x)$.

【例 5】 求下列函数的反函数:

(1) $y = \dfrac{x-1}{x+1}$;

(2) $y = 10^{x+2}$.

解 (1)等式两边同乘以 $x + 1$,得

$$xy + y = x - 1$$
$$x(1 - y) = 1 + y$$

则
$$x = \frac{1+y}{1-y} \quad (y \neq 1)$$

故 $y = \dfrac{x-1}{x+1}$ 的反函数为 $x = \dfrac{1+y}{1-y}(y \neq 1)$,习惯上写成 $y = \dfrac{1+x}{1-x} \ (x \neq 1)$.

(2)等式两边同时取以 10 为底的对数,得

$$\lg y = x + 2$$
$$x = \lg y - 2(y > 0)$$

即 $y = 10^{x+2}$ 的反函数为 $x = \lg y - 2(y > 0)$,习惯上写成 $y = \lg x - 2(x > 0)$.

反函数是相对的,例 5(2)中 $y = \lg x - 2$ 是 $y = 10^{x+2}$ 的反函数,而 $y = 10^{x+2}$ 也是 $y = \lg x - 2$ 的反函数.

此外,互为反函数的两个函数的图形对称于直线 $y = x$.

2.基本初等函数

下面六类函数统称为基本初等函数:

(1)常函数 $y = c$ (c 为常数);

(2)幂函数 $y = x^a$ (a 为实数);

(3)指数函数 $y = a^x (a > 0$,且 $a \neq 1)$;

(4)对数函数 $y = \log_a x (a > 0$,且 $a \neq 1)$;

(5)三角函数 $y = \sin x , y = \cos x , y = \tan x , y = \cot x , y = \sec x , y = \csc x$;

(6)反三角函数 $y = \arcsin x , y = \arccos x , y = \arctan x , y = \text{arccot} x$.

上述这些函数已在中学数学中做过较详细的讨论,下面就其图像和性质作简要的复习.

(1)常函数:$y = c$(c 为常数)

它的图形是一条平行于 x 轴且截距为 c 的直线(如图 1-3 所示),其定义域是 $x \in (-\infty, +\infty)$.

(2)幂函数:$y = x^a$($a \in \mathbf{R}$)

它的图形和性质随 a 的不同而不同,但不论 a 取何值,它在 $(0, +\infty)$ 内总有定义,而且其图形都过点$(1,1)$.

当 $a > 0$ 时,它在第一象限是增函数,其第一象限的图形如图 1-4 所示;当 $a < 0$ 时,它的定义域是 $x \neq 0$,且在第一象限是减函数,其第一象限的图形,如图 1-5 所示.

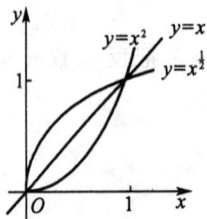

图 1-3

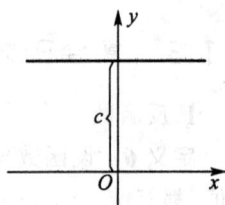

图 1-4

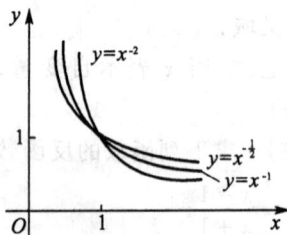

图 1-5

(3)指数函数:$y = a^x$($a > 0$,且 $a \neq 1$),特别当 $a = e = 2.71828\cdots$时,函数为 $y = e^x$.

它的图形如图 1-6 所示.其定义域是 $x \in (-\infty, +\infty)$,值域是 $y \in (0, +\infty)$.当 $a > 1$ 时,函数单调增加;当 $0 < a < 1$ 时,函数单调减少.无论 $a > 1$ 还是 $0 < a < 1$,函数的图形都过点$(0,1)$,且以 x 轴为渐近线.

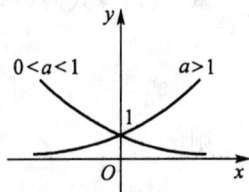

图 1-6

(4)对数函数:$y = \log_a x$($a > 0$,且 $a \neq 1$),特别当 $a = 10$ 时,$y = \lg x$ 称为常用对数;当 $a = e$ 时,$y = \ln x$ 称为自然对数.

它的图形如图 1-7 所示.其定义域是 $x \in (0, +\infty)$,值域是 $y \in (-\infty, +\infty)$.当 $a > 1$ 时,函数单调增加;当 $0 < a < 1$ 时,函数单调减少.无论 $a > 1$ 还是 $0 < a < 1$,函数的图形都过点$(1,0)$,且以 y 轴为渐近线.

对数函数与指数函数互为反函数.

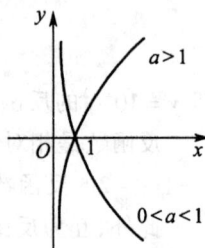

图 1-7

(5)三角函数

三角函数有正弦函数 $y = \sin x$、余弦函数 $y = \cos x$、正切函数 $y = \tan x$、余切函数 $y = \cot x$、正割函数 $y = \sec x$ 和余割函数$y = \csc x$.

正弦函数 $y = \sin x$ 的图形,如图 1-8 所示,其定义域是 $x \in (-\infty, +\infty)$,值域是 $y \in [-1, 1]$.它是奇函数,即 $\sin(-x) = -\sin x$;也是周期函数,周期 $T = 2\pi$;还是有界函

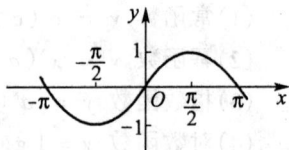

图 1-8

数,$|\sin x| \leqslant 1$;当 $x \in \left(2k\pi - \dfrac{\pi}{2}, 2k\pi + \dfrac{\pi}{2}\right)$($k \in \mathbf{Z}$,下同)时是单

调增加的;当 $x \in \left(2k\pi + \dfrac{\pi}{2}, (2k+1)\pi + \dfrac{\pi}{2}\right)$ 时是单调减少的.

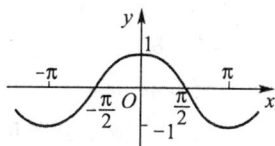

图 1-9

余弦函数 $y = \cos x$ 的图形如图 1-9 所示.其定义域是 $x \in (-\infty, +\infty)$,值域是 $y \in [-1, 1]$.它是偶函数,即 $\cos(-x) = \cos x$;也是周期函数,周期 $T = 2\pi$;还是有界函数,$|\cos x| \leqslant 1$;当 $x \in ((2k-1)\pi, 2k\pi)$ 时是单调增加的,而当 $x \in (2k\pi, (2k+1)\pi)$ 时是单调减少的.

正切函数 $y = \tan x$ 的图形如图 1-10 所示,其定义域是 $x \neq (2k+1)\dfrac{\pi}{2}$的一切实数;它是奇函数,即 $\tan(-x) = -\tan x$;也是周期函数,周期 $T = \pi$;当 $x \in \left((2k-1)\dfrac{\pi}{2}, (2k+1)\dfrac{\pi}{2}\right)$ 时是单调增加的.

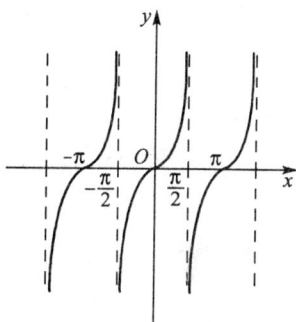

图 1-10

余切函数 $y = \cot x$ 的图形如图 1-11 所示,其定义域是 $x \neq k\pi$的一切实数.它是奇函数,即 $\cot(-x) = -\cot x$;也是周期函数,周期 $T = \pi$;当 $x \in (k\pi, (k+1)\pi)$时是单调减少的.

(6)反三角函数

反三角函数是三角函数的反函数,有反正弦函数 $y = \arcsin x$、反余弦函数 $y = \arccos x$、反正切函数 $y = \arctan x$ 和反余切函数 $y = \text{arccot} x$.

反正弦函数 $y = \arcsin x$ 的图形如图 1-12 所示.其定义域是 $x \in [-1, 1]$,主值区间(值域)是 $y \in \left[-\dfrac{\pi}{2}, \dfrac{\pi}{2}\right]$,它是单调增加的,是奇函数,即 $\arcsin(-x) = -\arcsin x$.

图 1-11

反余弦函数 $y = \arccos x$ 的图形如图 1-13 所示.其定义域是 $x \in [-1, 1]$,主值区间(值域)是 $y \in [0, \pi]$;它是单调减少的,且有 $\arccos(-x) = \pi - \arccos x$成立.

反正切函数 $y = \arctan x$ 的图形如图 1-14 所示.其定义域是 $x \in (-\infty, +\infty)$,主值区间(值域)是 $y \in \left(-\dfrac{\pi}{2}, \dfrac{\pi}{2}\right)$;它是单调增加的,且是奇函数,即 $\arctan(-x) = -\arctan x$.

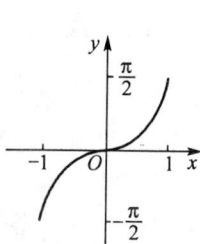

图 1-12

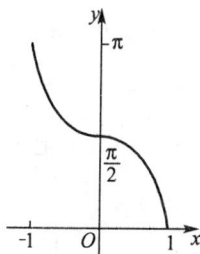

图 1-13

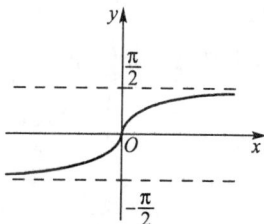

图 1-14

反余切函数 $y = \text{arccot}\,x$ 的图形如图 1-15 所示. 其定义域是 $x \in (-\infty, +\infty)$,主值区间(值域)是 $y \in (0,\pi)$;它是单调减少的,且有 $\text{arccot}(-x) = \pi - \text{arccot}\,x$ 成立.

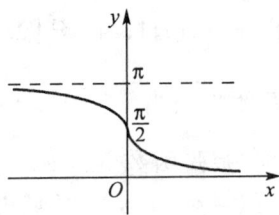

图 1-15

【例 6】 求下列各反三角函数的值:

(1) $\arcsin \dfrac{1}{2}$; (2) $\arccos\left(-\dfrac{\sqrt{2}}{2}\right)$;

(3) $\text{arccot}\,1$; (4) $\arctan(-\sqrt{3})$.

解 (1) $\sin \dfrac{\pi}{6} = \dfrac{1}{2}$,且 $\dfrac{\pi}{6} \in \left[-\dfrac{\pi}{2}, \dfrac{\pi}{2}\right]$

故 $\arcsin \dfrac{1}{2} = \dfrac{\pi}{6}$.

(2) $\cos \dfrac{\pi}{4} = \dfrac{\sqrt{2}}{2}$,$\arccos \dfrac{\sqrt{2}}{2} = \dfrac{\pi}{4}$

故 $\arccos\left(-\dfrac{\sqrt{2}}{2}\right) = \pi - \arccos \dfrac{\sqrt{2}}{2} = \pi - \dfrac{\pi}{4} = \dfrac{3\pi}{4}$.

(3) $\cot \dfrac{\pi}{4} = 1$,且 $\dfrac{\pi}{4} \in (0,\pi)$

故 $\text{arccot}\,1 = \dfrac{\pi}{4}$.

(4) $\tan \dfrac{\pi}{3} = \sqrt{3}$,$\arctan \sqrt{3} = \dfrac{\pi}{3}$

故 $\arctan(-\sqrt{3}) = -\arctan \sqrt{3} = -\dfrac{\pi}{3}$.

3. 复合函数

在经济管理活动和工程技术中,许多函数关系比较复杂. 例如,企业的产品利润 L 是产量 q 的函数,如果产量 q 与生产过程中各种要素投入量的总和 u 有关,可以通过生产函数 $q = f(u)$ 表示出来,即 L 是 q 的函数,而 q 又是 u 的函数,也可以说,L 通过 q 是 u 的函数,这种函数就是复合函数. 一般地,有以下定义:

定义 7 如果 y 是 u 的函数:$y = f(u)$,u 又是 x 的函数:$u = \varphi(x)$;且与 x 对应的 u 值能使 y 有定义,则称 y 通过 u 是 x 的**复合函数**,记作 $y = f[\varphi(x)]$. 其中 u 叫做**中间变量**.

利用复合函数的概念,可以把一个较复杂的函数分解成若干个简单函数,一般分解到每个简单函数都是基本初等函数,或由基本初等函数经过有限次四则运算而成的函数.

【例 7】 试写出由函数 $y = u^2$、$u = \ln v$ 和 $v = \dfrac{1}{x}$ 复合而成的 y 与 x 的函数关系式,并求其定义域.

解 把 $v = \dfrac{1}{x}$ 代入 $u = \ln v$,得 $u = \ln \dfrac{1}{x}$,再把 $u = \ln \dfrac{1}{x}$ 代入 $y = u^2$,得所求的复合函数为

$$y = \ln^2 \dfrac{1}{x}$$

其定义域为$(0,+\infty)$.

注意 并不是任意几个函数都可以复合成复合函数的.例如,$y=\ln u$ 和 $u=-x^2-1$ 就不能复合成一个复合函数,因为在 $u=-x^2-1$ 中,u 的取值范围是 $(-\infty,-1]$,而它使 $y=\ln u$ 无意义.

【例8】 下列函数是由哪些简单函数复合而成的:

(1)$y=\mathrm{e}^{-x^2}$;　　　　　　　　(2)$y=\cos\sqrt{x+1}$.

解 (1)$y=\mathrm{e}^{-x^2}$ 是由 $y=\mathrm{e}^u$ 和 $u=-x^2$ 复合而成的.

(2)$y=\cos\sqrt{x+1}$ 是由 $y=\cos u$、$u=\sqrt{v}$ 和 $v=x+1$ 三个简单函数复合而成的.

4.初等函数

定义8 由常数和基本初等函数经过有限次的四则运算和有限次的复合并能用一个解析式表达的函数,称为**初等函数**.例如,例7、例8中的函数都是初等函数.

1.1.4 常见的经济函数介绍

1.需求函数和供给函数

(1)需求函数

一个商品投放到市场上,顾客对它的需求与很多因素有关,如季节、人口数量、消费者的收入、价格等.它与价格的关系最密切,价格贵买的人就少,需求量就少;价格便宜买的人就多,需求量就多.为了便于研究,我们将问题理想化,视其他因素不变,只考虑商品的价格,可以把它简化为一种函数关系,简单地认为价格确定了需求量就随之确定,这样需求量就是价格的函数,即**需求函数**.

设商品的需求量为 Q_d,价格为 p,则有

$$Q_d=Q(p)$$

通常 Q_d 是 p 的递减函数,常见的需求函数模型:

①线性需求函数:$Q_d=a-bp\,(a>0,b>0,p>0)$;

②二次曲线需求函数:$Q_d=a-bp-cp^2\,(a\geqslant0,b\geqslant0,c\geqslant0,p>0)$;

③指数需求函数:$Q_d=A\mathrm{e}^{-bp}\,(A\geqslant0,b\geqslant0,p>0)$.

(2)供给函数

产品价格高,厂方会增加生产,供给量就增大,反之供给量就减少.我们也可以把它简化为一种函数关系,供给量与价格之间的函数关系就称为**供给函数**.

设商品供给量为 Q_s,价格为 p,则

$$Q_s=Q(p)$$

一般来说,商品供给量随商品价格的上涨而增加,Q_s 是 p 的递增函数.

常见的供给函数有线性供给函数 $Q_s=-c+dp\,(c>0,d>0)$,还有幂函数、指数函数供给函数.

【例9】 当鸡蛋的收购价为 4.5 元/千克时,某收购站每月能收购 5000 千克鸡蛋,若收购价每千克提高 0.1 元,则收购量可增加 400 千克,求鸡蛋的线性供给函数.

解 设鸡蛋的线性供给函数为 $Q_s = -c + dp$

根据题意,有
$$\begin{cases} 5000 = -c + 4.5d \\ 5400 = -c + 4.6d \end{cases}$$

解得 $d = 4000, c = 13000$,所以所求线性供给函数为
$$Q_s = -13000 + 4000p$$

2. 成本函数、收入函数和利润函数

(1)成本函数

一种产品的成本可以分为两部分:

①固定成本 C_0. 比如,生产过程中的设备投资或使用的工具,不管生产产品与否,这些费用都是要有的,它是不随产量的变化而变化的,这种成本称为**固定成本**.

②变动成本 C_1. 比如产品的原材料,这些费用依赖于产品的数量,这种成本称为**变动成本**.

总成本就是固定成本加上变动成本. 即
$$C = C_0 + C_1 = C_0 + cq \quad (q \text{ 为产量}, c \text{ 为单位产品的变动成本})$$

因此,成本应与产品的产量有关,这种函数表示为
$$C(q) = C_0 + C_1(q), C(0) = C_0$$

这就是**成本函数**. 其中总成本 $C(q)$ 是产量 q 的函数,C_0 与产量无关,变动成本 $C_1(q)$ 也是产量 q 的函数.

总成本不能说明企业生产的好坏,因此常用平均成本. 我们引入平均成本的概念
$$\overline{C} = \frac{C(q)}{q}$$

即总成本除以产量 q,就是产量为 q 时的平均成本,用 $\overline{C}$ 或 $A(q)$ 来表示.
$$\overline{C} = A(q) = C(q)/q = \frac{\text{固定成本} + \text{变动成本}}{\text{产量}}$$

平均成本也是产量 q 的函数.

【例 10】 已知生产某种产品的成本函数为
$$C(q) = 80 + 2q$$

试求生产该产品的固定成本,并求当产量 q 为 50 时的平均成本.

解 固定成本就是当产量为零时的总成本,设为 C_0,有
$$C_0 = C(0) = 80$$

因为平均成本为 $\overline{C} = \dfrac{C(q)}{q}$

所以
$$\overline{C}(50) = \frac{C(50)}{50} = \frac{80 + 2 \times 50}{50} = 3.6$$

即生产该产品的固定成本为 80,产量 q 为 50 时的平均成本为 3.6.

(2)收入函数

一种产品销售之后就会有销售收入,销售收入应该是价格乘以产量. 但价格与产量之间也有一定的关系,这样就得到

$$R(q) = pq = q\,p(q)$$

其中 $p(q)$ 是价格与产量 q（对销售者来说是销量，对消费者来说就是需求量）之间的函数关系. 相应地有平均收入函数

$$\overline{R} = \frac{R(q)}{q}$$

销售数量越多收入越多，这是一条单调增加的曲线.

【例11】　设某商品的需求关系是 $3q + 4p = 100$，求销售 5 件时的总收入和平均收入.

解　由已知条件，得商品的价格为

$$p = \frac{100 - 3q}{4}$$

所求总收入函数为

$$R(q) = pq = \frac{100q - 3q^2}{4}$$

所以　　　　$R(5) = 5P = \dfrac{100 \times 5 - 3 \times 5^2}{4} = 106.25, \overline{R}(5) = \dfrac{R(5)}{5} = 21.25$

(3)利润函数

在收入中减去成本得到的就是利润. 由于成本是产量 q 的函数，收入也是 q 的函数，那么利润也是 q 的函数. 即

$$L(q) = R(q) - C(q)$$

相应地有平均利润函数的概念

$$\overline{L} = \frac{L(q)}{q}$$

① $L(q) > 0$ 盈利；

② $L(q) < 0$ 亏损；

③ $L(q) = 0$ 盈亏平衡.

满足 $L(q) = 0$ 的点 q_0 称为盈亏平衡点（又称保本点）.

【例12】　已知某厂生产某种产品的成本函数为 $C(q) = 500 + 2q$（元），其中 q 为该产品的产量，如果该产品的售价定为每件 6 元，试求：

(1)生产 200 件该产品时的利润和平均利润；

(2)求生产该产品的盈亏平衡点.

解　(1)已知 $C(q) = 500 + 2q$（元）

又由题意知收入函数为 $R(q) = 6q$（元）

因此，利润函数为

$$\begin{aligned}
L(q) &= R(q) - C(q) \\
&= 6q - (500 + 2q) \\
&= 4q - 500 \text{（元）}
\end{aligned}$$

又因该产品的平均利润函数为

$$\overline{L} = \frac{L(q)}{q} = 4 - \frac{500}{q} \text{（元/件）}$$

生产 200 件该产品时的利润为

$$L(200) = 4 \times 200 - 500 = 300 \text{ (元)}$$

而此时平均利润为

$$\overline{L} = 4 - \frac{500}{200} = 1.5 \text{ (元/件)}$$

即生产 200 件该产品时的利润为 300 元,平均利润为每件 1.5 元.

(2)利用 $L(q) = 0$,得

$$4q - 500 = 0$$

解得

$$q = 125 \text{ (件)}$$

即盈亏平衡点为 125 件.

习题 1-1

1.下列各题中的函数是否表示同一个函数？为什么？

(1)$f(x) = \dfrac{x}{x}$, $g(x) = 1$;

(2)$f(x) = \lg x^2$, $g(x) = 2\lg x$;

(3)$f(x) = x$, $g(x) = \sqrt{x^2}$.

2.求下列函数的定义域:

(1)$y = \dfrac{5}{x^2 + 1}$;　　　　　　　　(2)$y = \lg(x^2 - 4)$;

(3)$y = \arcsin \dfrac{x-1}{2}$;　　　　　　(4)$y = \sqrt{x+2} + \dfrac{1}{x^2 - 1}$.

3.已知 $f(x) = x^2 - 3x + 2$,求 $f(0)$, $f(1)$, $f(-x)$, $f\left(\dfrac{1}{x}\right)$, $f(x+1)$.

4.已知 $f = \begin{cases} x^2 & (0 \leqslant x < 1) \\ 0 & (x = 1) \\ 1 - x & (1 < x \leqslant 2) \end{cases}$,求此函数的定义域,作出其图形,并求 $f(0)$, $f(1)$, $f\left(\dfrac{5}{4}\right)$, $f\left(\dfrac{\pi}{4}\right)$.

5.判别下列函数的奇偶性:

(1)$f(x) = x(1+x)(1-x)$;　　　　(2)$f(x) = \dfrac{1}{2}(a^x - a^{-x})$.

6.求下列函数的反函数:

(1)$y = 2x - 1$;　　　　　　　　(2)$y = 2\sin 3x$.

7.下列函数是由哪几个简单函数复合而成的:

(1)$y = e^{\frac{x}{2}}$;　　　　　　　　(2)$y = \lg \tan 3x$;

(3)$y = \cot \sqrt{x}$;　　　　　　　(4)$y = \arccos \dfrac{1}{x}$;

$(5) y = \sin^3(1 + 2x)$; $\qquad\qquad (6) y = \operatorname{arctanlg}\sqrt{x}$.

8.设 $f(x) = x^2$，$\varphi(x) = 2^x$，求 $f[\varphi(x)]$，$\varphi[f(x)]$.

9.一台机器的价值是 50 万元，如果每年的折旧率为 4.5%（即每年减少它的价值的 4.5%），经过 n 年后机器的价值是 Q 万元，试写出 Q 与 n 的函数关系式.

10.用铁皮做一个容积为 V 的有盖圆柱体罐头筒，试将它的表面积表示成底面半径的函数，并写出其定义域.

11.某企业向一商店购买某种商品，规定了以下价格：购买量不超过 10 吨时，每吨价格 100 元；购买量不超过 100 吨时，其超过 10 吨的部分每吨价格 80 元.试写出总费用函数 D 与购买量 x 之间的函数关系.

12.某产品年产量为 x 台，每台售价 200 元，当年产量不超过 500 台时，可以全部售出；当年产量超过 500 台时，经广告宣传后又可以再多售出 200 台，每台平均广告费20 元；生产再多，就售不出去.试将本年的销售总收入 R 表示成年产量 x 的函数，并写出其定义域.

13.设 $f(x + 1) = x^2 - 3x + 2$，求 $f(x)$.

14.将函数 $f(x) = 2 - |x - 2|$ 表示成分段函数.

1.2　函数的极限

在生产实践中，除了要讨论变量之间的关系外，还常常需要讨论变量的变化趋势.本节将在介绍极限的概念后，着重讲解极限的运算，以便为学习后面的章节作必要的准备.

1.2.1　极限的概念

1.数列的极限
按照某种规律排列着的一列数

$$y_1, y_2, \cdots, y_n, \cdots$$

称为**数列**，记作 $\{y_n\}$，它可以看成是以自然数 n 为自变量的函数 $y_n = f(n)$.

下面讨论当 n 无限增大时，无穷数列 y_n 的变化趋势.

先看一个例子：数列

$$\frac{1}{2}, \frac{2}{3}, \frac{3}{4}, \cdots, \frac{n}{n+1}, \cdots$$

其图形如图1-16所示.从图中可以看出，随着 n 的逐渐增大，动点 (n, y_n) 逐渐接近于水平线 $y = 1$.这就是说，当 n 无限增大（记作 $n \to \infty$）时，y_n 无限趋近于常数 1.

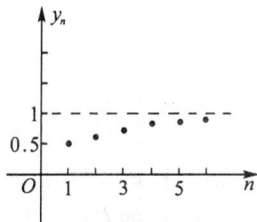

一般地，有如下定义：

定义1　对于无穷数列 $y_1, y_2, \cdots, y_n, \cdots$ 如果存在一个常数 A，当 n 无限增大时，y_n 无限趋近于常数 A，则称当 $n \to \infty$ 时，数列 $\{y_n\}$ 以 A 为极限，或称

图 1-16

数列 $\{y_n\}$ 收敛于 A,记作 $\lim_{n \to \infty} y_n = A$ 或 $y_n \to A (n \to \infty)$.

【例1】 作图并讨论数列

$$1, -\frac{1}{2}, \frac{1}{3}, -\frac{1}{4}, \cdots, (-1)^{n-1}\frac{1}{n}, \cdots$$

的极限.

解 其图形如图 1-17 所示.从图中可以看出,当 n 无限增大时,动点 (n, y_n) 在直线 $y = 0$ 上、下跳动且逐渐与直线 $y = 0$ 接近,即当 n 无限增大时,y_n 无限趋近于零,所以

$$\lim_{n \to \infty} y_n = \lim_{n \to \infty} (-1)^{n-1}\frac{1}{n} = 0.$$

【例2】 讨论下列数列的变化趋势,说明其极限是否存在?

(1) $y_n = n + 1$;

(2) $y_n = \frac{1}{2}[1 + (-1)^n]$.

图 1-17

解 (1)该数列的各项依次排列为

$$2, 3, 4, \cdots, n + 1, \cdots$$

可以看出,随着 n 的无限增大,y_n 也无限增大,它不趋近于一个常数,故该数列的极限不存在.

(2)该数列的各项依次排列为

$$0, 1, 0, 1, \cdots, \frac{1}{2}[1 + (-1)^n], \cdots$$

可以看出,随着 n 的无限增大,y_n 总在 0、1 两数中跳动,它不趋近于某一个常数,故该数列的极限也不存在.

说明 (1)如果数列的极限不存在,则称该数列为发散数列;

(2)收敛数列的极限是惟一的;

(3)收敛数列一定是有界数列.

2.函数的极限

数列是一种特殊的函数 $y_n = f(n)$,它的自变量只取正整数,当它自变量的取值推广到任意实数时,即为 $y = f(x)$.因此,可以类似于数列来讨论变量 x 在某一变化过程中函数 $f(x)$ 的变化趋势.根据 x 的不同变化过程,函数的自变量有以下几种不同的变化趋势:

(1) x 的绝对值 $|x|$ 无限增大:$x \to \infty$

x 小于零且绝对值 $|x|$ 无限增大:$x \to -\infty$,

x 大于零且绝对值 $|x|$ 无限增大:$x \to +\infty$.

(2) x 无限接近 x_0:$x \to x_0$

x 从 x_0 的左侧(即小于 x_0)无限接近 x_0:$x \to x_0^-$,

x 从 x_0 的右侧(即大于 x_0)无限接近 x_0:$x \to x_0^+$.

下面分两种情况来讨论:

(1)自变量趋于无穷大时函数的极限

【例3】 作出函数 $y = \frac{1}{x}$ 在 $x > 0$ 时的图形,讨论当 $x \to +\infty$ 时,该函数的变化趋势,

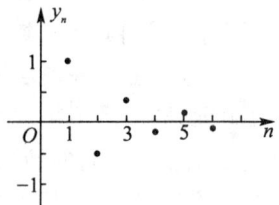

并说出它的极限.

解 所求作的图形如图 1-18 所示.

从图中可以看出,当 x 沿 x 轴的正向无限增大时,曲线 $y = \dfrac{1}{x}$ 无限接近于 x 轴,但始终不与 x 轴相交,故当 $x \to +\infty$ 时,函数 $y = \dfrac{1}{x}$ 以 0 为极限.

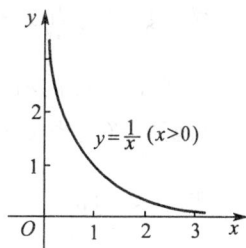

图 1-18

定义 2 对于函数 $y = f(x)$,如果存在一个常数 A,当 x 的绝对值无限增大时,函数值 $f(x)$ 无限趋近于常数 A,则称当 $x \to \infty$ 时,函数 $f(x)$ 以 A 为极限,记作

$$\lim_{x \to \infty} f(x) = A \text{ 或 } f(x) \to A \, (x \to \infty).$$

注 "x 的绝对值无限增大"可记作"$|x| \to +\infty$"或"$x \to \infty$",因此,"$x \to \infty$"应包括"$x \to +\infty$"和"$x \to -\infty$"两种情况.

类似地可定义

$$\lim_{x \to -\infty} f(x) = A \text{ 和 } \lim_{x \to +\infty} f(x) = A.$$

由例 3 可以得到如下结论:

$$\lim_{x \to \infty} f(x) = A \Leftrightarrow \lim_{x \to -\infty} f(x) = A \text{ 且 } \lim_{x \to +\infty} f(x) = A.$$

(2) 自变量趋于有限值时函数的极限

先考虑当 $x \to x_0$ 时,函数 $f(x)$ 的极限.

①对于函数 $f(x) = x + 1$,考虑当 $x \to 1$ 时 $f(x)$ 的变化趋势. 列表如下:

表 1-1

x	$\cdots$	0	0.5	0.9	0.99	$\cdots$	1	$\cdots$	1.01	1.1	1.5	2	$\cdots$
$f(x)$		1	1.5	1.9	1.99		2		2.01	2.2	2.5	3	

从表 1-1 中可以看出,当 x 从 $x_0 = 1$ 的左边或右边越来越接近于 $x_0 = 1$ 时,$f(x)$ 的值越来越接近于 2.

②对于函数 $f(x) = \dfrac{x^2 - 1}{x - 1}$,考察当 $x \to 1$ 时,$f(x)$ 的变化趋势.

如上例一样列表(除 $x = 1$ 点没定义外,其余均与表 1-1 同).

从表中同样可看出,当 x 从 $x_0 = 1$ 的左边或右边越来越接近于 $x_0 = 1 \, (x \neq 1)$ 时,$f(x)$ 的值越来越接近于 2.

一般地,有如下定义:

定义 3 设函数 $y = f(x)$ 在 x_0 的附近有定义(在 x_0 处可以无定义),如果存在一个常数 A,当 x 无限趋近于 $x_0 \, (x \neq x_0)$ 时,函数 $f(x)$ 的值无限趋近于 A,则称当 $x \to x_0$ 时,函数 $f(x)$ 以 A 为极限,记作

$$\lim_{x \to x_0} f(x) = A \text{ 或 } f(x) \to A \, (x \to x_0).$$

单侧极限:

若当 x 从 x_0 的左边趋于 x_0(通常记作 $x \to x_0^-$)时,$f(x)$ 无限接近于某常数 A,则常数

A 叫做函数 $f(x)$ 当 $x \to x_0$ 时的左极限,记为 $\lim\limits_{x \to x_0^-} f(x) = A$ 或 $f(x_0^-) = A$;

若当 x 从 x_0 的右边趋于 x_0(通常记作 $x \to x_0^+$)时,$f(x)$ 无限接近于某常数 A,则常数 A 叫做函数 $f(x)$ 当 $x \to x_0$ 时的右极限,记为 $\lim\limits_{x \to x_0^+} f(x) = A$ 或 $f(x_0^+) = A$.

由定义可得
$$\lim_{x \to x_0} x = x_0$$

及
$$\lim_{x \to x_0} c = c \, (c \text{ 为常数}).$$

【例4】 作图并求函数
$$f(x) = \begin{cases} 2x - 1 & (x < 1) \\ 2 & (x \geq 1) \end{cases}$$
当 $x \to 1$ 时的左、右极限.

解 $f(x)$ 的图像如图 1-19 所示.从图中可以看出,当 $x < 1$ 且无限趋近于 1 时,函数 $f(x)$ 的值无限地接近常数 1,即函数 $f(x)$ 的左极限存在,且有

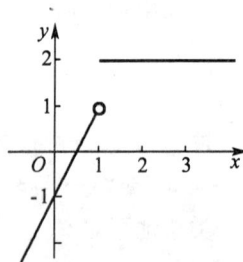
图 1-19

$$\lim_{x \to 1^-} f(x) = \lim_{x \to 1^-} (2x - 1) = 1.$$

当 $x > 1$ 且无限趋近于 1 时,函数 $f(x)$ 的值无限地接近常数 2,即函数 $f(x)$ 的右极限存在,且有

$$\lim_{x \to 1^+} f(x) = \lim_{x \to 1^+} 2 = 2.$$

从本例的解题过程中可以看出,由于函数 $f(x)$ 的左、右极限不相等,即在 $x \to 1$ 的过程中函数 $f(x)$ 不趋近于某一个常数,因此,当 $x \to 1$ 时,函数 $f(x)$ 的极限不存在.

实际上有下面的结论:

$$\lim_{x \to x_0} f(x) = A \Longleftrightarrow \lim_{x \to x_0^-} f(x) = A \text{ 且 } \lim_{x \to x_0^+} f(x) = A.$$

1.2.2 无穷小量与无穷大量

1.无穷小量

定义4 如果当 $x \to x_0$(或 $x \to \infty$)时,函数 $f(x)$ 的极限为零,则称 $f(x)$ 在 $x \to x_0$(或 $x \to \infty$)时是**无穷小量**,简称无穷小.

例如,当 $x \to 0$ 时,由于 $2x$、x^2、$\sin x$ 都趋于零,所以当 $x \to 0$ 时,$2x$、x^2、$\sin x$ 都是无穷小量.

可以验证,无穷小量有以下性质:

性质1 有限个无穷小量的代数和仍为无穷小量.

性质2 有界函数与无穷小量之积为无穷小量.

例如,对于 $f(x) = x^2 \cos x$,当 $x \to 0$ 时,x^2 是无穷小量,且由于 $|\cos x| \leq 1$,即 $\cos x$ 为有界函数,由性质 2 知 $f(x) = x^2 \cos x$ 是无穷小量.

2.无穷大量

定义5 如果当 $x \to x_0$(或 $x \to \infty$)时,函数 $f(x)$ 的绝对值无限增大,则称 $f(x)$ 在

$x \to x_0$(或 $x \to \infty$)时是**无穷大量**,简称无穷大.

例如,对于 $f(x) = \dfrac{1}{x-1}$,其图形如图 1-20 所示.

从图中可以看出,当 x 从 $x_0 = 1$ 的左边或右边无限趋近于 1 时,$f(x)$向下或向上无限地远离 x 轴.因此,当 $x \to 1$ 时,$f(x) = \dfrac{1}{x-1}$是无穷大量.

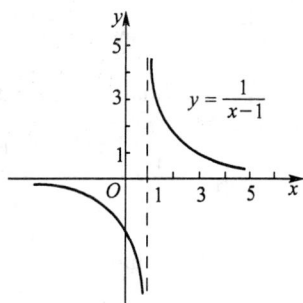

从这个例子还可以看出,当 $x \to 1$ 时,$x - 1$ 是无穷小量,而 $x - 1$ 的倒数是无穷大量.一般地,无穷小量与无穷大量有如下关系:**无穷大量的倒数是无穷小量;非零的无穷小量的倒数是无穷大量**.

图 1-20

3.无穷小量的比较

无穷小量都以零为极限,但是不同的无穷小量趋于零的快慢程度不一定相同.为了说明它们趋于零的快慢程度,我们给出无穷小的阶的概念.

设当 $x \to x_0$(或 $x \to \infty$)时,α、β 都是无穷小量,

(1)如果 $\lim \dfrac{\alpha}{\beta} = 0$,则称 α 是比 β 高阶的无穷小量;

(2)如果 $\lim \dfrac{\alpha}{\beta} = \infty$,则称 α 是比 β 低阶的无穷小量;

(3)如果 $\lim \dfrac{\alpha}{\beta} = c$(常数 $c \neq 0$),则称 α 和 β 是同阶无穷小量;

特别地,当 $c = 1$ 时,称 α 与 β 是等价无穷小量,记作 $\alpha \sim \beta$.

例如,当 $x \to 0$ 时,x、$3x$、x^3 等都是无穷小量.由于 $\lim\limits_{x \to 0} \dfrac{x^3}{x} = \lim\limits_{x \to 0} x^2 = 0$,所以当 $x \to 0$ 时,x^3 是比 x 较高阶的无穷小量;由于 $\lim\limits_{x \to 0} \dfrac{3x}{x} = 3$,所以当 $x \to 0$ 时,$3x$ 与 x 是同阶的无穷小量.

1.2.3　极限的运算

设当 $x \to x_0$(或 $x \to \infty$)时,$\lim u(x) = A$,$\lim v(x) = B$,则有下列极限的运算法则成立:

法则 1　$\lim[u(x) \pm v(x)] = \lim u(x) \pm \lim v(x) = A \pm B$.

法则 2　$\lim[u(x) \cdot v(x)] = \lim u(x) \cdot \lim v(x) = A \cdot B$.

法则 3　$\lim \dfrac{u(x)}{v(x)} = \dfrac{\lim u(x)}{\lim v(x)} = \dfrac{A}{B}$ $(B \neq 0)$.

注　上述法则对于有限个函数的情况同样成立.

由法则 2 可得到如下推论:

推论 1　$\lim[Ku(x)] = K\lim u(x) = KA$($K$ 为常数).

推论 2　$\lim[u(x)]^n = [\lim u(x)]^n = A^n$($n$ 为正整数).

推论 3　$\lim[u(x)]^{1/n} = [\lim u(x)]^{1/n} = A^{1/n}$　(n 为正整数,$A > 0$).

利用极限的运算法则,可以进行极限的运算.

【例 5】 求 $\lim\limits_{x \to 2} \dfrac{2x^2-1}{3x+2}$.

解 因为 $\lim\limits_{x \to 2}(3x+2) = 3\lim\limits_{x \to 2}x + 2 = 3 \times 2 + 2 = 8 \neq 0$,所以

$$\lim_{x \to 2}\frac{2x^2-1}{3x+2} = \frac{\lim\limits_{x \to 2}(2x^2-1)}{\lim\limits_{x \to 2}(3x+2)} = \frac{2(\lim\limits_{x \to 2}x)^2 - 1}{8} = \frac{2 \times 2^2 - 1}{8} = \frac{7}{8}.$$

【例 6】 求 $\lim\limits_{x \to 3} \dfrac{x^2-9}{x-3}$.

分析 由于 $\lim\limits_{x \to 3}(x-3) = \lim\limits_{x \to 3}x - 3 = 0$,故不能直接用法则 3 求解.因为分子 (x^2-9) 含有因式 $(x-3)$,注意到 $x \to 3$ 及 $x \neq 3$,故可以先约分后再求得原极限值为 6.

本题的解答请读者自己完成.

【例 7】 求 $\lim\limits_{x \to \infty} \dfrac{2x^2-5}{5x^2-3x}$.

分析 当 $x \to \infty$ 时,分子、分母都是无穷大量,其值不能确定.但若用 x^2 同除分子、分母后,可分别得到 $2 - \dfrac{5}{x^2}$ 及 $5 - \dfrac{3}{x}$.当 $x \to \infty$ 时,$\dfrac{5}{x^2}$ 及 $\dfrac{3}{x}$ 都是无穷小量,故可求得原极限值.

解 $\lim\limits_{x \to \infty} \dfrac{2x^2-5}{5x^2-3x} = \lim\limits_{x \to \infty} \dfrac{2 - \dfrac{5}{x^2}}{5 - \dfrac{3}{x}} = \dfrac{2}{5}$.

【例 8】 求 $\lim\limits_{x \to 1} \dfrac{2x-3}{x^2-5x+4}$.

解 因 $$\lim_{x \to 1}(x^2-5x+4) = 0$$
而 $$\lim_{x \to 1}(2x-3) = -1$$
根据无穷小量与无穷大量的关系,得

$$\lim_{x \to 1}\frac{2x-3}{x^2-5x+4} = \infty.$$

【例 9】 求 $\lim\limits_{x \to \infty} \dfrac{\sin x}{x}$.

分析 当 $x \to \infty$ 时,分母和分子的极限都不存在,故不能利用商的法则进行计算,若把 $\dfrac{\sin x}{x}$ 看作是 $\dfrac{1}{x}$ 与 $\sin x$ 的乘积,因为当 $x \to \infty$ 时 $\dfrac{1}{x}$ 是无穷小量,而 $\sin x$ 是有界函数,故利用无穷小量的性质 2,即可得出结果.

解 当 $x \to \infty$ 时,$\dfrac{1}{x} \to 0$,即 $\dfrac{1}{x}$ 是无穷小量.又 $|\sin x| \leq 1$,即 $\sin x$ 是有界函数.根据无穷小量的性质 2,得

$$\lim_{x \to \infty}\frac{\sin x}{x} = \lim_{x \to \infty}\frac{1}{x} \cdot \sin x = 0.$$

注意 上式不能写成

$$\lim_{x \to \infty}\frac{\sin x}{x} = \lim_{x \to \infty}\frac{1}{x} \cdot \lim_{x \to \infty}\sin x = 0$$

因为 $\lim\limits_{x\to\infty}\sin x$ 不存在.

1.2.4 两个重要极限

1. 极限存在的准则

在讨论极限问题时,有时只需判定极限是否存在,即判别敛散性.下面给出判别极限存在的两个准则.

准则1(夹值准则) 对于函数 $f(x)$、$\varphi(x)$、$g(x)$,如果当 $x\to x_0$(或 $x\to\infty$)时,总有 $f(x)\leqslant\varphi(x)\leqslant g(x)$ 成立,且 $\lim f(x)=\lim g(x)=A$,则 $\lim\varphi(x)=A$.

准则2(单调有界准则) 如果数列 $\{y_n\}$ 单调有界,则 $\lim\limits_{n\to\infty}y_n$ 必存在.

2. 两个重要的极限

利用极限存在的两个准则,可以得到在经济管理活动和工程技术中经常用到的两个重要极限.

$$\lim_{x\to 0}\frac{\sin x}{x}=1 \tag{1-1}$$

【例10】 求下列各极限:

(1) $\lim\limits_{x\to 0}\dfrac{\sin 3x}{x}$;
(2) $\lim\limits_{x\to 0}\dfrac{1-\cos 2x}{x^2}$.

解 (1)可以把 $3x$ 看作是一个新变量,且当 $x\to 0$ 时,$3x\to 0$,故

$$\lim_{x\to 0}\frac{\sin 3x}{x}=\lim_{x\to 0}\frac{3\sin 3x}{3x}=3\lim_{x\to 0}\frac{\sin 3x}{3x}=3.$$

(2)利用三角公式先变换后再求极限,得

$$\lim_{x\to 0}\frac{1-\cos 2x}{x^2}=\lim_{x\to 0}\frac{2\sin^2 x}{x^2}=2\left(\lim_{x\to 0}\frac{\sin x}{x}\right)^2=2\times 1^2=2.$$

$$\lim_{x\to\infty}\left(1+\frac{1}{x}\right)^x=e \tag{1-2}$$

注意 公式(1-2)中,如果令 $z=\dfrac{1}{x}$,则当 $x\to\infty$ 时,$z\to 0$,因此,公式(1-2)可以改写成如下形式:

$$\lim_{z\to 0}(1+z)^{\frac{1}{z}}=e. \tag{1-3}$$

【例11】 求下列各极限:

(1) $\lim\limits_{n\to\infty}\left(1+\dfrac{1}{n}\right)^{\frac{n}{2}}$;
(2) $\lim\limits_{x\to 0}(1-3x)^{\frac{1}{x}}$.

分析 (1)比较题目与公式(1-2)可知,如果把题中数列 $\left(1+\dfrac{1}{n}\right)^{\frac{n}{2}}$ 变换成 $\left[\left(1+\dfrac{1}{n}\right)^n\right]^{\frac{1}{2}}$,则可利用公式(1-2)求得原极限值为 $e^{\frac{1}{2}}$.

(2)比较题目与公式(1-3)可知,如果把 $(1-3x)$ 改写成 $[1+(-3x)]$,同时又把函数的指数 $\dfrac{1}{x}$ 换成 $\dfrac{1}{-3x}\cdot(-3)$,即

$$(1-3x)^{\frac{1}{x}} = \{[1+(-3x)]^{-\frac{1}{3x}}\}^{(-3)}$$

则可利用公式(1-3)求得原极限值为 e^{-3}.

解答步骤略.

习题 1-2

1.作出下列各数列的图形,观察其变化趋势,说明数列的极限是否存在? 若存在,极限是多少?

(1)$y_n = 2 + \dfrac{1}{n}$;   (2)$y_n = (-1)^n \dfrac{1}{2^n}$.

2.设函数 $f(x) = \begin{cases} 2x & (0 \leqslant x < 1) \\ 2-x & (1 \leqslant x \leqslant 2) \end{cases}$,试作出其图形,求出当 $x \to 1$ 时,函数 $f(x)$ 的左、右极限,并说明当 $x \to 1$ 时,函数 $f(x)$ 的极限是否存在?

3.指出下列各函数在所示的变化过程中是无穷小量还是无穷大量?

(1)$100x^2 (x \to 0)$;   (2)$\dfrac{x^2+1}{x^2-9}(x \to 3)$.

4.计算下列极限:

(1)$\lim\limits_{x \to -2}(3x^2 - 5x + 2)$;   (2)$\lim\limits_{x \to \sqrt{3}}\dfrac{x^2-3}{x+1}$;

(3)$\lim\limits_{x \to 2}\dfrac{x^2-3}{x-2}$;   (4)$\lim\limits_{x \to 1}\dfrac{x^2-2x+1}{x^2-1}$;

(5)$\lim\limits_{x \to \infty}\dfrac{x^2-1}{2x^2-x}$;   (6)$\lim\limits_{x \to \infty}\dfrac{x^2+x}{x^4-3x^2-1}$;

(7)$\lim\limits_{n \to \infty}\dfrac{1+2+3+\cdots+(n-1)}{n^2}$;   (8)$\lim\limits_{h \to 0}\dfrac{(x+h)^2-x^2}{h}$;

(9)$\lim\limits_{x \to \infty}\dfrac{\cos 2x}{x^2}$;   (10)$\lim\limits_{x \to 0}x\sin\dfrac{1}{x}$.

5.求下列各极限:

(1)$\lim\limits_{x \to 0}\dfrac{\sin 3x}{2x}$;   (2)$\lim\limits_{x \to 0}\dfrac{\tan 4x}{x}$;

(3)$\lim\limits_{x \to 0}\dfrac{1-\cos 2x}{x\sin x}$;   (4)$\lim\limits_{x \to 0}\dfrac{\sin 2x}{\sin 5x}$;

(5)$\lim\limits_{x \to 0}(1-x)^{\frac{2}{x}}$;   (6)$\lim\limits_{x \to \infty}\left(\dfrac{1+x}{x}\right)^{\frac{x}{3}}$.

1.3 函数的连续性

自然界中许多现象的变化过程,例如气温的变化、时间的流逝、动植物的生长等等,是连续不断的过程.这种变化反映在数学上,就是函数的连续性.本节主要学习连续函数的概念和性质.

1.3.1　连续函数的概念

1.函数的增量

定义 1　设变量 u 从它的初值 u_1 改变到终值 u_2,则终值与初值之差 $u_2 - u_1$ 称为变量 u 的**增量**(或**改变量**),记作

$$\Delta u = u_2 - u_1$$

从而

$$u_2 = u_1 + \Delta u.$$

Δu 可正可负,当 $\Delta u > 0$ 时,表示变量 u 从 u_1 增加到 u_2;当 $\Delta u < 0$ 时,表示变量 u 从 u_1 减少到 u_2.

设函数 $y = f(x)$ 在 x 及其附近有定义,当自变量 x 从 x_0 改变到 $x_0 + \Delta x$ 时,相应的函数增量为 $\Delta y = f(x_0 + \Delta x) - f(x_0)$.

函数增量的几何意义如图 1-21 所示.

【例 1】　设函数 $y = f(x) = x^2$.

(1)当 x 从 -1 改变到 2 时,求自变量增量与函数增量;

(2)当 x 从 x_0 改变到 $x_0 + \Delta x$ 时,求函数增量.

解　(1)自变量增量 $\Delta x = 2 - (-1) = 3$,函数增量 $\Delta y = f(2) - f(-1) = 2^2 - (-1)^2 = 3$.

图 1-21

(2)$\Delta y = f(x_0 + \Delta x) - f(x_0) = (x_0 + \Delta x)^2 - x_0^2 = (x_0 + \Delta x + x_0)(x_0 + \Delta x - x_0) = (2x_0 + \Delta x)\Delta x$.

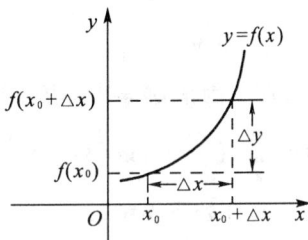

2.连续函数的定义

函数 $y = f(x)$ 在 x_0 处连续,从几何直观上来说它的图形在 x_0 处是连续不断的,也就是说,当自变量在 x_0 点的附近变化极其微小时,相应的函数值的变化也极其微小.

下面给出函数在某点连续的定义.

定义 2　设函数 $y = f(x)$ 在点 x_0 及其附近有定义,如果当自变量 x 在点 x_0 处的增量 Δx 趋于零时,相应的函数增量 Δy 也趋于零,即 $\lim\limits_{\Delta x \to 0} \Delta y = \lim\limits_{\Delta x \to 0} [f(x_0 + \Delta x) - f(x_0)] = 0$,则称函数 $y = f(x)$ 在点 x_0 处**连续**.这时点 x_0 称为函数 $y = f(x)$ 的**连续点**.

在定义 2 中,设 $x = x_0 + \Delta x$,则 $\Delta x \to 0$ 就是 $x \to x_0$,这时,$\Delta y = f(x_0 + \Delta x) - f(x_0) = f(x) - f(x_0)$,所以式 $\lim\limits_{\Delta x \to 0} \Delta y = 0$ 可以写成 $\lim\limits_{x \to x_0} [f(x) - f(x_0)] = 0$,即 $\lim\limits_{x \to x_0} f(x) = f(x_0)$.因而,函数 $f(x)$ 在点 x_0 处连续的定义可用另一种方法叙述.

定义 2′　设函数 $y = f(x)$ 在点 x_0 处及其附近有定义,如果当 $x \to x_0$ 时,函数 $f(x)$ 的极限存在,且极限等于函数值 $f(x_0)$,即

$$\lim_{x \to x_0} f(x) = f(x_0)$$

则称函数 $y = f(x)$ 在 x_0 处**连续**.

由定义 2′可知,函数 $y = f(x)$ 在点 x_0 处连续,必须同时满足下面三个条件:

(1)函数 $y = f(x)$ 在点 x_0 处及其附近有定义;

(2)当 $x \to x_0$ 时,极限 $\lim_{x \to x_0} f(x)$ 存在;

(3)$\lim_{x \to x_0} f(x) = f(x_0)$.

如果上面三个条件中有一个不成立,则函数 $y = f(x)$ 在点 x_0 处不连续,这时称点 x_0 为函数 $y = f(x)$ 的**间断点**.其中,凡是左、右极限都存在的间断点叫做**第一类间断点**,其余的间断点叫做**第二类间断点**.

【例 2】 讨论函数

$$f(x) = \begin{cases} 2 + x & (x < 0) \\ 1 & (x = 0) \\ 3 - \cos x & (x > 0) \end{cases}$$

在 $x = 0$ 处的连续性.

解 因 $f(0) = 1$,即 $f(x)$ 在点 $x = 0$ 处及其附近有定义,由 $\lim_{x \to 0^-} f(x) = \lim_{x \to 0^-}(2 + x) = 2$ 和 $\lim_{x \to 0^+} f(x) = \lim_{x \to 0^+}(3 - \cos x) = 2$,得 $\lim_{x \to 0} f(x)$ 存在且等于 2,但 $\lim_{x \to 0} f(x) \neq f(0)$,所以 $f(x)$ 在点 $x = 0$ 处不连续,即 $x = 0$ 是 $f(x)$ 的间断点.

从定义 2′还可以看出,如果函数 $f(x)$ 在点 x_0 处连续,求 $\lim_{x \to x_0} f(x)$ 的值时,只需将函数 $f(x)$ 中的自变量 x 用 x_0 代替,即 $f(x_0)$ 就是所求的极限值.因此,对于连续函数,极限符号与函数符号可以交换,即

$$\lim_{x \to x_0} f(x) = f(\lim_{x \to x_0} x) = f(x_0).$$

定义 3 如果函数 $y = f(x)$ 在点 x_0 处的左极限等于 $f(x)$ 在该点的函数值 $f(x_0)$,即 $\lim_{x \to x_0^-} f(x) = f(x_0)$,则称函数 $y = f(x)$ 在点 x_0 处左连续;如果 $y = f(x)$ 在点 x_0 处的右极限等于该点的函数值 $f(x_0)$,即 $\lim_{x \to x_0^+} f(x) = f(x_0)$,则称函数 $f(x)$ 在点 x_0 处右连续.

定义 4 如果函数 $f(x)$ 在开区间 (a, b) 内的每一点都连续,且在点 $x = a$ 处右连续,在点 $x = b$ 处左连续,则称函数 $f(x)$ 在闭区间 $[a, b]$ 上连续,这时称 $[a, b]$ 为函数的连续区间.

1.3.2 初等函数的连续性

由极限的运算法则和连续函数的定义,可以得到以下关于连续函数的运算法则.

法则 1 有限个连续函数的和、差、积、商(分母不为零)也是连续函数.

法则 2 有限个连续函数的复合函数也是连续函数.

法则 3 单调增(减)的连续函数的反函数也是单调增(减)的连续函数.

应用连续函数的运算法则可以得到:

所有基本初等函数在各自定义域内都是连续函数.

由极限的运算可知,多项式在$(-\infty,+\infty)$内是连续的;有理函数在分母不为零时也是连续函数.

因此,我们得到一个非常有用的结论:

一切初等函数在其定义区间内都是连续的.

【例3】 $\lim\limits_{x \to \frac{\pi}{2}} \sin x$.

解 因 $\sin x$ 是初等函数,故

$$\lim_{x \to \frac{\pi}{2}} \sin x = \sin\left(\lim_{x \to \frac{\pi}{2}} x\right) = \sin\frac{\pi}{2} = 1.$$

1.3.3 闭区间上连续函数的性质

为了今后的应用,我们介绍在闭区间上连续函数的三个基本性质,并从几何上加以说明.

性质1(有界性定理) 如果函数 $y = f(x)$ 在闭区间 $[a,b]$ 上连续,则在该区间上必有界.

性质2(最大值和最小值定理) 如果函数 $y = f(x)$ 在闭区间 $[a,b]$ 上连续,则函数 $f(x)$ 在该区间上必有最大值和最小值.

如图 1-22 所示,若函数 $f(x)$ 在 $[a,b]$ 上连续,则在 $[a,b]$ 上至少有一点 x_1,使得 $f(x)$ 在点 x_1 处取最小值 m;同样,至少有一点 x_2,使得 $f(x)$ 在点 x_2 处取最大值 M.

性质3(介值定理) 如果函数 $y = f(x)$ 在闭区间 $[a,b]$ 上连续,m、M 分别是 $f(x)$ 在 $[a,b]$ 上的最小值和最大值,则对于介于 m、M 之间的任一实数 C($m < C < M$),至少存在一点 $\xi \in (a,b)$,使得 $f(\xi) = C$.

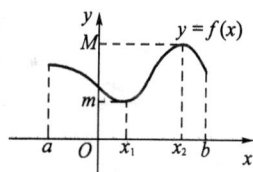

图 1-22

如图 1-23 所示,对于区间 $[a,b]$ 上的连续曲线 $y = f(x)$ 的最小值 m 和最大值 M 之间的任一实数 C,在 (a,b) 内至少存在一点 ξ,满足 $f(\xi) = C$.

由性质3可得如下推论:

推论 如果函数 $f(x)$ 在闭区间 $[a,b]$ 上连续,且 $f(a)$ 与 $f(b)$ 异号,则至少存在一点 $\xi \in (a,b)$,满足 $f(\xi) = 0$.

如图 1-24 所示,连续曲线 $y = f(x)$ 满足 $f(a) < 0, f(b) > 0$,那么曲线与 x 轴必有交点 $\xi \in (a,b)$,这时有 $f(\xi) = 0$.

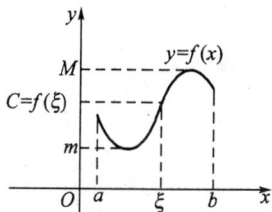

图 1-23

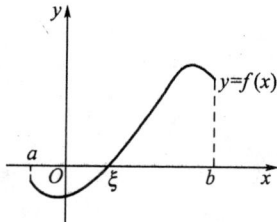

图 1-24

习题 1-3

1. 设函数 $y = f(x) = x^2 + 1$,则

(1)当 x 从 $x_1 = 1$ 改变到 $x_2 = -1.5$ 时,求自变量的增量;

(2)当 x 从 $x_1 = 0$ 改变到 $x_2 = 2$ 时,求函数的增量;

(3)当 x 从 a 改变到 $a + \Delta x$ 时,求函数的增量.

2. 讨论函数 $f(x) = \begin{cases} x - 1 & (x \leqslant 0) \\ 2x & (x > 0) \end{cases}$ 在 $x = 0$ 处的连续性.

3. 利用函数的连续性求下列极限:

(1) $\lim\limits_{x \to \infty} e^{\frac{1}{x}}$;

(2) $\lim\limits_{x \to 0} \ln \dfrac{\sin x}{x}$;

(3) $\lim\limits_{x \to 1} \arcsin x$;

(4) $\lim\limits_{x \to 0} \cos x$.

第2章

导数与微分

本章学习目标

掌握导数和微分的概念,理解导数的几何意义及函数可导性与连续性之间的关系,能用导数描述一些物理量的变化率;熟悉导数和微分的运算法则以及导数的基本公式;了解高阶导数的概念,能熟练地求出初等函数的一阶和二阶导数;掌握隐函数的一阶和二阶导数.

2.1 导数

前面我们已经讨论了变量之间的函数关系以及函数的变化趋势等问题.在实际问题中,还需要讨论函数在其变化过程中相对于自变量变化的快慢程度,即函数的变化率问题.本节将通过实例引入导数的概念,建立求导法则与基本公式,并介绍高阶导数的概念.

2.1.1 导数的概念

先看三个实例.

(1)变速直线运动的瞬时速度

设 $s = f(t)$ 表示一物体从某个时刻开始到时刻 t 作直线运动所经过的路程,现在讨论该物体在 $t = t_0$ 时的运动速度,即瞬时速度 $v(t_0)$.

当时间由 t_0 改变到 $t_0 + \Delta t$ 时,物体在 Δt 这段时间所经过的路程为

$$\Delta s = f(t_0 + \Delta t) - f(t_0)$$

于是,从时刻 t_0 到 $t_0 + \Delta t$ 这一段时间内物体运动的平均速度为

$$\bar{v} = \frac{\Delta s}{\Delta t} = \frac{f(t_0 + \Delta t) - f(t_0)}{\Delta t}$$

当 Δt 很小时,可以用 $\bar{v}$ 近似地表示物体在时刻 t_0 的速度,Δt 越小,近似程度越好.当 $\Delta t \to 0$ 时,如果极限 $\lim\limits_{\Delta t \to 0} \dfrac{\Delta s}{\Delta t}$ 存在,则称此极限为物体在时刻 t_0 的瞬时速度,即

$$v(t_0) = \lim_{\Delta t \to 0} \frac{\Delta s}{\Delta t} = \lim_{\Delta t \to 0} \frac{f(t_0 + \Delta t) - f(t_0)}{\Delta t}$$

(2) 曲线切线问题

考虑曲线 $y = f(x)$ 在 $x = x_0$ 处的切线斜率,设自变量在点 x_0 处有增量 Δx,则函数 $y = f(x)$ 相应地取得增量

$$\Delta y = f(x_0 + \Delta x) - f(x_0).$$

在曲线上取两点 $M(x_0, y_0)$、$N(x_0 + \Delta x, y_0 + \Delta y)$,由平面解析几何知道,割线 MN 的斜率为

$$\frac{\Delta y}{\Delta x} = \tan\varphi.$$

其中,φ 是割线 MN 的倾角,当 $|\Delta x|$ 很小时,点 N 就沿着曲线向点 M 靠拢,而割线 MN 即绕着点 M 转动.当 $\Delta x \to 0$ 时,点 N 就无限趋近于点 M,而割线 MN 就无限趋近于它的极限位置直线 MT.直线 MT 就是曲线在点 M 处的切线.因而切线倾角 α 是割线倾角 φ 的极限,故切线的斜率 $\tan\alpha$ 是割线斜率的极限,亦即

$$\tan\alpha = \lim_{\varphi \to \alpha} \tan\varphi = \lim_{\Delta x \to 0} \frac{\Delta y}{\Delta x}$$

(3) 产品总成本的变化率

设某产品的总成本 C 是产量 x 的函数:

$$C = C(x) \quad (x > 0)$$

如果产量 x 由 x_0 改变为 $x_0 + \Delta x$,则总成本相应的增量为

$$\Delta C = C(x_0 + \Delta x) - C(x_0)$$

此时

$$\frac{\Delta C}{\Delta x} = \frac{C(x_0 + \Delta x) - C(x_0)}{\Delta x}$$

表示产量由 x_0 改变到 $x_0 + \Delta x$ 时产品总成本的平均变化率,如果极限

$$\lim_{\Delta x \to 0} \frac{\Delta C}{\Delta x} = \lim_{\Delta x \to 0} \frac{C(x_0 + \Delta x) - C(x_0)}{\Delta x}$$

存在,则此极限就表示产量为 x_0 时总成本的变化率,在经济管理理论中称它为边际成本.

上面三个实际问题的具体含义是不相同的,但从抽象的数量关系来看,其实质是一样的,都归结为计算函数的增量与自变量增量之比,当自变量增量趋于零时的极限,这种特殊的极限就是函数的导数.

1. 导数的定义

定义 设函数 $y = f(x)$ 在点 x_0 及其附近有定义,当自变量在点 x_0 处有增量 Δx 时,函数 $f(x)$ 取得相应的增量 $\Delta y = f(x_0 + \Delta x) - f(x_0)$,如果 Δy 与 Δx 之比的极限存在,即

$$\lim_{\Delta x \to 0} \frac{\Delta y}{\Delta x} = \lim_{\Delta x \to 0} \frac{f(x_0 + \Delta x) - f(x_0)}{\Delta x} \tag{2-1}$$

存在,则称此极限为函数 $y = f(x)$ 在点 x_0 处的**导数**,记作

$$f'(x_0), y'\Big|_{x=x_0}, \frac{\mathrm{d}y}{\mathrm{d}x}\Big|_{x=x_0} \text{ 或 } \frac{\mathrm{d}}{\mathrm{d}x}f(x)\Big|_{x=x_0}.$$

如果极限(2-1)存在,那么就称函数 $f(x)$ 在点 x_0 处**可导**,否则,就称函数 $y=f(x)$ 在点 x_0 处**不可导**.

显然,函数增量与自变量增量之比 $\dfrac{\Delta y}{\Delta x}$ 是函数在以 x_0 和 $x_0+\Delta x$ 为端点的区间上的平均变化率,而导数 $f'(x_0)$ 则是函数 $y=f(x)$ 在点 x_0 处的变化率.

如果函数 $y=f(x)$ 在区间 (a,b) 内的每一点都可导,就称函数在区间 (a,b) 内可导.这时,函数 $y=f(x)$ 对于 (a,b) 内的每一个确定的值,都对应着一个确定的导数,这就构成了一个新的函数,我们将这个函数叫做函数 $y=f(x)$ 的导函数,记作

$$y',f'(x),\frac{\mathrm{d}y}{\mathrm{d}x}\text{或}\frac{\mathrm{d}}{\mathrm{d}x}f(x).$$

显然,导数 $f'(x_0)$ 就是导函数 $f'(x)$ 在 x_0 处的函数值.在不致发生混淆的情况下,导函数简称为导数.

根据导数的定义,本节开头所讨论的三个实例可说成是:

(1)瞬时速度是路程 s 对时间 t 的导数,即
$$v(t)=f'(t);$$

(2)边际成本是总成本 $C(x)$ 对总产量 x 的导数 $C'(x)$;

(3)曲线 $y=f(x)$ 在点 $M(x,y)$ 处的切线的斜率是函数 $y=f(x)$ 对 x 的导数 $f'(x)$,我们称之为导数的几何意义(如图2-1).

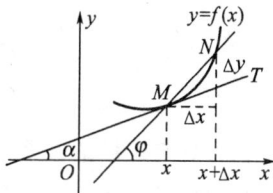

由导数的几何意义及直线的点斜式方程可知,曲线 $y=f(x)$ 上点 (x_0,y_0) 处的切线方程为
$$y-y_0=f'(x)(x-x_0).$$

图 2-1

从导数的定义可以看出,计算某个所给函数的导数,实际上就是先求函数增量,然后计算函数增量与自变量增量的比值,最后计算该比值的极限.下面我们根据定义求出一些简单的导数.

【例1】 求函数 $y=C$(C 为常数)的导数.

解 (1)求增量:因为 $y=C$,不论 x 取什么值,y 的值总等于 C,所以 $\Delta y=0$;

(2)算比值:$\dfrac{\Delta y}{\Delta x}=0$;

(3)取极限:$y'=\lim\limits_{\Delta x\to 0}\dfrac{\Delta y}{\Delta x}=\lim\limits_{\Delta x\to 0}0=0.$

故
$$(C)'=0.$$

这就是说,常数的导数等于零.

【例2】 求函数 $y=x$ 的导数.

解 (1)因为 $y=f(x)=x,f(x+\Delta x)=x+\Delta x$,所以
$$\Delta y=f(x+\Delta x)-f(x)=(x+\Delta x)-x=\Delta x;$$

(2)$\dfrac{\Delta y}{\Delta x}=\dfrac{\Delta x}{\Delta x}=1$;

(3) $y' = \lim\limits_{\Delta x \to 0} \dfrac{\Delta y}{\Delta x} = \lim\limits_{\Delta x \to 0} \dfrac{\Delta x}{\Delta x} = \lim\limits_{\Delta x \to 0} 1 = 1$.

这就是说,自变量的导数等于1.

【例3】 求函数 $y = \dfrac{1}{x}(x \neq 0)$ 导数.

解 (1) $\Delta y = \dfrac{1}{x + \Delta x} - \dfrac{1}{x} = -\dfrac{\Delta x}{x(x + \Delta x)}$;

(2) $\dfrac{\Delta y}{\Delta x} = -\dfrac{1}{x(x + \Delta x)}$;

(3) $y' = \lim\limits_{\Delta x \to 0} \dfrac{\Delta y}{\Delta x} = \lim\limits_{\Delta x \to 0} \left[-\dfrac{1}{x(x + \Delta x)} \right] = -\dfrac{1}{x^2}$.

即
$$\left(\dfrac{1}{x} \right)' = -\dfrac{1}{x^2}.$$

【例4】 求曲线 $y = \dfrac{1}{x}$ 在点 $(1,1)$ 处的切线方程.

解 在例3中已求得 $f'(x) = \left(\dfrac{1}{x} \right)' = -\dfrac{1}{x^2}$,因为 $f'(1) = -1$,即切线斜率 $k = -1$,所以,所求的切线方程为
$$y - 1 = -1(x - 1).$$

即
$$x + y - 2 = 0.$$

2. 可导与连续的关系

如果函数 $y = f(x)$ 在点 x_0 处可导,则它在点 x_0 处一定连续.

事实上,若 $y = f(x)$ 在点 x_0 处可导,即
$$\lim\limits_{\Delta x \to 0} \dfrac{\Delta y}{\Delta x} \text{存在},$$

这时,
$$\lim\limits_{\Delta x \to 0} \Delta y = \lim\limits_{\Delta x \to 0} \dfrac{\Delta y}{\Delta x} \cdot \Delta x = \lim\limits_{\Delta x \to 0} \dfrac{\Delta y}{\Delta x} \cdot \lim\limits_{\Delta x \to 0} \Delta x = 0.$$

故 $y = f(x)$ 在点 x_0 处连续.

但是,这个结论的逆命题不成立,即函数 $y = f(x)$ 在点 x_0 连续,而它在点 x_0 处不一定可导.

例如函数 $y = \sqrt[3]{x}$ 在区间 $(-\infty, +\infty)$ 内处处连续,但它在点 $x = 0$ 处不可导,这是由于在点 $x = 0$ 处有
$$\dfrac{\Delta y}{\Delta x} = \dfrac{\sqrt[3]{0 + \Delta x} - \sqrt[3]{0}}{\Delta x} = \dfrac{1}{\sqrt[3]{(\Delta x)^2}}$$

而当 $\Delta x \to 0$ 时,$\dfrac{\Delta y}{\Delta x} \to \infty$,即导数为无穷大(导数不存在).

上面我们给出了导数的定义.但是,在实际计算时,利用定义求函数的导数是较为复杂的,有些甚至是困难的.下面将给出求导运算的一般法则和基本公式,利用这些法则和公式,我们将能较为简便地进行导数的运算.

2.1.2 几个基本初等函数的导数

1.对数函数的导数

$$y' = (\log_a x)' = \lim_{\Delta x \to 0} \frac{\Delta y}{\Delta x}$$

$$= \lim_{\Delta x \to 0} \frac{1}{x} \log_a \left(1 + \frac{\Delta x}{x}\right)^{\frac{x}{\Delta x}}$$

$$= \frac{1}{x} \log_a e = \frac{1}{x \ln a}$$

特别当 $a = e$ 时，$\log_a e = \ln e = 1$，于是得到自然对数的导数

$$(\ln x)' = \frac{1}{x}.$$

2.三角函数的导数

$$(\sin x)' = \cos x ; \ (\cos x)' = -\sin x$$

3.幂函数的导数

当 α 为实数时

$$(x^\alpha)' = \alpha x^{\alpha - 1}$$

【例5】 求下列各函数的导数：

$(1) y = \sqrt{x}$; $(2) f(x) = \dfrac{1}{x^2}$.

解 （1）因 $y = x^{\frac{1}{2}}$，故

$$y' = \frac{1}{2} x^{\frac{1}{2} - 1} = \frac{1}{2} x^{-\frac{1}{2}} = \frac{1}{2\sqrt{x}}.$$

（2）因 $f(x) = x^{-2}$，故

$$f'(x) = -2 x^{-2-1} = -2 x^{-3} = -\frac{2}{x^3}.$$

2.1.3 导数的四则运算法则

在下列法则中，我们总假设所讨论的函数是可导的．

1.和(差)的导数

$$[u(x) \pm v(x)]' = u'(x) \pm v'(x).$$

这个法则可以推广到有限多个函数的和(差)的情况．

【例6】 求 $y = x^2 - \sin x + 5$ 的导数．

解 $y' = (x^2)' - (\sin x)' + (5)' = 2x - \cos x.$

2.乘积的导数

$$[u(x)v(x)]' = u'(x)v(x) + u(x)v'(x).$$

特别当 $v(x) = C$ 时，有 $[Cu(x)]' = Cu'(x)$ （C 为常数）．

【例7】 设 $y = \sqrt{x} \cos x$，求 y'．

解　$y' = (x^{\frac{1}{2}})' \cos x + x^{\frac{1}{2}} (\cos x)'$

$$= \frac{1}{2} x^{-\frac{1}{2}} \cos x - x^{\frac{1}{2}} \sin x.$$

【例 8】　设 $f(x) = (2x - 1)(3 - x)$，求 $f'(0)$.

解法 1　因 $f'(x) = (2x - 1)'(3 - x) + (2x - 1)(3 - x)'$

$$= 2(3 - x) + (2x - 1)(-1)$$

$$= 7 - 4x,$$

所以　　　　　　　　　　　　　　　$f'(0) = 7.$

解法 2　因 $f(x) = 6x - 2x^2 - 3 + x$

$$= -2x^2 + 7x - 3,$$

所以　　　　　　　　　　　　　　　$f'(x) = -4x + 7,$

即　　　　　　　　　　　　　　　　$f'(0) = 7.$

注意　两个函数乘积的导数不等于导数的乘积，即

$$[u(x)v(x)]' \neq u'(x)v'(x).$$

3. 商的导数

$$\left[\frac{u(x)}{v(x)} \right]' = \frac{u'(x)v(x) - u(x)v'(x)}{v^2(x)} \qquad [v(x) \neq 0]$$

【例 9】　求 $y = \tan x$ 的导数.

解　因为 $\tan x = \dfrac{\sin x}{\cos x}$，所以我们可以利用商的求导法则，即

$$y' = (\tan x)' = \left(\frac{\sin x}{\cos x} \right)'$$

$$= \frac{(\sin x)' \cos x - \sin x (\cos x)'}{\cos^2 x}$$

$$= \frac{\cos x \cos x - \sin x (-\sin x)}{\cos^2 x} = \frac{\cos^2 x + \sin^2 x}{\cos^2 x}$$

$$= \sec^2 x.$$

类似地可得　　　　　　　　　$(\cot x)' = -\csc^2 x,$

$$(\sec x)' = \sec x \cdot \tan x,$$

及　　　　　　　　　　　　　$(\csc x)' = -\csc x \cdot \cot x.$

注意　$\left[\dfrac{u(x)}{v(x)} \right]' \neq \dfrac{u'(x)}{v'(x)}.$

上面分别讨论了函数的和、差、积、商的求导法则. 在求导数时，常常需要把这些法则综合起来运用.

【例 10】　设 $y = \dfrac{5\sin x}{1 + \cos x}$，求 y'.

解　$y' = \dfrac{(5\sin x)'(1 + \cos x) - 5\sin x (1 + \cos x)'}{(1 + \cos x)^2}$

$$= \frac{5\cos x (1 + \cos x) - 5\sin x (-\sin x)}{(1 + \cos x)^2}$$

$$= \frac{5\cos x + 5(\cos^2 x + \sin^2 x)}{(1+\cos x)^2}$$

$$= \frac{5(1+\cos x)}{(1+\cos x)^2}$$

$$= \frac{5}{1+\cos x}$$

2.1.4 复合函数的导数

法则 1 设 $y = f(u)$ 在点 u 可导, $u = g(x)$ 在点 x 可导, 则复合函数 $y = f[g(x)]$ 在点 x 可导, 且有关系式

$$\frac{\mathrm{d}y}{\mathrm{d}x} = \frac{\mathrm{d}y}{\mathrm{d}u} \cdot \frac{\mathrm{d}u}{\mathrm{d}x} \tag{2-2}$$

成立.

该法则可推广到有限次复合的情况.

【例 11】 设 $y = \sin 3x$, 求 $\dfrac{\mathrm{d}y}{\mathrm{d}x}$.

分析 $y = \sin 3x$ 是一个复合函数, 它是由 $y = \sin u$ 和 $u = 3x$ 两个简单函数复合而成的, 故可用复合函数的求导法则求得.

解 $\dfrac{\mathrm{d}y}{\mathrm{d}x} = \dfrac{\mathrm{d}y}{\mathrm{d}u} \cdot \dfrac{\mathrm{d}u}{\mathrm{d}x} = \cos u \cdot 3 = 3\cos 3x$.

【例 12】 设 $y = \sqrt{1-x^2}$, 求 $\dfrac{\mathrm{d}y}{\mathrm{d}x}$.

解 因 $y = \sqrt{1-x^2}$ 是由 $y = \sqrt{u}$ 和 $u = 1-x^2$ 两个简单函数复合而成的, 所以

$$\frac{\mathrm{d}y}{\mathrm{d}x} = \frac{\mathrm{d}y}{\mathrm{d}u} \cdot \frac{\mathrm{d}u}{\mathrm{d}x} = \frac{1}{2\sqrt{u}} \cdot (-2x)$$

$$= -\frac{x}{\sqrt{1-x^2}}.$$

注 熟练之后, 计算时可不必写出中间变量. 例如, 例 12 可直接写成

$$\frac{\mathrm{d}y}{\mathrm{d}x} = (\sqrt{1-x^2})' = \frac{1}{2\sqrt{1-x^2}} \cdot (1-x^2)'$$

$$= \frac{-2x}{2\sqrt{1-x^2}} = -\frac{x}{\sqrt{1-x^2}}.$$

【例 13】 设 $f(x) = \ln\cos\dfrac{1}{x}$, 求 $f'\left(\dfrac{4}{\pi}\right)$.

解 $f(x) = \ln\cos\dfrac{1}{x}$ 是由 $y = \ln u$、$u = \cos v$ 和 $v = \dfrac{1}{x}$ 三个简单函数复合而成的, 所以

$$f'(x) = \frac{1}{\cos\dfrac{1}{x}} \cdot \left(\cos\frac{1}{x}\right)'$$

$$= \frac{-\sin\frac{1}{x}}{\cos\frac{1}{x}} \cdot \left(\frac{1}{x}\right)'$$

$$= -\tan\frac{1}{x} \cdot \left(-\frac{1}{x^2}\right)$$

$$= \frac{1}{x^2} \cdot \tan\frac{1}{x}.$$

故
$$f'\left(\frac{4}{\pi}\right) = \frac{\pi^2}{16} \cdot \tan\frac{\pi}{4} = \frac{\pi^2}{16}.$$

2.1.5 反函数的导数

法则 2 设函数 $y = f(x)$ 在点 x 处有不为零的导数,并且其反函数 $x = f^{-1}(y)$ 在相应点处连续,则 $[f^{-1}(y)]'$ 存在,并且有

$$[f^{-1}(y)]' = \frac{1}{f'(x)} \text{ 或 } f'(x) = \frac{1}{[f^{-1}(y)]'}. \tag{2-3}$$

利用反函数的导数公式,可以计算反三角函数的导数.

【例 14】 设 $y = \arcsin x \, (-1 < x < 1)$,求 y'.

解 因为 $y = \arcsin x \, (-1 < x < 1)$ 的反函数是

$$x = \sin y \quad \left(-\frac{\pi}{2} < y < \frac{\pi}{2}\right),$$

而
$$(\sin y)' = \cos y > 0 \quad \left(-\frac{\pi}{2} < y < \frac{\pi}{2}\right)$$

且
$$\cos y = \sqrt{1 - x^2} > 0,$$

所以由反函数求导公式得

$$y' = (\arcsin x)' = \frac{1}{(\sin y)'}$$

$$= \frac{1}{\sqrt{1 - x^2}} (-1 < x < 1).$$

同样还可求得

$$(\arccos x)' = -\frac{1}{\sqrt{1 - x^2}} \quad (-1 < x < 1),$$

$$(\arctan x)' = \frac{1}{1 + x^2},$$

$$(\text{arccot} x)' = -\frac{1}{1 + x^2}.$$

【例 15】 设 $y = a^x (a > 0, a \neq 1)$,求 y'.

解 由 $y = a^x$ 可得 $x = \log_a y$,因为两者互为反函数,于是

$$y' = (a^x)' = \frac{1}{(\log_a y)'} = y \ln a = a^x \ln a.$$

特别地,当 $a = \mathrm{e}$ 时,$y = \mathrm{e}^x$ 的导数

$$y' = (e^x)' = e^x \ln e = e^x.$$

【例 16】 若 $y = e^{\arcsin\sqrt{x}}$，求 y'.

解 $y' = e^{\arcsin\sqrt{x}} \cdot (\arcsin\sqrt{x})'$

$$= e^{\arcsin\sqrt{x}} \cdot \frac{1}{\sqrt{1-(\sqrt{x})^2}} \cdot (\sqrt{x})'$$

$$= e^{\arcsin\sqrt{x}} \frac{1}{\sqrt{1-x}} \cdot \frac{1}{2\sqrt{x}}$$

$$= \frac{1}{2\sqrt{x-x^2}} e^{\arcsin\sqrt{x}}.$$

【例 17】 设 $y = x^a$（a 是实数），求证 $y' = ax^{a-1}$.

证明 因 $y = x^a = e^{a\ln x}$，所以

$$y' = (e^{a\ln x})' = e^{a\ln x} \cdot (a\ln x)' = x^a \cdot \frac{a}{x} = ax^{a-1}.$$

2.1.6 隐函数与对数求导法

1.隐函数的求导方法

由方程 $F(x,y) = 0$ 确定的 y 与 x 的函数关系称为**隐函数**.下面通过例题介绍隐函数的求导方法.

【例 18】 求由方程 $x^2 + y^2 = 1$ 所确定的隐函数 y 的导数 y'.

解 为了求 y 对 x 的导数,我们将等式两边逐项对 x 求导,并把含 y 的项 y^2 看作是 x 的复合函数,利用复合函数的求导法可求得

$$2x + 2y \cdot y' = 0,$$

解出 y',得

$$y' = -\frac{x}{y}.$$

说明 求由方程 $F(x,y) = 0$ 所确定的隐函数的导数 y' 的方法是:将方程两边分别对 x 求导,其中,含 y 的项可看作是以 y 为中间变量关于 x 的复合函数,利用复合函数的求导法则,求得一个关于 x、y 和 y' 的方程,然后解出 y' 即可.

【例 19】 设 $y = x\ln y$,求 y'.

解 方程两边分别对 x 求导,得

$$y' = \ln y + x \cdot \frac{1}{y} \cdot y',$$

所以

$$\left(1 - \frac{x}{y}\right) y' = \ln y,$$

故

$$y' = \frac{y\ln y}{y - x}.$$

2.对数求导法

对于某些函数,可对其两边取对数,使之成为隐函数,然后再按隐函数求导方法求出

其导数,这种方法称为**对数求导法**.

【**例 20**】 设 $y = \sqrt[3]{\dfrac{x^2(1-x)}{2x+1}}$,求 y'.

解 两边取对数,得

$$\ln y = \ln \sqrt[3]{\dfrac{x^2(1-x)}{2x+1}}$$

$$= \dfrac{1}{3}\left[2\ln x + \ln(1-x) - \ln(2x+1)\right].$$

上式两边对 x 求导,得

$$\dfrac{1}{y} \cdot y' = \dfrac{1}{3}\left(\dfrac{2}{x} + \dfrac{-1}{1-x} - \dfrac{2}{2x+1}\right),$$

得

$$y' = \dfrac{y}{3}\left(\dfrac{2}{x} - \dfrac{1}{1-x} - \dfrac{2}{2x+1}\right)$$

$$= \dfrac{1}{3}\sqrt[3]{\dfrac{x^2(1-x)}{2x+1}} \cdot \left(\dfrac{2}{x} - \dfrac{1}{1-x} - \dfrac{2}{2x+1}\right).$$

【**例 21**】 若 $y = (\sin x)^x$,求 y'.

解 两边同时取对数,得

$$\ln y = x \ln \sin x,$$

上式两边对 x 求导,得

$$\dfrac{1}{y} \cdot y' = \ln(\sin x) + x \cdot \dfrac{\cos x}{\sin x},$$

$$y' = y(\ln \sin x + x \cot x)$$

$$= (\sin x)^x (\ln \sin x + x \cot x).$$

2.1.7 求导法则与导数基本公式

为便于记忆和使用,我们将本节所导出的求导法则与基本初等函数导数的基本公式整理如下,其中尚未证明的公式请读者自行证明.

1.导数的四则运算法则

设函数 u、v 均可导,c 为常数,则

(1)$(u \pm v)' = u' \pm v'$;

(2)$(u \cdot v)' = u'v + uv'$;

(3)$(cu)' = cu'$;

(4)$\left(\dfrac{u}{v}\right)' = \dfrac{u'v - uv'}{v^2}$ $(v \neq 0)$.

2.导数基本公式

(1)$(c)' = 0$ (c 为常数);

(2)$(x^a)' = ax^{a-1}$ (a 为实数);

(3)$(a^x)' = a^x \ln a$ ($a > 0$ 且 $a \neq 1$);

(4)$(e^x)' = e^x$;

$(5)(\log_a x)' = \dfrac{1}{x\ln a} = \dfrac{1}{x}\log_a e \quad (a>0 \text{ 且 } a\neq1)$;

$(6)(\ln x)' = \dfrac{1}{x}$;

$(7)(\sin x)' = \cos x$;

$(8)(\cos x)' = -\sin x$;

$(9)(\tan x)' = \sec^2 x$;

$(10)(\cot x)' = -\csc^2 x$;

$(11)(\sec x)' = \sec x\tan x$;

$(12)(\csc x)' = -\csc x\cot x$;

$(13)(\arcsin x)' = \dfrac{1}{\sqrt{1-x^2}}$;

$(14)(\arccos x)' = -\dfrac{1}{\sqrt{1-x^2}}$;

$(15)(\arctan x)' = \dfrac{1}{1+x^2}$;

$(16)(\operatorname{arccot} x)' = -\dfrac{1}{1+x^2}$.

2.1.8 高阶导数

如果函数 $y=f(x)$ 的导数 $f'(x)$ 在点 x 处可导,则 $f'(x)$ 在点 x 处的导数称为函数 $y=f(x)$ 在点 x 处的**二阶导数**,记作 y'',$f''(x)$,$\dfrac{\mathrm{d}^2y}{\mathrm{d}x^2}$ 或 $\dfrac{\mathrm{d}}{\mathrm{d}x}\left(\dfrac{\mathrm{d}y}{\mathrm{d}x}\right)$.

类似地,二阶导数的导数称为**三阶导数**,记作 y''' 或 $\dfrac{\mathrm{d}^3y}{\mathrm{d}x^3}$. 三阶导数的导数称为**四阶导数**,记作 $y^{(4)}$ 或 $\dfrac{\mathrm{d}^4y}{\mathrm{d}x^4}$. 一般地,$(n-1)$ 阶导数的导数叫做 **n 阶导数**,记作 $y^{(n)}$ 或 $\dfrac{\mathrm{d}^ny}{\mathrm{d}x^n}$.

二阶及二阶以上的导数统称为**高阶导数**.

【例 22】 设 $f(x)=x^4-2x$,求 $f''(x)$.

解 因 $f'(x)=4x^3-2$,故
$f''(x)=(4x^3-2)'=12x^2$.

【例 23】 求 $y=\sin x$ 的 n 阶导数.

解 $y'=\cos x=\sin\left(x+\dfrac{\pi}{2}\right)$

$$y''=\cos\left(x+\dfrac{\pi}{2}\right)=\sin\left(x+\dfrac{\pi}{2}+\dfrac{\pi}{2}\right)=\sin\left(x+2\cdot\dfrac{\pi}{2}\right),$$

$$y'''=\cos\left(x+2\cdot\dfrac{\pi}{2}\right)=\sin\left(x+2\cdot\dfrac{\pi}{2}+\dfrac{\pi}{2}\right)=\sin\left(x+3\cdot\dfrac{\pi}{2}\right),$$

$$\vdots$$

一般地有

$$y^{(n)} = (\sin x)^{(n)} = \sin\left(x + \frac{n\pi}{2}\right).$$

同理可求得

$$(\cos x)^{(n)} = \cos\left(x + \frac{n\pi}{2}\right).$$

习题 2-1

1.求曲线 $y = \sin x$ 在 $x = \frac{\pi}{3}$ 处的切线方程.

2.求下列函数的导数:

(1) $y = \lg x$;　　　　　　　(2) $y = \log_2 x$;

(3) $y = x^4$;　　　　　　　(4) $y = \sqrt[3]{x^2}$;

(5) $y = \frac{1}{\sqrt{x}}$;　　　　　　　(6) $y = \frac{1}{x^3}$.

3.设 $f(x) = \cos x$,求 $f'\left(\frac{\pi}{6}\right)$, $f'\left(-\frac{\pi}{4}\right)$.

4.求下列函数的导数(a、b、c 为常数):

(1) $y = 2x^3 + x - \ln 5$;　　　　(2) $y = \frac{x^2}{2} - \frac{2}{x^2}$;

(3) $y = \frac{1-x}{\sqrt{x}}$;　　　　　　(4) $y = x^3(3\sqrt{x} - 1)$;

(5) $y = (x + a)(b - x)$　　　　(6) $y = \frac{x-1}{x+1}$.

5.求下列复合函数的导数(a 为常数):

(1) $y = (3x + 1)^5$;　　　　　(2) $y = \sin\left(5t + \frac{\pi}{4}\right)$;

(3) $y = \cos\sqrt{x}$;　　　　　(4) $y = \sqrt{x^2 - 4}$;

(5) $y = \log_a(1 + x^2)$;　　　　(6) $y = \ln\ln x$;

(7) $y = \ln\tan\frac{x}{2}$;　　　　(8) $y = 4\cos^2\frac{x}{3}$;

(9) $y = \sin(1 - 2x)$;　　　　(10) $y = \ln\sqrt{x} - \sqrt{\ln x}$.

6.求下列各函数的导数:

(1) $y = \arctan\frac{1}{x}$;　　　　(2) $y = \frac{x}{\sqrt{1-x^2}}$;

(3) $y = xe^x + x^5 + e^2$;　　　　(4) $y = 10^x + x^{10}$;

(5) $y = \sqrt{1 + e^x}$;　　　　　(6) $y = e^{\arctan\sqrt{x}}$.

7.求下列隐函数的导数:

(1) $y^2 - 2xy + 3 = 0$;　　　　(2) $y = x + \ln y$;

$(3)\ y = 1 - x\mathrm{e}^y;$ $\qquad\qquad$ $(4)\ xy = \mathrm{e}^{x+y} - 2.$

8. 利用对数求导法求下列函数的导数:

$(1)\ y = x\sqrt{\dfrac{1-x}{1+x}};$ $\qquad\qquad$ $(2)\ y = (\sin x)^{\ln x}.$

9. 求下列函数的二阶导数:

$(1)\ y = 2x^2 + \ln x;$ $\qquad\qquad$ $(2)\ y = \tan x - 2.$

10. 求下列函数的 n 阶导数:

$(1)\ y = a^x;$ $\qquad\qquad$ $(2)\ y = \cos x.$

2.2 微 分

函数的导数表示函数的变化率,它描述了函数变化的快慢程度.在工程技术和经济活动中,有时还需了解当自变量取得一个微小的增量 Δx 时,函数取得的相应增量的大小,这就是函数微分的问题.本节将学习微分的概念、微分的运算法则与基本公式,并介绍微分在近似计算和误差估计中的应用.

2.2.1 微分的概念

先看一个例子.

设有一个边长为 x 的正方形,当其边长取增量 Δx 时,问其面积改变了多少?

这时面积 S 的增量是

$$\begin{aligned}\Delta S &= (x + \Delta x)^2 - x^2 \\ &= 2x \cdot \Delta x + (\Delta x)^2.\end{aligned}$$

上式中,ΔS 由两部分组成:(1)$2x \cdot \Delta x$ 是 Δx 的一次(线性)函数,即图 2-2 中有斜线的两个矩形的面积之和;(2)$(\Delta x)^2$,当 $\Delta x \to 0$ 时,它是一个比 Δx 更高阶的无穷小量,即图 2-2 中带有交叉斜线的小正方形的面积.

当 $|\Delta x|$ 很小时,$(\Delta x)^2$ 可以忽略掉,用 $2x \cdot \Delta x$ 近似地代替 ΔS,我们把 $2x \cdot \Delta x$ 叫做正方形面积的微分.一般地,有下面的定义.

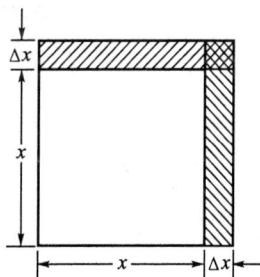

图 2-2

1. 微分的定义

定义 设函数 $y = f(x)$,对于自变量在点 x 处的增量 Δx,如果函数的增量 Δy 可表示为

$$\Delta y = A\Delta x + a\Delta x, \tag{2-4}$$

其中,A 与 Δx 无关,且当 $\Delta x \to 0$ 时,$a \to 0$,则称函数 $y = f(x)$ 在点 x 处**可微**,并称 $A \cdot \Delta x$ 为函数 $y = f(x)$ 在点 x 处的**微分**,记作 $\mathrm{d}y$ 或 $\mathrm{d}f(x)$,即

$$\mathrm{d}y = A\Delta x.$$

由微分的定义可知,上例中正方形面积的微分 $\mathrm{d}S = 2x\Delta x$.

对于可导函数来说,微分系数"A"就是函数在点 x 的导数,即 $A = y'$.

事实上,对(2-4)式两边同除以 Δx,得

$$\frac{\Delta y}{\Delta x} = A + a,$$

所以

$$\lim_{\Delta x \to 0} \frac{\Delta y}{\Delta x} = A,$$

即

$$A = y',$$

于是有

$$dy = y' \Delta x. \tag{2-5}$$

又因当 $y = x$ 时,其微分 $dy = dx$,而由(2-5)式可得 $dy = y'\Delta x = 1 \cdot \Delta x$,即

$$dx = \Delta x$$

因此,(2-5)式即为

$$dy = y' dx. \tag{2-6}$$

从而

$$\frac{dy}{dx} = y'.$$

这就是说,函数的微分 dy 与自变量的微分 dx 之商等于该函数的导数,因此,导数也称为"**微商**".

从(2-6)式可以看出,求函数的微分与求函数的导数是紧密相关的.因此,通常把求函数的导数运算和微分运算统称为**微分法**.

【**例1**】 设函数 $y = 2x^2$,当自变量 x 从 2 改变到 2.01 时,求函数的增量与函数的微分.

解 函数的增量

$$\begin{aligned}
\Delta y &= 2 \times 2.01^2 - 2 \times 2^2 \\
&= 2(2.01 + 2)(2.01 - 2) \\
&= 2 \times 4.01 \times 0.01 \\
&= 0.0802
\end{aligned}$$

函数的微分

$$\begin{aligned}
dy &= y'\big|_{x=2} \Delta x \\
&= 4x\big|_{x=2} \cdot (2.01 - 2) \\
&= 4 \times 2 \times 0.01 \\
&= 0.08.
\end{aligned}$$

【**例2**】 求函数 $y = x^a (a \in \mathbf{R})$ 的微分.

解 $\begin{aligned}[t] dy &= y' dx \\ &= (x^a)' dx = ax^{a-1} dx. \end{aligned}$

2.微分的几何意义

如图 2-3 所示,由导数的几何意义知,过曲线的一点 M 的切线 MT 的斜率为

$$f'(x) = \tan \alpha$$

当自变量在 x 点取增量 Δx 时,因为
$$MP = \Delta x, NP = \Delta y,$$
所以
$$PT = MP \cdot \tan\alpha = f'(x)\Delta x$$

因此,函数的微分 dy 就是过 M 点的切线的纵坐标的增量(线段 PT).而图中的线段 NT 是 Δy 与 dy 之差,它是 Δx 的高阶无穷小量.

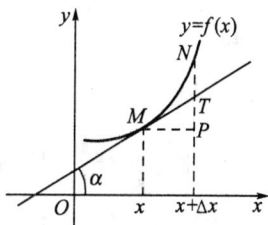

图 2-3

2.2.2　微分法则与微分基本公式

由(2-6)式可以知道,计算函数的微分,只要求出函数的导数,再乘以自变量的微分即可.因此,根据导数的运算法则与求导基本公式即可得到微分法则与微分基本公式.

1.微分四则运算法则

设函数 u、v 均可微,c 是常数,则

(1)$d(u \pm v) = du \pm dv$;

(2)$d(uv) = vdu + udv$;

(3)$d(cu) = cdu$;

(4)$d\left(\dfrac{u}{v}\right) = \dfrac{vdu - udv}{v^2}$　　$(v \neq 0)$.

2.微分基本公式

(1)$d(c) = 0$　　(c 为常数);

(2)$d(x^a) = ax^{a-1}dx$　　$(a \in \mathbf{R})$;

(3)$d(a^x) = a^x \ln a dx$　　$(a > 0,且 a \neq 1)$;

(4)$d(e^x) = e^x dx$;

(5)$d(\log_a x) = \dfrac{dx}{x\ln a} = \dfrac{1}{x}\log_a e dx$　　$(a > 0,且 a \neq 1)$;

(6)$d(\ln x) = \dfrac{1}{x}dx$;

(7)$d(\sin x) = \cos x dx$;

(8)$d(\cos x) = -\sin x dx$;

(9)$d(\tan x) = \sec^2 x dx$;

(10)$d(\cot x) = -\csc^2 x dx$;

(11)$d(\sec x) = \sec x \tan x dx$;

(12)$d(\csc x) = -\csc x \cot x dx$;

(13)$d(\arcsin x) = \dfrac{dx}{\sqrt{1 - x^2}}$.

3.复合函数的微分法则

设 $y = f(u)$ 在点 u 可导,而 $u = \varphi(x)$ 在与 u 相对应的点 x 可导,根据(2-6)式及复合函数的求导法则,可得复合函数的微分
$$dy = \frac{dy}{dx} \cdot dx = \frac{dy}{du} \cdot \frac{du}{dx}dx. \tag{2-7}$$

又因
$$\frac{\mathrm{d}u}{\mathrm{d}x} \cdot \mathrm{d}x = \mathrm{d}u,$$

所以
$$\mathrm{d}y = \frac{\mathrm{d}y}{\mathrm{d}u} \cdot \mathrm{d}u. \tag{2-8}$$

由此可见,当 u 是中间变量时,有(2-8)式成立.又根据(2-6)式,当 u 是自变量时,也有(2-8)成立.因此,无论 u 是自变量还是中间变量,$y = f(u)$ 的微分 $\mathrm{d}y$ 总可以用导数 $\frac{\mathrm{d}y}{\mathrm{d}u}$ 与 $\mathrm{d}u$ 的乘积来表示.这一性质称为**一阶微分形式不变性**.

【**例3**】 求下列函数的微分:

(1) $y = \mathrm{e}^{-x} \sin \frac{x}{3}$;   (2) $y = \dfrac{x}{\sqrt{x^2 + 1}}$.

(1)**解法1**
$$\mathrm{d}y = \sin \frac{x}{3} \mathrm{d}(\mathrm{e}^{-x}) + \mathrm{e}^{-x} \mathrm{d}\left(\sin \frac{x}{3}\right)$$
$$= -\mathrm{e}^{-x} \sin \frac{x}{3} \mathrm{d}x + \mathrm{e}^{-x} \cos \frac{x}{3} \cdot \frac{1}{3} \mathrm{d}x$$
$$= \mathrm{e}^{-x} \left(\frac{1}{3} \cos \frac{x}{3} - \sin \frac{x}{3}\right) \mathrm{d}x.$$

解法2 因 $y' = (\mathrm{e}^{-x})' \sin \frac{x}{3} + \mathrm{e}^{-x}\left(\sin \frac{x}{3}\right)'$
$$= -\mathrm{e}^{-x} \sin \frac{x}{3} + \mathrm{e}^{-x} \cos \frac{x}{3} \cdot \frac{1}{3}$$
$$= \mathrm{e}^{-x} \left(\frac{1}{3} \cos \frac{x}{3} - \sin \frac{x}{3}\right)$$

所以 $\mathrm{d}y = y' \mathrm{d}x = \mathrm{e}^{-x} \left(\frac{1}{3} \cos \frac{x}{3} - \sin \frac{x}{3}\right) \mathrm{d}x.$

(2)**解**
$$\mathrm{d}y = \frac{\sqrt{x^2 + 1} \mathrm{d}x - x \cdot \mathrm{d}(\sqrt{x^2 + 1})}{(\sqrt{x^2 + 1})^2}$$
$$= \frac{\sqrt{x^2 + 1} \mathrm{d}x - \dfrac{x \cdot 2x \mathrm{d}x}{2\sqrt{x^2 + 1}}}{x^2 + 1}$$
$$= \frac{(x^2 + 1 - x^2) \mathrm{d}x}{(x^2 + 1)\sqrt{x^2 + 1}}$$
$$= \frac{\mathrm{d}x}{(x^2 + 1)\sqrt{x^2 + 1}}.$$

【**例4**】 在下列各题的括号空白处,填上适当的数或式子使等式成立:

(1) $\mathrm{d}(\quad) = \csc^2 x \mathrm{d}x$;   (2) $\mathrm{d}(\quad) = x \mathrm{d}x$;

(3) $\mathrm{d}x = (\quad) \mathrm{d}(ax)$;   (4) $\sin bx \mathrm{d}x = (\quad) \mathrm{d}(\cos bx)$.

解 (1) 因 $\mathrm{d}(\cot x) = -\csc^2 x \mathrm{d}x$,故
$$\csc^2 x \mathrm{d}x = -\mathrm{d}(\cot x) = \mathrm{d}(-\cot x).$$

即
$$\mathrm{d}(-\cot x) = \csc^2 x \mathrm{d}x.$$

显然,对于任意常数 C ,都有

$$\mathrm{d}(-\cot x + C) = \csc^2 x \mathrm{d}x.$$

（2）因 $\mathrm{d}(x^2) = 2x\mathrm{d}x$，故

$$x\mathrm{d}x = \frac{1}{2}\mathrm{d}(x^2) = \mathrm{d}\left(\frac{x^2}{2}\right),$$

即　　　　　　　　$\mathrm{d}\left(\dfrac{x^2}{2} + C\right) = x\mathrm{d}x$　　　　（C 是任意常数）.

（3）因 $\mathrm{d}(ax) = a\mathrm{d}x$，故

$$\mathrm{d}x = \frac{1}{a}\mathrm{d}(ax).$$

（4）因 $\mathrm{d}(\cos bx) = -b\sin bx\mathrm{d}x$，故

$$\sin bx\mathrm{d}x = -\frac{1}{b}\mathrm{d}(\cos bx).$$

2.2.3　微分在近似计算中的应用

从微分的定义可知,如果函数 $y = f(x)$ 在点 x_0 处的导数 $f'(x_0) \neq 0$,函数的微分 $\mathrm{d}y$ 与增量 Δy 相差一个高阶无穷小量 $\alpha \cdot \Delta x$,当 $|\Delta x|$ 很小时,可以忽略 $\alpha \cdot \Delta x$,而把 $\mathrm{d}y$ 作为 Δy 的近似值,即

$$\Delta y \approx \mathrm{d}y = f'(x_0)\Delta x. \tag{2-9}$$

又因　　　　　　　$\Delta y = f(x_0 + \Delta x) - f(x_0),$

所以　　　　　　$f(x_0 + \Delta x) - f(x_0) \approx f'(x_0)\Delta x,$

即　　　　　　$f(x_0 + \Delta x) \approx f(x_0) + f'(x_0)\Delta x. \tag{2-10}$

应用(2-9)及(2-10)式可以进行近似计算.

【例5】　求 $\sqrt[3]{1.02}$ 的近似值.

解　我们将该问题看成是求函数 $f(x) = \sqrt[3]{x}$ 在点 $x_0 = 1$ 且自变量增量 $\Delta x = 0.02$ 时的近似值.因

$$f'(x) = \frac{1}{3\sqrt[3]{x^2}},$$

故由(2-10)式有

$$\sqrt[3]{1.02} \approx \sqrt[3]{1} + \frac{1}{3\sqrt[3]{1^2}} \times 0.02$$

$$\approx 1 + 0.0067$$

$$= 1.0067.$$

【例6】　有一批半径为1厘米的小球,为了提高球面的光洁度,要镀上一层铜,其厚度为 0.01 厘米.试估计每只小球需铜多少克?（铜的密度为 8.9 克/立方厘米）

分析　由于铜的密度已知,因此,要求每只小球的镀铜层的重量,只要求出其镀铜层的体积就可以了.而镀铜层的体积是两个球体积之差,即小球体积的增量 ΔV,故可由体积的微分 $\mathrm{d}V$ 作为 ΔV 的近似值.

解 因球的体积 $V(r) = \dfrac{4}{3}\pi r^3$，故 $V'(r) = 4\pi r^2$.

当 $r_0 = 1, \Delta r = 0.01$ 时，代入(2-9)式，得

$$\Delta V \approx V'(r_0) \cdot \Delta r = 4\pi \times 1^2 \times 0.01$$

$$\approx 4 \times 3.14 \times 0.01 \approx 0.13(\text{立方厘米}).$$

这时，每只小球需用铜的重量为

$$P = 0.13 \times 8.9 \approx 1.16(\text{克}).$$

习题 2-2

1．设函数 $y = x^2 - 1$，当自变量从 1 改变到 1.02 时，求函数的增量与函数的微分.

2．求下列各函数的微分：

(1) $y = \dfrac{1}{x} + 2\sqrt{x}$；

(2) $y = x\sin 2x$；

(3) $y = \dfrac{x}{\sqrt{1-2x^2}}$；

(4) $y = e^{-x}\cos(1-x)$；

(5) $y = \ln^2(1-x)$；

(6) $y = \arcsin x^2$.

3．将适合的数或式填入下列各空白处，使等式成立：

(1) $\mathrm{d}(\cos 2x) = ($ _____ $)\mathrm{d}x$；

(2) $\mathrm{d}(e^{-\frac{1}{2}x}) = ($ _____ $)\mathrm{d}x$；

(3) $\mathrm{d}($ _____ $) = 3\mathrm{d}x$；

(4) $\mathrm{d}($ _____ $) = 2x\mathrm{d}x$；

(5) $\mathrm{d}($ _____ $) = \cos\omega t\,\mathrm{d}t$；

(6) $\mathrm{d}($ _____ $) = \dfrac{1}{x}\mathrm{d}x$；

(7) $\mathrm{d}($ _____ $) = \dfrac{2}{\sqrt{1-x^2}}\mathrm{d}x$

(8) $\mathrm{d}x = ($ _____ $)\mathrm{d}(1-x)$；

(9) $x\mathrm{d}x = ($ _____ $)\mathrm{d}(1-x^2)$；

(10) $\cos\dfrac{x}{3}\mathrm{d}x = ($ _____ $)\mathrm{d}\left(\sin\dfrac{x}{3}\right)$；

(11) $e^{3x}\mathrm{d}x = ($ _____ $)\mathrm{d}(e^{3x})$；

(12) $\dfrac{1}{x^2}\mathrm{d}x = ($ _____ $)\mathrm{d}\left(\dfrac{1}{x}\right)$.

4．计算下列各数的近似值：

(1) $\sqrt{0.97}$；

(2) $\sqrt[3]{8.20}$；

(3) $e^{0.04}$；

(4) $\cos 29°$.

5．正方体的棱长为 10 米，如果棱长增加 0.1 米，试估计其体积增加了多少？

6．一平面圆环，其内半径为 10 厘米，圆环宽为 0.1 厘米，求其面积的精确值 ΔS 和近似值 $\mathrm{d}S$.

7．扩音器插头为圆柱形，截面半径 R 为 0.15 厘米，长度 L 为 4 厘米，为了提高其导电性能，需在圆柱的侧面上镀一层厚度为 0.001 厘米的纯铜，问约需多少克铜？

第 3 章

导数的应用

本章学习目标

能熟练运用罗必塔法则求各种未定式的极限;理解函数的单调性、极值点、极值的概念;会用导数求一元函数的单调区间、极值点、极值;掌握边际函数与弹性的求法;会求解简单的实际问题的最大值、最小值.

3.1 罗必塔(L'hospital)法则

两个无穷小量或两个无穷大量的比的极限称为"$\frac{0}{0}$"或"$\frac{\infty}{\infty}$"型未定式极限.现在介绍求未定式极限的有效方法——**罗必塔法则**.

3.1.1 第一法则

若 $\lim\limits_{x \to x_0} \dfrac{f(x)}{g(x)}$ 为"$\dfrac{0}{0}$"型未定式,则有如下定理:

定理 1 如果函数 $f(x)$ 和 $g(x)$ 满足条件:

(1) $\lim\limits_{x \to x_0} f(x) = \lim\limits_{x \to x_0} g(x) = 0$;

(2)在点 x_0 的某个邻域内可导(点 x_0 可以除外),且 $g'(x) \neq 0$;

(3) $\lim\limits_{x \to x_0} \dfrac{f'(x)}{g'(x)} = A$(或 ∞).

则有 $\lim\limits_{x \to x_0} \dfrac{f(x)}{g(x)} = \lim\limits_{x \to x_0} \dfrac{f'(x)}{g'(x)} = A$(或 ∞).

【**例 1**】 求 $\lim\limits_{x \to 2} \dfrac{x^4 - 16}{x - 2}$.

解 这是"$\dfrac{0}{0}$"型未定式,显然它满足定理 1 的所有条件,所以应用罗必塔法则,得

$$\lim_{x \to 2} \frac{x^4 - 16}{x - 2} = \lim_{x \to 2} \frac{4x^3}{1} = 32.$$

【例2】 求 $\lim\limits_{x \to 0} \dfrac{\ln(1+x)}{x^2}$.

解 这是"$\dfrac{0}{0}$"型,于是 $\lim\limits_{x \to 0} \dfrac{\ln(1+x)}{x^2} = \lim\limits_{x \to 0} \dfrac{\dfrac{1}{1+x}}{2x} = \lim\limits_{x \to 0} \dfrac{1}{2x(1+x)} = \infty$.

注意 (1)如果 $\lim\limits_{x \to x_0} \dfrac{f'(x)}{g'(x)}$ 还是"$\dfrac{0}{0}$"型,只要 $f'(x)$,$g'(x)$ 仍满足定理1中 $f(x)$ 和 $g(x)$ 的条件,则可连续使用罗必塔法则,即 $\lim\limits_{x \to x_0} \dfrac{f(x)}{g(x)} = \lim\limits_{x \to x_0} \dfrac{f'(x)}{g'(x)} = \lim\limits_{x \to x_0} \dfrac{f''(x)}{g''(x)}$,可依次类推.

(2)定理1中,将自变量的变化趋势 $x \to x_0$ 改为 $x \to \infty$,定理同样成立.

【例3】 求 $\lim\limits_{x \to 0} \dfrac{x - \sin x}{1 - \cos x}$.

解 连续两次使用罗必塔法则,得

$$\lim\limits_{x \to 0} \frac{x - \sin x}{1 - \cos x} = \lim\limits_{x \to 0} \frac{1 - \cos x}{\sin x} = \lim\limits_{x \to 0} \frac{\sin x}{\cos x} = 0$$

【例4】 求 $\lim\limits_{x \to \infty} \dfrac{\dfrac{\pi}{2} - \arctan x}{\ln(1 + \dfrac{1}{x})}$.

解 $\lim\limits_{x \to \infty} \dfrac{\dfrac{\pi}{2} - \arctan x}{\ln(1 + \dfrac{1}{x})} = \lim\limits_{x \to \infty} \dfrac{-\dfrac{1}{1+x^2}}{\dfrac{-\dfrac{1}{x^2}}{1 + \dfrac{1}{x}}} = \lim\limits_{x \to \infty} \dfrac{x + x^2}{1 + x^2} = 1$.

3.1.2 第二法则

若 $\lim\limits_{x \to x_0} \dfrac{f(x)}{g(x)}$ 为"$\dfrac{\infty}{\infty}$"型未定式,则有如下定理:

定理2 如果函数 $f(x)$ 和 $g(x)$ 满足条件:

(1) $\lim\limits_{x \to x_0} f(x) = \lim\limits_{x \to x_0} g(x) = \infty$;

(2)在点 x_0 的某个邻域内可导(点 x_0 可以除外),且 $g'(x) \neq 0$;

(3) $\lim\limits_{x \to x_0} \dfrac{f'(x)}{g'(x)} = A$(或 ∞).

则有 $\lim\limits_{x \to x_0} \dfrac{f(x)}{g(x)} = \lim\limits_{x \to x_0} \dfrac{f'(x)}{g'(x)} = A$(或 ∞).

【例5】 求 $\lim\limits_{x \to 0^+} \dfrac{\ln x}{\ln \sin x}$.

解 这是"$\dfrac{\infty}{\infty}$"型未定式,它满足定理2的所有条件,所以应用罗必塔法则,得

$$\lim_{x \to 0^+} \frac{\ln x}{\ln \sin x} = \lim_{x \to 0^+} \frac{\dfrac{1}{x}}{\dfrac{\cos x}{\sin x}} = \lim_{x \to 0^+} \frac{\sin x}{x} \cdot \frac{1}{\cos x} = 1.$$

注意　与第一法则一样,在"$\dfrac{\infty}{\infty}$"型未定式的极限中,只要符合定理2的条件,罗必塔法则可连续使用;将定理2中的自变量的变化趋势 $x \to x_0$ 改为 $x \to \infty$,定理同样成立.

【例6】　求 $\lim\limits_{x \to +\infty} \dfrac{x^2}{e^x}$.

解　这是"$\dfrac{\infty}{\infty}$"型未定式,于是 $\lim\limits_{x \to +\infty} \dfrac{x^2}{e^x} = \lim\limits_{x \to +\infty} \dfrac{2x}{e^x} = \lim\limits_{x \to +\infty} \dfrac{2}{e^x} = 0.$

注意　当导数比的极限振荡不定,而函数之比的极限却可能存在时,这时罗必塔法则失效,应改用其他方法求未定式极限的值.

【例7】　求 $\lim\limits_{x \to 0} \dfrac{x^2 \cos \dfrac{1}{x}}{\sin x}$.

解　这是"$\dfrac{0}{0}$"型未定式,使用罗必塔法则,得

$$\lim_{x \to 0} \frac{x^2 \cos \dfrac{1}{x}}{\sin x} = \lim_{x \to 0} \frac{2x \cos \dfrac{1}{x} + \sin \dfrac{1}{x}}{\cos x}$$

此时,等式右侧是振荡状态无极限,罗必塔法则失效.正确的解法如下:

$$\lim_{x \to 0} \frac{x^2 \cos \dfrac{1}{x}}{\sin x} = \lim_{x \to 0} \frac{x}{\sin x} \cdot \lim_{x \to 0} x \cos \frac{1}{x} = 1 \cdot 0 = 0.$$

3.1.3　其他未定式

常见的未定式除了"$\dfrac{0}{0}$"或"$\dfrac{\infty}{\infty}$"型外,还有"$0 \cdot \infty$"、"$\infty - \infty$"、"1^∞"、"0^0"、"∞^0"等类型.这些未定式一般可以经过适当的变化转化为"$\dfrac{0}{0}$"或"$\dfrac{\infty}{\infty}$"型未定式,再用罗必塔法则来求解.

【例8】　求 $\lim\limits_{x \to 0^+} x \ln x$.

解　这是"$0 \cdot \infty$"型未定式,可化"$\dfrac{\infty}{\infty}$"型求解,即

$$\lim_{x \to 0^+} x \ln x = \lim_{x \to 0^+} \frac{\ln x}{\dfrac{1}{x}} = \lim_{x \to 0^+} \frac{\dfrac{1}{x}}{-\dfrac{1}{x^2}} = \lim_{x \to 0^+} (-x) = 0.$$

【例9】　求 $\lim\limits_{x \to 0} \left(\dfrac{1}{\sin x} - \dfrac{1}{x} \right)$.

解　这是"$\infty - \infty$"型未定式,通分后,可化为"$\dfrac{0}{0}$"型求解,即

$$\lim_{x \to 0} \left(\frac{1}{\sin x} - \frac{1}{x} \right) = \lim_{x \to 0} \frac{x - \sin x}{x \sin x} = \lim_{x \to 0} \frac{1 - \cos x}{\sin x + x \cos x} = \lim_{x \to 0} \frac{\sin x}{2 \cos x - x \sin x} = 0.$$

【例 10】 求 $\lim\limits_{x \to 1} x^{\frac{1}{1-x}}$.

解 这是"1^∞"型未定式,由对数恒等式 $N = a^{\log_a N}$,得

$x^{\frac{1}{1-x}} = e^{\ln x^{\frac{1}{1-x}}} = e^{\frac{\ln x}{1-x}}$,于是 $\lim\limits_{x \to 1} x^{\frac{1}{1-x}} = e^{\lim\limits_{x \to 1} \frac{\ln x}{1-x}}$

其中 $\lim\limits_{x \to 1} \dfrac{\ln x}{1-x} = \lim\limits_{x \to 1} \dfrac{\frac{1}{x}}{-1} = -1$,故 $\lim\limits_{x \to 1} x^{\frac{1}{1-x}} = e^{-1}$.

【例 11】 求 $\lim\limits_{x \to 0^+} x^x$.

解 这是"0^0"型未定式,同样利用对数恒等式变形后,得

$\lim\limits_{x \to 0^+} x^x = e^{\lim\limits_{x \to 0^+} x \ln x}$,由例 8 知 $\lim\limits_{x \to 0^+} x \ln x = 0$,故 $\lim\limits_{x \to 0^+} x^x = e^0 = 1$.

【例 12】 求 $\lim\limits_{x \to 0^+} \left(\frac{1}{x} \right)^{\sin x}$.

解 这是"∞^0"型未定式,同样利用对数恒等式变形后,得

$\lim\limits_{x \to 0^+} \left(\dfrac{1}{x} \right)^{\sin x} = e^{\lim\limits_{x \to 0^+} (-\sin x \ln x)} = e^{-\lim\limits_{x \to 0^+} \sin x \ln x}$,其中

$$\lim_{x \to 0^+} \sin x \ln x = \lim_{x \to 0^+} \frac{\ln x}{\frac{1}{\sin x}} = \lim_{x \to 0^+} \frac{\frac{1}{x}}{\frac{-\cos x}{\sin^2 x}}$$

$$= \lim_{x \to 0^+} \left(-\frac{\sin x}{x} \cdot \frac{\sin x}{\cos x} \right) = -1 \cdot 0 = 0$$

故 $\lim\limits_{x \to 0^+} \left(\dfrac{1}{x} \right)^{\sin x} = e^0 = 1$.

习题 3-1

求下列各极限:

(1) $\lim\limits_{x \to 1} \dfrac{x^3 - 2x + 1}{4x^3 - 4}$;

(2) $\lim\limits_{x \to 0} \dfrac{e^x - e^{-x}}{x^2}$;

(3) $\lim\limits_{x \to +\infty} \dfrac{\ln x}{x}$;

(4) $\lim\limits_{x \to 0} \dfrac{x - \sin x}{x^3}$;

(5) $\lim\limits_{x \to +\infty} x \left(\dfrac{\pi}{2} - \arctan x \right)$;

(6) $\lim\limits_{x \to 0} \left(\dfrac{1}{x} - \dfrac{1}{e^x - 1} \right)$;

(7) $\lim\limits_{x \to 1} \left(\dfrac{1}{x-1} - \dfrac{1}{\ln x} \right)$;

(8) $\lim\limits_{x \to 0^+} (\sin x)^x$;

(9) $\lim\limits_{x \to 0} (1 + \sin x)^{\frac{1}{x}}$;

(10) $\lim\limits_{x \to 0^+} \left(\ln \dfrac{1}{x} \right)^x$.

3.2 函数的单调性、极值与最值

3.2.1 函数单调性的判定

对于函数的单调性,可以用第一章的定义进行判断,但判断过程是比较繁琐的.而利用导数这个工具判断函数的单调性,则往往较为简单.

从图 3-1 可以看出,函数 $y = f(x)$ 在区间 (a,b) 内是连续可导的递增函数,对应曲线上点的切线的倾斜角都是锐角,即其斜率 $f'(x) > 0$.

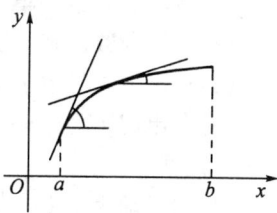

同样,从图 3-2 可以看出,函数 $y = f(x)$ 在区间 (a,b) 内是连续可导的递减函数,对应曲线上的点的切线的倾斜角都是钝角,即其斜率 $f'(x) < 0$.

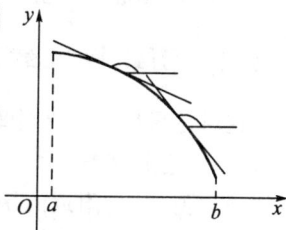

图 3-1

反之,我们也可以用函数的导数 $f'(x)$ 的符号,来判断函数 $y = f(x)$ 的单调性.

定理 1 (函数单调性的判别法)设函数 $y = f(x)$ 在区间 $[a,b]$ 上连续,在区间 (a,b) 内可导,

(1)如果在 (a,b) 内 $f'(x) > 0$,那么函数 $y = f(x)$ 在区间 (a,b) 内单调递增;

(2)如果在 (a,b) 内 $f'(x) < 0$,那么函数 $y = f(x)$ 在区间 (a,b) 内单调递减.

图 3-2

注 (1)把定理中的区间 (a,b),换成其他各种区间(包括无穷区间),定理的结论仍成立.

(2)函数 $y = f(x)$ 单调区间的分界点,可能是 $f'(x) = 0$ 的点及 $f'(x)$ 不存在的点.如图 3-3 所示,显然 $f'(x_0) = 0, f'(x_1)$ 不存在,且 x_0 与 x_1 均为 $y = f(x)$ 单调区间的分界点.

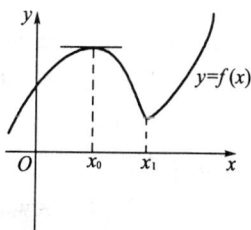

【例 1】 求函数 $f(x) = (x - 5)x^{\frac{2}{3}}$ 的单调区间.

解 (1) $f(x)$ 的定义区间为 $(-\infty, \infty)$.

(2) $f'(x) = x^{\frac{2}{3}} + \frac{2}{3}x^{-\frac{1}{3}} \cdot (x - 5) = \frac{5x - 10}{3 \cdot \sqrt[3]{x}}$.

图 3-3

(3)令 $f'(x) = 0$,得 $x = 2$.当 $x = 0$ 时,$f'(x)$ 不存在.用 $x = 0$ 及 $x = 2$ 把定义区间分为三个区间: $(-\infty, 0), (0, 2), (2, +\infty)$.

(4)列表 3-1 确定 $f(x)$ 的单调区间.

表 3-1

x	$(-\infty,0)$	0	$(0,2)$	2	$(2,+\infty)$
$f'(x)$	+	不存在	−	0	+
$f(x)$	↗		↘		↗

(这里用符号↗和↘分别表示函数 $f(x)$ 在相应的区间内单调递增和单调递减)

根据定理 1,由上表可知:函数 $f(x)$ 的单调递增区间为 $(-\infty,0)$ 和 $(2,+\infty)$,单调递减区间为 $(0,2)$.

一般地,求函数的单调区间(或判断函数的单调性)的步骤如下:

(1)确定函数的定义区间;

(2)求出一阶导数 $f'(x)$;

(3)求出使 $f'(x)=0$ 成立的点及不可导点,并以这些点为分界点,划分定义区间为若干个小区间;

(4)列表确定 $f'(x)$ 在各个区间内的符号,从而确定 $f(x)$ 的单调区间(或单调性).

注 如果当 $f'(x)$ 在某个区间内个别点处为零,而在其余各点处均为正(或负)时,那么函数 $f(x)$ 在该区间上仍是单调递增(或递减)的.

3.2.2 函数极值的判定

在讨论函数的单调性时,曾遇到这样的情形:函数先是递增的到达某一点后,又变为递减的;也有先递减,后又变为递增的.于是在函数的增减性发生转变的地方,就出现了这样的函数值,它与附近的函数值比较起来,是最大或最小的.通常把前者称为极大值,后者称为极小者.下面给出定义:

定义 1 设函数 $y=f(x)$ 在点 x_0 的某个邻域内有定义,若对该邻域中异于 x_0 的 x,恒有 $f(x)<f(x_0)$(或 $f(x)>f(x_0)$),则称 $f(x_0)$ 是函数 $f(x)$ 的一个**极大值**(或**极小值**),而称点 x_0 是 $f(x)$ 的**极大值点**(或**极小值点**).

极大值和极小值统称为**极值**,极大值点和极小值点统称为**极值点**.例如,在图 3-4 所示的函数中,$f(x_1)$,$f(x_3)$ 是极大值;$f(x_2)$,$f(x_4)$ 是极小值;$f(x_5)$ 不是极值;x_1,x_2,x_3,x_4 都是极值点,x_5 不是极值点.显然,极值是一个局部性的概念,它只是与极值点邻近的所有点的函数值比较而言,并不意味着它是整个定义区间内函数的最大或最小值.

定义 2 使一阶导数 $f'(x)$ 为零的点称为函数 $f(x)$ 的**驻点**.

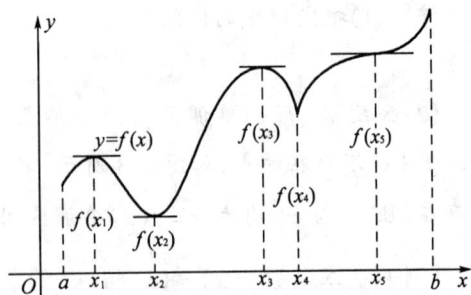

图 3-4

从图 3-4 可以看出,点 x_1、x_2、x_3 既是驻点也是极值点,x_5 是驻点,但不是极值点,x_4 是不可导点,却是极值点.这说明,函数 $f(x)$ 的极值可能在驻点,或者在连续但不可导点处取得,且极大值对应函数曲线的峰顶,极小值对应函数曲线的谷底.

那么,如何判定驻点或连续但不可导点是否为函数的极值点?我们有如下判定法:

定理 2 (极值的第一判定法)设函数 $y = f(x)$ 在点 x_0 的一个邻域内连续,且在此邻域内(点 x_0 可除外)可导.如果

(1)当 $x < x_0$ 时,$f'(x) > 0$,当 $x > x_0$ 时,$f'(x) < 0$,那么 $f(x)$ 在点 x_0 处取得极大值;

(2)当 $x < x_0$ 时,$f'(x) < 0$,当 $x > x_0$ 时,$f'(x) > 0$,那么 $f(x)$ 在点 x_0 处取得极小值;

(3)当 $x < x_0$ 和 $x > x_0$ 时,$f'(x)$ 不变号,那么 $f(x)$ 在点 x_0 处取不到极值.

定理 2 的意义是:当 x 从 x_0 的左侧变到右侧时,若 $f'(x)$ 的符号由正变负,那么 x_0 是极大值点;当 x 从 x_0 的左侧变到右侧时,若 $f'(x)$ 的符号由负变正,那么 x_0 是极小值点;当 x 从 x_0 的左侧变到右侧时,若 $f'(x)$ 的符号不变,那么 x_0 不是极值点.

【例 2】 求函数 $f(x) = x - \dfrac{3}{2}x^{\frac{2}{3}}$ 的单调区间和极值.

解 (1)$f(x)$ 的定义区间为 $(-\infty, +\infty)$.

(2)$f'(x) = 1 - x^{-\frac{1}{3}} = \dfrac{\sqrt[3]{x} - 1}{\sqrt[3]{x}}$.

(3)令 $f'(x) = 0$,解得驻点 $x = 1$.当 $x = 0$ 时,$f'(x)$ 不存在.用 $x = 0$,$x = 1$ 把定义区间划分为三个区间 $(-\infty, 0)$,$(0, 1)$,$(1, +\infty)$.

(4)列表 3-2 判断:

表 3-2

x	$(-\infty, 0)$	0	$(0, 1)$	1	$(1, +\infty)$
$f'(x)$	+	不存在	−	0	+
$f(x)$	↗	极大值 0	↘	极小值 $-\dfrac{1}{2}$	↗

由上表知,函数 $f(x)$ 的单调递增区间为 $(-\infty, 0)$ 和 $(1, +\infty)$,单调递减区间为 $(0, 1)$;在 $x = 0$ 处,存在极大值 0;在 $x = 1$ 处,存在极小值 $-\dfrac{1}{2}$.

【例 3】 求函数 $f(x) = \ln(x^2 - 1)$ 的极值

解 (1)$f(x)$ 的定义区间 $(-\infty, -1)$ 和 $(1, +\infty)$.

(2)$f'(x) = \dfrac{2x}{x^2 - 1}$.

(3)驻点 $x = 0$ 和导数不存在的点 $x = \pm 1$ 都不在定义区间内,故 $f(x)$ 没有极值点,从而无极值.

一般地,用第一判定法来求函数 $f(x)$ 的极值的步骤如下:

(1)确定函数的定义区间;

(2)求出一阶导数 $f'(x)$;

(3)求出 $f'(x) = 0$ 的点及不可导点,并以这些点为分界点,划分定义区间为若干个小区间;

(4)列表确定 $f'(x)$ 在各个区间内的符号,并根据定理 2,确定极值点,求出极值.

若函数 $f(x)$ 在驻点处有不为零的二阶导数,则可用下面的定理来判定函数 $f(x)$ 在

驻点处是取得极大值还是极小值.

定理 3 (极值的第二判定法)设函数 $y = f(x)$ 在点 x_0 处有二阶导数,且 $f'(x) = 0$, $f''(x) \neq 0$,那么

(1)若 $f''(x_0) > 0$,则 $f(x)$ 在 x_0 处取得极小值;

(2)若 $f''(x_0) < 0$,则 $f(x)$ 在 x_0 处取得极大值.

定理 3 说明在函数 $f(x)$ 的驻点 x_0 处,若 $f''(x) \neq 0$,驻点 x_0 一定是极值点;若 $f''(x) = 0$,这时驻点 x_0 可能是极值点,也可能不是极值点,此时需用第一判定法进行判定.

【例 4】 求函数 $f(x) = x^3 - 3x$ 的极值.

解 (1)$f(x)$ 的定义区间 $(-\infty, +\infty)$.

(2)$f'(x) = 3x^2 - 3 = 3(x-1)(x+1)$,$f''(x) = 6x$

令 $f'(x) = 0$,解得 $x = \pm 1$.

(3)由于 $f''(-1) = -6 < 0$,$f''(1) > 0$,

依据定理,在 $x = -1$ 处 $f(x)$ 有极大值,为 2;在 $x = 1$ 处 $f(x)$ 有极小值,为 -2.

一般地,用第二判定法求极值过程较简单,但此法有局限性,仅对二阶导数不为零的驻点直接有效,而判定一阶导数不存在的点以及二阶导数为零的驻点是否为极值点,此法失效.用第一判定法求极值,过程较复杂一些,但它的应用范围比较广泛.

3.2.3 函数的最大值与最小值及其应用举例

在工农业生产、经济管理和经济核算中,常常要解决这样的一些问题:在一定的条件下,怎样使投入最少,产出最多;成本最低,效益最高、利润最大等.这些问题反映在数学上,就是求函数的最大值和最小值问题.

函数的最大值和最小值统称为**最值**.函数的最值与极值,一般情况下是不同的概念.极值是局部性概念,最值则是一个全局性的概念.最值是函数 $f(x)$ 在所考察的区间 $[a, b]$ 上的所有函数值的最大值与最小值.

那么,如何求出一个函数 $f(x)$ 在区间 $[a, b]$ 上的最值呢?

从图 3-4 中可以看出,$f(x)$ 在闭区间 $[a, b]$ 上连续,它的最大值为 $f(b)$,最小值为 $f(x_2)$.而 b 是区间的右端点,x_2 是 $f(x)$ 的极值点.一般说来,在闭区间 $[a, b]$ 上连续的函数 $f(x)$,它的最值要么在端点要么在极值点中取得.

由此,我们得到求连续函数 $f(x)$ 在闭区间 $[a, b]$ 上的最值的一般方法:

(1)求出函数在区间 (a, b) 内的所有驻点及不可导点;

(2)求出上述各点处的函数值,并与端点处的函数值 $f(a)$ 和 $f(b)$ 比较,即得 $f(x)$ 在闭区间 $[a, b]$ 上的最值.

【例 5】 求函数 $f(x) = x^4 - 2x^2 + 1$ 在 $[-2, 3]$ 上的最值.

解 因为 $f'(x) = 4x^3 - 4x = 4x(x-1)(x+1)$,令 $f'(x) = 0$,得 $x = -1, x = 0, x = 1$,无不可导点.比较 $f(x)$ 在驻点与端点处的值:

$f(-2) = 9, f(-1) = 0, f(0) = 1, f(1) = 0, f(3) = 64$,得最大值为 64,最小值为 0.

值得注意的是:若连续函数 $f(x)$ 在一个区间(有限或无限,开或闭)内只有惟一的驻点 x_0,且这个驻点为极值点,那么 $f(x_0)$ 就是该区间上相应的最值(如图 3-5、3-6 所示).

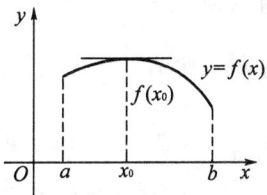

图 3-5

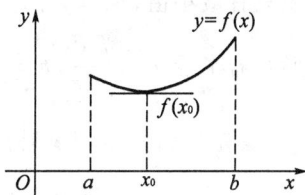

图 3-6

在实际应用中,我们常常会遇到上述情况,这时可根据问题的实际,确定惟一的驻点就是函数在定义区间的最大值点(或最小值点),而不必判定它是否为极值点.

【**例 6**】 如图 3-7 所示,设工厂 A 到铁路的垂直距离为 20 千米,垂足为 B,铁路线上距 B 点 100 千米处有一原料供应站 C.现在要在铁路线 BC 之间某处 D 修建一个车站,再由车站 D 向工厂 A 修一条公路,问 D 应在何处,才能使得从原料供应站 C 运货到工厂所需运费最省?(已知每千米的铁路运费与公路运费之比为 3:5)

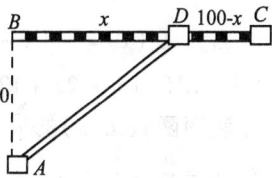

图 3-7

解 设 $BD = x$,则 $AD = \sqrt{x^2 + 20^2}$,$CD = 100 - x$,如果公路运费为 $5a$ 元/千米,则铁路运费为 $3a$ 元/千米,于是从原料供应站 C,途经中转站 D,到工厂 A 所需运费为

$$y = 5a\sqrt{x^2 + 20^2} + 3a(100 - x) \quad (0 \leqslant x \leqslant 100)$$

$$y' = \frac{5ax}{\sqrt{x^2 + 20^2}} - 3a = \frac{a(5x - 3\sqrt{x^2 + 20^2})}{\sqrt{x^2 + 20^2}}$$

令 $y' = 0$,得 $x = \pm 15(-15$ 舍去),因为运费问题中有最小值,现只有惟一的驻点 $x = 15$,故为最小值点.

因此,当车站 D 建于 B、C 之间且与 B 相距 15 千米处时,运费最省.

【**例 7**】 要做一个容积为 V 的有盖圆柱形容器(如图 3-8 所示),应怎样设计尺寸,才能使所用材料最省?

解 要使材料最省,就是使圆柱体的表面积最小.设容器底半径为 r,高为 h,表面积为 S,则 $S = 2\pi r^2 + 2\pi rh$,由圆柱体的体积公式

$$V = \pi r^2 h$$

得

$$h = \frac{V}{\pi r^2}$$

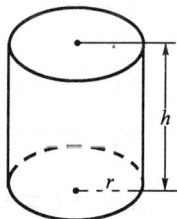

图 3-8

所以

$$S = 2\pi r^2 + \frac{2V}{r} \quad (0 < r < +\infty)$$

$$S' = 4\pi r - \frac{2V}{r^2} = \frac{2(2\pi r^3 - V)}{r^2}$$

令 $S' = 0$,得驻点

$$r = \sqrt[3]{\frac{V}{2\pi}}$$

因为表面积只有最小值,现只有惟一的驻点,故为最小值点.

即当圆柱形容器半径 $r = \sqrt[3]{\frac{V}{2\pi}}$, $h = \frac{V}{\pi r^2} = 2r$ 时,能使所用材料最省.

【例8】 某工厂每月生产 x 吨产品的总成本 $C(x) = \frac{1}{3}x^3 - 7x^2 + 111x + 40$(万元),产品的价格为 $p = 100 - x$(万元/吨).若每月生产的产品均可售出,试求月生产多少吨产品,可获得最大利润? 最大利润是多少?

解 设利润函数为 $L(x)$,销售收入函数为 $R(x)$,于是 $R(x) = xp = 100x - x^2$,

$$L(x) = R(x) - C(x) = -\frac{1}{3}x^3 + 6x^2 - 11x - 40 \quad (x \geq 0)$$

因为 $L'(x) = -(x-1)(x-11)$,令 $L'(x) = 0$,得两个驻点 $x_1 = 1, x_2 = 11$.

又 $L''(x) = -2x + 12$,而 $L''(1) = 10 > 0$,$L''(11) = -10 < 0$,故 $x = 11$ 是极大值点,从而是利润函数 $L(x)$ 的最大值点.

故每月产量为 11 吨时,可获最大利润,这时最大利润为 $121\frac{1}{3}$ 万元.

【例9】 某商店每年销售某种商品 a 件,每次购进的手续费为 b 元,而每件年库存费为 c 元,在该商品均匀销售的情况下(此时商品的库存数为批量的一半),问商店分几批购进此种商品,能使手续费及库存费之和最少?

解 设分 x 批购进此种商品,总费用为 y 元,则

$$y = bx + \frac{ac}{2x} \quad (x > 0)$$

因为 $y' = b - \frac{ac}{2x^2}$,令 $y' = 0$,得驻点

$$x = \pm\sqrt{\frac{ac}{2b}} \quad (\text{舍去负的答案})$$

又 $y'' = \frac{ac}{x^3} > 0$

所以当批数 $x = \sqrt{\frac{ac}{2b}}$ 时,总费用 y 取得最小值,此时批量为 $\frac{a}{x} = \sqrt{\frac{2ab}{c}}$ 件.这就是最佳进货量,经济学中称之为最佳经济批量.

注意 在实际问题中,若商品不可分割,而 $\sqrt{\frac{2ab}{c}}$ 又不是整数时,可取与其最接近的两个整数值代入计算,比较后再确定较优的进货量.

习题 3-2

1.求下列函数的单调区间:

(1) $y = x^4 - 2x^3 - 5$;　　　　　　　(2) $y = x - e^x$;

(3) $y = \dfrac{x^2}{1+x}$; (4) $y = 2x^2 - \ln x$.

2. 求下列函数的极值:

(1) $y = x^3 - 3x^2$; (2) $y = x^2 e^{-x}$;

(3) $y = \dfrac{3x}{1+x^2}$; (4) $y = x + 3x^{\frac{2}{3}}$;

(5) $y = 2x - \ln(4x)^2$; (6) $y = x + \dfrac{4}{x}$.

3. 求下列函数在给定区间的最值:

(1) $y = x^4 - 2x^2 + 5$, $x \in [-2,2]$; (2) $y = \sqrt{100 - x^2}$, $x \in [-6,8]$;

(3) $y = (1-x)^{\frac{2}{3}}$, $x \in [0,9]$; (4) $y = x + 2\sqrt{x}$, $x \in [0,4]$.

4. 欲做容积为 300 立方米的无盖圆柱形蓄水池(如图3-9所示),已知池底单位面积造价为周围单位面积造价的 2 倍,问怎样设计可使总造价最低?

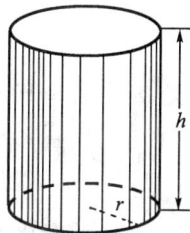

5. 欲用围墙围成 216 平方米的一块土地,并在正中用一堵墙将其隔成两块,问这块土地的长和宽应如何设计才能使所用建筑材料最省?

6. 某厂每批生产 x 个单位产品的费用 $C(x) = 5x + 200$(元),得到的收入 $R(x) = 10x - 0.01x^2$(元),问每批生产多少个单位产品时,才能使利润最大?

7. 某商品进货价格为每件 120 元,若销售价格为 140 元,可售出 200 件;而销售价格每件降低 1 元,则可多卖出 50 件.问从批发部进货多少件,每件售价为多少时,才能使利润最大?

8. 某厂生产某种商品,年销量为 9 百万件,每批生产需增加准备费 1000 元,而每件商品年库存费为 0.05 元,如果年销售率是均匀的(此时商品的平均库存量为批量的一半),问应分几批生产才能使生产准备费与库存费之和为最小?

图 3-9

3.3 导数在经济分析中的应用

导数在经济分析中有许多应用.本节仅介绍"边际"和"弹性"两个概念.

3.3.1 边际函数

经济学中的边际关系,是指某一函数中的因变量随着某一自变量的单位变化而产生的变化.事实上,也是函数变化率的问题.为了便于用数学方法讨论且更具有一般性,常常把一些离散型经济量(如产量、销售量、库存量等)视为连续变量,且定义某一函数 $f(x)$ 的导函数 $f'(x)$ 为**边际函数**,$f'(x)$ 在点 x_0 的值称之为**边际值**.

边际概念是研究经济学的基本概念之一,常见的边际函数包括边际成本、边际收入、边际利润和边际需求等.

设某企业生产某产品的总成本函数为 $C = C(x)$,其中,x 是单位时间内的产量,C 是由产量 x 得到的变化成本与固定成本之和,如果产量由 x 增加到 $x + h$ 时,总成本的增加量为:$\Delta C = C(x + h) - C(x)$,此时,总成本的平均增长量为

$$\frac{\Delta C}{h} = \frac{C(x + h) - C(x)}{h}$$

如果极限 $\lim\limits_{h \to 0} \dfrac{\Delta C}{h} = \dfrac{C(x + h) - C(x)}{h}$ 存在,则称此极限为产量 x 的**边际成本**,即称 $C'(x)$ 为**边际成本函数**.

在前面提到过,变量 x 的实际取值不可能是某实数区间上的连续量,一般情况下,它的最小变化单位只能为 1,即 $h = 1$,根据边际成本的定义和极限的性质,可得

$$\frac{C(x + h) - C(x)}{h} = C'(x) + \alpha$$

此处,α 是当 $h \to 0$ 时的无穷小量,当 h 很小时,$\dfrac{C(x + h) - C(x)}{h} \approx C'(x)$.

由于变量 x 的最小变化单位只能为 1,则

$$C(x + 1) - C(x) \approx C'(x) \tag{3-1}$$

因此,边际成本的经济意义是:在一定产量 x 的基础上,再多生产 1 个单位产品应增加的总成本.

根据边际成本的意义和导数的概念,一般有以下结论:

(1)边际成本仅与变动成本有关,与固定成本无关;

(2)如果某产品的单价为 p,则

若 $C'(x) < p$,则企业还可以继续增加产量;

若 $C'(x) > p$,则应立即停止增产,要致力于改进产品质量,提高出厂价或降低生产成本.

类似地,若 $R(x)$ 表示总收入,x 为销量,则 $R'(x)$ 为边际收入函数;

若 $L(x)$ 是利润函数,$L(x) = R(x) - C(x)$,则 $L'(x)$ 为边际利润函数.

【例1】 某小型机械厂,主要生产某种机器的配件,其最大生产能力为每日 100 件,假设日产量的总成本 C(元)是日产量 x(件)的函数 $C(x) = \dfrac{1}{4}x^2 + 60x + 2050$,求日产量为 75 件时的总成本和平均单位成本;日产量由 75 件提高到 90 件时总成本的平均改变量;日产量为 75 件时的边际成本.

解 (1)日产量为 75 件时的总成本和平均单位成本

$$C(75) = \frac{1}{4} \times 75^2 + 60 \times 75 + 2050 = 7956.25(元)$$

$$\frac{C(75)}{75} = 106.08(元)$$

(2)日产量从 75 件提高到 90 件时总成本的平均改变量

$$\frac{\Delta C}{\Delta x} = \frac{C(90) - C(75)}{90 - 75} = 101.25(元/件)$$

(3)日产量为75件时边际成本

$$C'(x) = \frac{1}{2}x + 60, C'(75) = 97.5(元)$$

【例2】 设某糕点加工厂生产 A 类糕点的总成本函数和总收入函数分别是：

$$C(x) = 100 + 2x + 0.02x^2(元)$$
$$R(x) = 7x + 0.01x^2(元)$$

求边际利润函数及当日产量分别是 200 千克、250 千克、300 千克时的边际利润,并说明其经济意义.

解 由利润 = 收入 – 成本,得总利润函数为

$$L(x) = R(x) - C(x) = -100 + 5x - 0.01x^2$$

边际利润函数为

$$L'(x) = 5 - 0.02x$$

日产量分别是 200 千克、250 千克、300 千克时的边际利润是：

$$L'(200) = 1, L'(250) = 0, L'(300) = -1$$

其经济意义是:在日产量为 200 千克的基础上,再增加 1 千克,则总利润可增加 1 元;在日产量为 250 千克的基础上,再增加 1 千克,则总利润无增加;在日产量为 300 千克的基础上,再增加 1 千克,则总利润可增加 –1 元,即产量增加,总利润反而会减少.

由上例可以看出,当一个企业或企业的某一产品的总成本和总收入分别构成两个函数关系时,不难求出边际利润函数,并且当日产量超过了边际利润为零时的日产量时,企业反而亏损.

经济学基本原理:在一定的假设条件下,利润在边际成本等于边际收入时的生产水平上达到最大值.事实上,由于

$$L(x) = R(x) - C(x)$$
$$L'(x) = R'(x) - C'(x)$$

令 $L'(x) = 0$,得

$$R'(x) = C'(x)$$

这样,使 $L'(x) = 0$ 的临界点正是边际收入等于边际成本的产量值 x.

经济学判断,$L(x)$ 要满足一定的条件才是利润函数,其条件之一就是 $L(x)$ 在最大生产能力范围内,有惟一的极大值,即存在某一水平的产量值 x_0,使得

$$L'(x) = 0, R'(x_0) = C'(x_0)$$
$$L''(x_0) < 0, R''(x_0) < C''(x_0)$$

不难看出,此状态下的边际收入的增长速度要比边际成本的增长速度小.

【例3】 同例2条件,求 A 类糕点日产量的最佳生产水平.

解 边际收入和边际成本分别是：

$$R'(x) = 7 + 0.02x$$
$$C'(x) = 2 + 0.04x$$

令 $R'(x) = C'(x)$,得 $\quad 7 + 0.02x = 2 + 0.04x$

$x = 250(千克)$

而 $L''(x) = (5 - 0.02x)' = -0.02 < 0$

因此,当日产量为 250 千克的时候,A 类糕点达到最佳生产水平,此时企业的利润最大.

3.3.2 需求弹性

需求弹性是研究商品价格和需求量之间变化密切程度的一个相对数,是经济学主要的基本概念之一,在商贸事务中有着极为广泛的应用.

1.弹性的概念

设函数 $y = f(x)$,当给自变量 x 一增量 Δx 时,函数 $y = f(x)$ 有相应的增量,$\Delta y = f(x + \Delta x) - f(x)$,则 Δy、Δx 分别称为函数、自变量在点 x 处的**绝对增量**.

此时,$\dfrac{\Delta y}{y} = \dfrac{f(x + \Delta x) - f(x)}{f(x)}$ 称为函数 $y = f(x)$ 在点 x 处的**相对增量**,或称为**函数增减率**;而 $\dfrac{\Delta x}{x}$ 称为自变量 x 的相对增量,或称为**自变量的增减率**.

当 $\Delta x \to 0$ 时,若函数的相对增量与自变量的相对增量的比的极限 $\lim\limits_{\Delta x \to 0} \dfrac{\dfrac{\Delta y}{y}}{\dfrac{\Delta x}{x}}$ 存在,则称此极限为函数 $y = f(x)$ 在点 x 处的**弹性**,记为 μ 或 $\mu(x)$ 或 $\dfrac{Ey}{Ex}$ 或 $\dfrac{E}{Ex} f(x)$.

根据导数定义,有

$$\mu = \lim_{\Delta x \to 0} \frac{\Delta y}{\Delta x} \cdot \frac{x}{y} = x \cdot \frac{f'(x)}{f(x)}$$

这也就是函数 $y = f(x)$ 在点 x 处的弹性的计算公式.显然,函数 $y = f(x)$ 在点 x 处的弹性表示 $y = f(x)$ 在点 x 处的相对变化率.

【例4】 求函数 $f(x) = ae^{bx}$,$g(x) = x^a$ 的弹性函数及在点 $x = 1$ 处的弹性.

解 (1)$f'(x) = abe^{bx}$

则 $\mu = x \cdot \dfrac{f'(x)}{f(x)} = x \cdot \dfrac{abe^{bx}}{ae^{bx}} = bx$,$\mu(1) = b$.

(2)方法同上,学生自己练习.

2.需求弹性

一般情况下,价格是影响需求的主要因素.当商品价格下降(或提高)一定的百分点时,其需求量将可能产生一定的百分点的增减,也就是需求量对价格变动的敏感性问题.这对分析需求量和价格的关系,合理制定商品价格有着极为重要的意义.

设某商品的需求量 Q 是价格 p 的函数 $Q = Q(p)$,$\dfrac{\Delta p}{p}$、$\dfrac{\Delta Q}{Q}$ 分别表示价格和需求量的增减率,若极限

$$\mu(p) = \lim_{\Delta p \to 0} \frac{\dfrac{\Delta Q}{Q}}{\dfrac{\Delta p}{p}} = \lim_{\Delta p \to 0} \frac{\Delta Q}{\Delta p} \cdot \frac{p}{Q} = p \cdot \frac{Q'(p)}{Q(p)}$$

存在,则称此极限为需求量对价格的弹性(需求量对价格的相对变化率),在经济学中称为**需求弹性**.它表示在单价为 p 元时,单价每变动 1% 时,需求量变化的百分数,也称**需求量对价格的弹性系数**或**点弹性**.

【例5】 设某日用消费品的需求量 Q(件)与单价 p(元)的函数关系为:$Q(p) = a(\frac{1}{2})^{\frac{p}{3}}$($a$ 为常数),求:

(1)需求弹性 $\mu(p)$;

(2)当单价分别是 4 元、4.35 元、5 元时的弹性系数,并说明经济意义.

解 (1)$Q'(p) = \frac{1}{3} a\ln(\frac{1}{2}) \cdot (\frac{1}{2})^{\frac{p}{3}}$,则

$$\mu(p) = p \cdot \frac{Q'(p)}{Q(p)} = p \cdot \frac{\frac{1}{3} a\ln(\frac{1}{2}) \cdot (\frac{1}{2})^{\frac{p}{3}}}{a \cdot (\frac{1}{2})^{\frac{p}{3}}} = -0.23p$$

需求弹性为负值,说明单价 p 增加 1%,需求量 Q 将减少 0.23%.

(2)$\mu(4) = -0.92$;

$\mu(4.35) = -1$;

$\mu(5) = -1.15$.

由上表明:当 $p = 4.35$ 元时,价格和需求量的变动幅度相同,即价格上涨 1%,需求量相应地减少 1%,对企业的总销售额无影响;当 $p = 4$ 元时,需求量的减少幅度小于价格的上涨幅度,若提高单价企业是有利可图的;当 $p = 5$ 元时,需求量的减少幅度大于价格的上涨幅度,企业应考虑降低售价,此时如果单价压低 1%,则可使消费者的需求量增加 1.15%,薄利多销也能提高企业的效益.

一般情况下,某商品的销售总额为 $R(p) = p \cdot Q(p)$,此处,p 是单价,$Q(p)$ 是单价为 p 时的需求量,则

$$R'(p) = \frac{dR}{dp} = Q(p) + p \cdot Q'(p) = Q(p)(1 + p\frac{Q'(p)}{Q(p)}) = Q(p)[1 + \mu(p)]$$

因此,有以下结论:

(1)当 $\mu = -1$ 时,$R'(p) = 0$,即 $R(p) = C$(常数),这就说明,价格上升 1%,需求量减少 1%,销售总额不变,称为**等效应弹性**.

(2)当 $\mu < -1$ 时,称需求是**富有弹性的**,即需求量对价格的变化反应较为敏感,当价格上涨或降低 1% 时,其需求量的减少或增加都超过 1%,也称之为**高弹性**.

(3)当 $-1 < \mu < 0$ 时,称需求是**低弹性的**,也即需求量改变的主要原因不是价格的变化,在这种情况下,适当地提高价格不会引起需求量的过份减少而影响企业的效益.

当然,我们也可以用类似的方法,对供给函数、成本函数等常用经济函数进行弹性分析.

3. 需求弹性的应用

在实际工作中,往往难以找到确切的函数表达式 $Q = Q(p)$,用以确定其需求量与价格之间的关系;而常见的是,以若干组关于需求量 Q 与价格 p 的离散型对应数组(一般是

统计资料)来反映其内在关系,具体见表 3-3.

表 3-3

月份	1	2	3	4	5
价格(元)	288	280	298	289	308
销量(件)	36	44	33	36	28

那么,如何根据统计数据,确定商品的需求弹性,一般有以下方法:

(1)根据统计数据,选用回归方程.

(2)直接用统计数据计算弹性,一般有比例弹性和点弹性.

所谓**比例弹性**,就是因变量的相对增量与自变量的相对增量的比值.即

$$\mu = \frac{\dfrac{\Delta Q}{Q}}{\dfrac{\Delta p}{p}} = \frac{\Delta Q}{\Delta p} \cdot \frac{p}{Q}$$

设商品的价格和需求量分别为 p_0 和 Q_0,则

$\Delta Q = Q - Q_0, \Delta p = p - p_0$,即 $\mu = \dfrac{Q - Q_0}{p - p_0} \cdot \dfrac{p_0}{Q_0}$.

不难看出,点弹性是比例弹性的极限形式.

【例6】 某商品原价格为 2.18 元,需求量为 3500 件,当价格提高到 2.60 元,需求量为 3100 件,求需求对价格的弹性.

解 商品的原价格和需求量分别为 2.18 元和 3500 件,则

$$\mu = \frac{Q - Q_0}{p - p_0} \cdot \frac{p_0}{Q_0} = \frac{3100 - 3500}{2.60 - 2.18} \cdot \frac{2.18}{3500} = -0.59$$

因此,该商品的需求对价格的弹性为 -0.59.

【例7】 根据统计数据,甲类商品的需求量为 2660 单位,价格弹性为 -1.4.若该商品价格计划上涨 8%,(假设其他条件不变),则预计该商品的需求量可能会降低多少?

解 设价格上涨后的需求量为 Q,则需求量和价格的改变量分别为

$\Delta Q = Q - 2660, \Delta p = 1.08 - 1$(取 $p_0 = 1$)

根据 $\mu = \dfrac{\Delta Q}{\Delta p} \cdot \dfrac{p_0}{Q_0}$,得 $\Delta Q = \dfrac{\mu \Delta p Q_0}{p_0}$

即 $Q = \dfrac{\mu \Delta p Q_0}{p_0} + 2660 = \dfrac{-1.4 \times 0.08 \times 2660}{1} + 2660 = -298 + 2660 = 2362$(单位)

因此,估计涨价后的需求量会减少 298 单位.

弹性的应用范围极广,如预测市场饱和状态、预测商品价格变动等.

习题 3-3

1.某机械厂生产某种机械配件,其年总收入 R(元)是年产量 x(件)的函数,$R(x) = 400x - 0.1x^2$,求年产 1800 件的总收入、平均收入及边际收入.

2.某粮油加工厂利用副产品,经过初步加工生产饲料的半成品,其生产能力为每月100吨,设这项业务的总收入和总成本是产量 x 的函数:

$$R(x) = 405x - 2x^2, \quad C(x) = \frac{1}{2}x^2 + 5x + 2800$$

求:(1)产量为 70 吨时的平均成本、平均收入和平均利润;

(2)产量为 90 吨时的边际成本、边际收入和边际利润.

3.求函数 $y = xe^x, y = xe^{-x}$ 的弹性.

4.市场上对某百货品的需求量 Q(件)是单价 p(元)的函数 $Q(p) = 10^{2.1}e^{-\frac{p}{4}}$,求:

(1)需求对价格的弹性;

(2)当商品的价格分别为 3.5 元、4 元、4.5 元时的弹性系数,并说明其经济意义.

5.某地前两年某副食品单价和需求量如表 3-4 所示:

表 3-4

年份	2003	2004
单价(元/千克)	8.40	9.20
需求量(万千克)	10.80	9.60

求:(1)价格的比例弹性;

(2)若预计 2005 年单价会上涨到每千克 9.9 元,那么 2005 年的需求量预测值为多少?

第4章

不定积分

本章学习目标

本章学习目标

理解不定积分的概念及性质;理解不定积分与原函数的关系,熟记不定积分的基本公式,熟练掌握计算不定积分的第一、第二换元法以及分部积分法.

4.1 不定积分的概念

4.1.1 原函数与不定积分

定义 1 设函数 $F(x)$、$f(x)$ 在区间 I 上有定义,$\forall x \in I$,若有 $F'(x) = f(x)$,则称 $F(x)$ 是 $f(x)$ 在区间 I 上的一个**原函数**.

若质点的路程函数为 $s = s(t)$,速度函数为 $v(t)$,已知 $s'(t) = v(t)$,由定义知 $s(t)$ 是 $v(t)$ 的一个原函数;$(\sin x)' = \cos x$,故 $\sin x$ 是 $\cos x$ 的一个原函数……

问题:(1)在什么条件下,一个函数一定有原函数,原函数是否惟一?

(2)如何求原函数?

定理 1 (原函数存在性定理)区间上的连续函数一定有原函数.

注 (1)初等函数在定义区间内连续,故初等函数在其定义区间内一定有原函数.

(2)如果 $F(x)$ 是 $f(x)$ 的一个原函数,即 $F'(x) = f(x)$;由于 $(F(x) + C)' = f(x)$,表明 $F(x) + C$ 也是 $f(x)$ 的原函数(C 是任意常数).因此,原函数不惟一.

定理 2 $f(x)$ 的任意两个原函数之间最多相差一个常数.

证 设 $F(x)$、$G(x)$ 都是函数 $f(x)$ 的原函数,即 $F'(x) = f(x)$,$G'(x) = f(x)$,对任意的 x,有

$$\{F(x) - G(x)\}' = F'(x) - G'(x) = f(x) - f(x) = 0$$

即 $F(x) - G(x) = C$ 或 $F(x) = G(x) + C$.

注 根据定理 2,如果已知 $f(x)$ 的一个原函数为 $F(x)$,则 $f(x)$ 的所有的原函数可以表示为 $F(x) + C$,即 $f(x)$ 的全体原函数为 $\{F(x) + C\}$,称为 $f(x)$ 的**原函数族**.

定义 2 设 $f(x)$ 在区间 I 上的全体原函数为 $\{F(x) + C\}$,称其为 $f(x)$ 在区间 I 上的

不定积分,记作 $\int f(x)\mathrm{d}x = F(x) + C$,其中 $\int$ 为积分号,x 为积分变量,$f(x)$ 为被积函数,$f(x)\mathrm{d}x$ 为被积表达式.

由定义 2 可知,若 $s'(t) = v(t)$,则 $\int v(t)\mathrm{d}t = s(t) + C$;若 $(\sin x)' = \cos x$,则 $\int \cos x\mathrm{d}x$ $= \sin x + C$,$\int \dfrac{1}{1 + x^2}\mathrm{d}x = \arctan x + C$……

注 由不定积分的定义可知,$f(x)$ 的不定积分 $F(x) + C$ 是一个曲线族,称之为积分曲线族.其特点是:只要作出其中一条曲线 $y = F(x)$ 的图,通过沿 y 轴的上下平移,即可得到所有的积分曲线 $y = F(x) + C$ 的图形.

4.1.2 不定积分的性质

(1)和差的积分等于积分的和差

$$\int [f(x) \pm g(x)]\mathrm{d}x = \int f(x)\mathrm{d}x \pm \int g(x)\mathrm{d}x;$$

证 设 $F'(x) = f(x)$,$G'(x) = g(x)$,则由定义,

$$\int f(x)\mathrm{d}x \pm \int g(x)\mathrm{d}x = [F(x) + C_1] \pm [G(x) + C_2] = F(x) \pm G(x) + C$$

$$(F(x) \pm G(x) + C)' = F'(x) \pm G'(x) = f(x) \pm g(x)$$

表明 $F(x) \pm G(x) + C$ 是 $f(x) \pm g(x)$ 的一个原函数,则

$$\int [f(x) \pm g(x)]\mathrm{d}x = F(x) \pm G(x) + C = \int f(x)\mathrm{d}x \pm \int g(x)\mathrm{d}x.$$

(2)非零常数因子可以从积分号中提出来

$$\int kf(x)\mathrm{d}x = k\int f(x)\mathrm{d}x;$$

(3)积分与微分、导数的关系

$$\left(\int f(x)\mathrm{d}x\right)' = f(x), \quad \int f'(x)\mathrm{d}x = f(x) + C,$$

$$\mathrm{d}\left(\int f(x)\mathrm{d}x\right) = f(x)\mathrm{d}x, \quad \int \mathrm{d}f(x) = f(x) + C.$$

注 (1)在忽略任意常数的基础上,积分与微分互为逆运算;

(2)$\int f'(x)\mathrm{d}x = f(x) + C$,不能写成 $\int f'(x)\mathrm{d}x = f(x)$;

(3)当导函数 $f'(x)$ 已知,求原函数 $f(x)$ 时,有 $f(x) = \int f'(x)\mathrm{d}x + C$,又因为不定积分 $\int f'(x)\mathrm{d}x$ 本身已包含了任意常数,故常常写作 $f(x) = \int f'(x)\mathrm{d}x$.

4.1.3 基本积分公式

根据不定积分的定义,即若 $F'(x) = f(x)$,则 $\int f(x)\mathrm{d}x = F(x) + C$ 以及已知的基本初等函数的导数公式,可直接推导出以下 16 个基本积分公式:

(1) $\int 0 \cdot \mathrm{d}x = C$；

(2) $\int k \mathrm{d}x = kx + C$；

(3) $\int x^{\alpha} \mathrm{d}x = \dfrac{x^{\alpha+1}}{\alpha+1} + C (\alpha \neq -1)$；

(4) $\int \dfrac{1}{x} \mathrm{d}x = \ln|x| + C (x \neq 0)$；

(5) $\int \mathrm{e}^x \mathrm{d}x = \mathrm{e}^x + C$；

(6) $\int a^x \mathrm{d}x = \dfrac{a^x}{\ln a} + C (a > 0, a \neq 1)$

(7) $\int \cos x \mathrm{d}x = \sin x + C$；

(8) $\int \sin x \mathrm{d}x = -\cos x + C$；

(9) $\int \sec^2 x \mathrm{d}x = \tan x + C$；

(10) $\int \csc^2 x \mathrm{d}x = -\cot x + C$；

(11) $\int \sec x \tan x \mathrm{d}x = \sec x + C$；

(12) $\int \csc x \cot x \mathrm{d}x = -\csc x + C$；

(13) $\int \dfrac{1}{1+x^2} \mathrm{d}x = \arctan x + C$；

(14) $\int \dfrac{1}{\sqrt{1-x^2}} \mathrm{d}x = \arcsin x + C$；

(15) $\int \mathrm{sh} x \mathrm{d}x = \mathrm{ch} x + C$；

(16) $\int \mathrm{ch} x \mathrm{d}x = \mathrm{sh} x + C$.

对于公式 $\int \dfrac{1}{x} \mathrm{d}x = \ln|x| + C$ 说明如下：$x > 0$ 时，$\ln|x| = \ln x$，且 $(\ln|x|)' = (\ln x)' = \dfrac{1}{x}$；$x < 0$ 时，$\ln|x| = \ln(-x)$，且 $(\ln|x|)' = (\ln(-x))' = \dfrac{1}{x}$；因此 $\dfrac{1}{x}$ 的原函数是 $\ln|x|$，即 $\int \dfrac{1}{x} \mathrm{d}x = \ln|x| + C$.

4.1.4 简单的不定积分的计算

【例1】 求 $\int \sqrt{x}(x^2 - 5) \mathrm{d}x$.

解 $\int \sqrt{x}(x^2 - 5) \mathrm{d}x = \int (x^{5/2} - 5x^{1/2}) \mathrm{d}x = \dfrac{2}{7} x^{7/2} - \dfrac{10}{3} x^{3/2} + C$.

【例2】 求 $\int (10^x + 3\cos x + \dfrac{1}{\sqrt{x}}) \mathrm{d}x$.

解 $\int (10^x + 3\cos x + \dfrac{1}{\sqrt{x}}) \mathrm{d}x = \dfrac{1}{\ln 10} 10^x + 3\sin x + 2\sqrt{x} + C$.

【例3】 $\int \dfrac{1 + x + x^2}{x(1 + x^2)} \mathrm{d}x$.

解 $\int \dfrac{1 + x + x^2}{x(1 + x^2)} \mathrm{d}x = \int (\dfrac{1}{x} + \dfrac{1}{1 + x^2}) \mathrm{d}x = \ln|x| + \arctan x + C$.

【例4】 求 $\int (2^x + 3^x)^2 \mathrm{d}x$.

解 $\int (2^x + 3^x)^2 \mathrm{d}x = \int (2^{2x} + 3^{2x} + 2 \cdot 2^x 3^x) \mathrm{d}x = \int (4^x + 9^x + 2 \cdot 6^x) \mathrm{d}x$

$= \dfrac{1}{2\ln 2} 4^x + \dfrac{1}{2\ln 3} 9^x + \dfrac{2}{\ln 6} 6^x + C$.

为了检验积分的结果是否正确，可利用 $F'(x) = f(x)$.

【例5】 问 $\dfrac{1}{2}\sin^2 x$、$-\dfrac{1}{4}\cos 2x$、$-\dfrac{1}{2}\cos^2 x$ 是否是同一函数的原函数？如果是，那么是哪一个函数的原函数？

解 $\dfrac{1}{2}\sin^2 x = -\dfrac{1}{4}\cos 2x + \dfrac{1}{4}$，$-\dfrac{1}{2}\cos^2 x = -\dfrac{1}{4}\cos 2x - \dfrac{1}{4}$，所以 $\dfrac{1}{2}\sin^2 x$、$-\dfrac{1}{4}\cos 2x$、$-\dfrac{1}{2}\cos^2 x$ 之间只相差一个常数，且

$$\left(\frac{1}{2}\sin^2 x\right)' = \left(-\frac{1}{4}\cos 2x\right)' = \left(-\frac{1}{2}\cos^2 x\right)' = \frac{1}{2}\sin 2x$$

因此它们都是函数 $\dfrac{1}{2}\sin 2x$ 的原函数．

【例6】 计算积分 $\displaystyle\int \sqrt{1-\cos^2 x}\,\mathrm{d}x$．

解 $\sqrt{1-\cos^2 x} = |\sin x|$；在不定积分中，约定 $\sqrt{A^2} = A$，即 $\sqrt{1-\cos^2 x} = \sin x$，

$$\int \sqrt{1-\cos^2 x}\,\mathrm{d}x = \int \sin x\,\mathrm{d}x = -\cos x + C.$$

【例7】 质量为 m 的物体，从 100 米高处以初速度 $v_0 = 0$ 自由下落，问经过多长时间能到达地面？到达地面时的速度是多少？

解 根据牛顿第二定律：$F = ma$，有 $a = g$；由于 $a = v'(t)$，即 $v'(t) = g$，从而，$v(t) = \displaystyle\int v'(t)\mathrm{d}t = \int g\mathrm{d}t = gt + C_1$；再由 $v_0 = 0$，得 $C_1 = 0$，$v(t) = gt$．

因为 $s'(t) = v(t) = gt$，故 $s(t) = \displaystyle\int s'(t)\mathrm{d}t = \int gt\mathrm{d}t = \dfrac{g}{2}t^2 + C_2$；由于 $s(0) = 0$，得 $C_2 = 0$，求得 $s(t) = \dfrac{g}{2}t^2$；到达地面时，$s = 100$，所需时间为：$t = \sqrt{\dfrac{2s}{g}} = 10\sqrt{\dfrac{2}{g}}$（秒）；到达地面时的速度为

$$v = gt = g\cdot 10\sqrt{\frac{2}{g}} = 10\sqrt{2g}\ (\text{米/秒}).$$

【例8】 曲线 $y = f(x)$ 在点 (x,y) 处的切线的斜率为 $k = x^{3/2} + \dfrac{1}{1+x^2}$，试求该曲线的方程，已知点 $(0,1)$ 在曲线上．

解 已知 $y' = k = x^{3/2} + \dfrac{1}{1+x^2}$，故

$$y = \int y'\mathrm{d}x = \int \left(x^{3/2} + \frac{1}{1+x^2}\right)\mathrm{d}x = \frac{2}{5}x^{5/2} + \arctan x + C,$$

当 $x = 0$ 时，$y = 1$，可得 $C = 1$，所求曲线为

$$y = \frac{2}{5}x^{5/2} + \arctan x + 1.$$

【例9】 已知 $f'(\tan x) = \sec^2 x$，$f(0) = 2$，求 $f(x)$．

解 $f'(\tan x) = \sec^2 x = 1 + \tan^2 x$，故 $f'(x) = 1 + x^2$，则

$$f(x) = \int f'(x)\mathrm{d}x = \int (1+x^2)\mathrm{d}x = x + \frac{1}{3}x^3 + C.$$

由条件 $f(0) = 2$,求得 $C = 2$,所求函数为

$$f(x) = \frac{1}{3}x^3 + x + 2.$$

注 利用基本积分公式时,必须严格按照公式的形式.如已知 $\int \sin x \, dx = -\cos x + C$,但 $\int \sin 2x \, dx \neq -\cos 2x + C$.

【例 10】 计算 $\int f'(\ln x) \cdot \frac{1}{x} dx$,$\left(\int f(\ln x) dx \right)'$.

解 因为 $(f(\ln x))' = f'(\ln x) \cdot \frac{1}{x}$,则

$$\int f'(\ln x) \cdot \frac{1}{x} dx = \int (f(\ln x))' dx = f(\ln x) + C,$$

$$\left(\int f(\ln x) dx \right)' = f(\ln x).$$

习题 4-1

1.求下列各不定积分:

(1) $\int (3x^4 + 3x^2 + 1) dx$;

(2) $\int 3^x e^x dx$;

(3) $\int \left(\frac{x+2}{x} \right)^2 dx$;

(4) $\int \frac{\cos 2x}{\sin^2 x} dx$;

(5) $\int \frac{x^4}{1+x^2} dx$;

(6) $\int \frac{(1-x)^3}{x^2} dx$;

(7) $\int \frac{\cos 2x}{\cos x - \sin x} dx$;

(8) $\int \frac{1}{\sin^2 \frac{x}{2} \cos^2 \frac{x}{2}} dx$.

2.已知一个函数的导数为 $f'(x) = \frac{1}{\sqrt{1-x^2}}$,且当 $x = 1$ 时,函数值等于 $\frac{3}{2}\pi$,试求这个函数.

3.设生产某产品 x 的单位边际成本 $C'(x) = 59 - 0.06x$,其固定成本为 1200 元,求总成本函数.

4.2 换元积分法

不定积分 $\int \sin 2x \, dx$ 不能直接用基本积分公式 $\int \sin x \, dx = -\cos x + C$ 来计算,因此还必须再介绍计算不定积分的另外一些方法.

4.2.1 第一换元积分法(凑微分法)

定理 1 设 $F(u)$ 是 $f(u)$ 的一个原函数,且 $u = \varphi(x)$ 可导,则

$$\int f[\varphi(x)]\varphi'(x)\mathrm{d}x = F[\varphi(x)] + C$$

证 因为 $F'(u) = f(u)$，而 $F[\varphi(x)]$ 是由 $F(u)$、$u = \varphi(x)$ 复合而成，故

$$\{F[\varphi(x)]\}' = [F'(u)]u' = [f(u)]u' = f[\varphi(x)]\varphi'(x).$$

由不定积分的定义，就有 $\int f[\varphi(x)]\varphi'(x)\mathrm{d}x = F[\varphi(x)] + C$.

注 (1) $\int f[\varphi(x)]\varphi'(x)\mathrm{d}x \xrightarrow{u=\varphi(x)} \int f(u)\mathrm{d}u = F(u) + C = F[\varphi(x)] + C$，故称此法为**第一换元积分法**，其特点是将被积函数中的某一部分函数视为一个新的变量；

(2) $\int f[\varphi(x)]\varphi'(x)\mathrm{d}x = \int f[\varphi(x)]\mathrm{d}\varphi(x) = F[\varphi(x)] + C$，因此，第一换元积分法也称为**凑微分法**.

【例1】 求 $\int \sin 2x\, \mathrm{d}x$.

解 $\int \sin 2x\, \mathrm{d}x \xrightarrow{u=2x} \dfrac{1}{2}\int \sin u\, \mathrm{d}u = -\dfrac{1}{2}\cos u + C = -\dfrac{1}{2}\cos 2x + C.$

【例2】 求 $\int \mathrm{e}^{at}\,\mathrm{d}t$.

解 $\int \mathrm{e}^{at}\,\mathrm{d}t \xrightarrow{u=at} \dfrac{1}{a}\int \mathrm{e}^{u}\,\mathrm{d}u = \dfrac{1}{a}\mathrm{e}^{u} + C = \dfrac{1}{a}\mathrm{e}^{at} + C.$

【例3】 求 $\int 2x\mathrm{e}^{x^2}\,\mathrm{d}x$.

解 $\int 2x\mathrm{e}^{x^2}\,\mathrm{d}x \xrightarrow{u=x^2} \int \mathrm{e}^{u}\,\mathrm{d}u = \mathrm{e}^{u} + C = \mathrm{e}^{x^2} + C.$

【例4】 求 $\int x\sqrt{1-x^2}\,\mathrm{d}x$.

解 $\int x\sqrt{1-x^2}\,\mathrm{d}x \xrightarrow{\sqrt{1-x^2}=u} \int u\sqrt{1-u^2}\cdot\dfrac{-u}{\sqrt{1-u^2}}\,\mathrm{d}u = -\int u^2\,\mathrm{d}u = -\dfrac{1}{3}u^3 + C$

$$= -\dfrac{1}{3}(1-x^2)^{3/2} + C.$$

注 (1)一般地，对于积分 $\int x^{n-1}f(x^n)\mathrm{d}x$，可以选择代换为：$u = x^n$，或者凑微分为

$$\int x^{n-1}f(x^n)\mathrm{d}x = \dfrac{1}{n}\int f(x^n)\mathrm{d}x^n.$$

(2)如果利用了第一换元积分法，积分完成后应当变量回代.

(3)第一换元积分法通常也写作：

$$\int f[\varphi(x)]\varphi'(x)\mathrm{d}x = \int f[\varphi(x)]\mathrm{d}\varphi(x) = F[\varphi(x)] + C$$

即 $\varphi'(x)\mathrm{d}x = \mathrm{d}\varphi(x)$，称为凑微分法.要求熟练掌握凑微分法.

【例5】 用凑微分法计算下列积分：

(1) $\int \tan x\, \mathrm{d}x$；　(2) $\int \dfrac{1}{a^2+x^2}\mathrm{d}x$；　(3) $\int \dfrac{1}{\sqrt{a^2-x^2}}\mathrm{d}x$.

解 (1) $\int \tan x \mathrm{d}x = \int \frac{\sin x}{\cos x}\mathrm{d}x = -\int \frac{1}{\cos x}\mathrm{d}(\cos x) = -\ln|\cos x| + C$;

(2) $\int \frac{1}{a^2 + x^2}\mathrm{d}x = \frac{1}{a^2}\int \frac{1}{1 + (\frac{x}{a})^2}\cdot a\mathrm{d}(\frac{x}{a}) = \frac{1}{a}\arctan\frac{x}{a} + C$;

(3) $\int \frac{1}{\sqrt{a^2 - x^2}}\mathrm{d}x = \int \frac{1}{\sqrt{1 - (\frac{x}{a})^2}}\mathrm{d}(\frac{x}{a}) = \arcsin\frac{x}{a} + C$.

注 补充基本积分公式：

(17) $\int \tan x \mathrm{d}x = -\ln|\cos x| + C$; (18) $\int \cot x \mathrm{d}x = \ln|\sin x| + C$;

(19) $\int \frac{1}{\sqrt{a^2 - x^2}}\mathrm{d}x = \arcsin\frac{x}{a} + C$; (20) $\int \frac{1}{a^2 + x^2}\mathrm{d}x = \frac{1}{a}\arctan\frac{x}{a} + C$.

【例 6】 计算下列积分 $\int x^2 \sqrt{1 - 4x^3}\mathrm{d}x$.

解 $\int x^2 \sqrt{1 - 4x^3}\mathrm{d}x = \frac{1}{3}\int \sqrt{1 - 4x^3}\mathrm{d}x^3 = \frac{1}{12}\int \sqrt{1 - 4x^3}\mathrm{d}(4x^3)$

$= -\frac{1}{12}\int \sqrt{1 - 4x^3}\mathrm{d}(1 - 4x^3) = -\frac{1}{12}\cdot\frac{2}{3}(1 - 4x^3)^{3/2} + C = -\frac{1}{18}(1 - 4x^3)^{3/2} + C$.

【例 7】 $\int \frac{1}{x\ln x \ln\ln x}\mathrm{d}x$.

解 原式 $= \int \frac{1}{\ln x \ln\ln x}\mathrm{d}\ln x = \int \frac{1}{\ln\ln x}\mathrm{d}(\ln\ln x) = \ln|\ln\ln x| + C$.

【例 8】 $\int \frac{x^3}{\sqrt{3 - 2x^4}}\mathrm{d}x$.

解 $\int \frac{x^3}{\sqrt{3 - 2x^4}}\mathrm{d}x = \frac{1}{4}\int \frac{1}{\sqrt{3 - 2x^4}}\mathrm{d}x^4 = -\frac{1}{8}\int \frac{1}{\sqrt{3 - 2x^4}}\mathrm{d}(3 - 2x^4)$

$= -\frac{1}{8}\cdot 2\sqrt{3 - 2x^4} + C = -\frac{1}{4}\sqrt{3 - 2x^4} + C$.

【例 9】 求积分 $\int \frac{1}{e^x + e^{-x}}\mathrm{d}x$.

解法 1 $\int \frac{1}{e^x + e^{-x}}\mathrm{d}x = \int \frac{1}{e^x(1 + e^{-2x})}\mathrm{d}x = \int \frac{e^{-x}}{(1 + e^{-2x})}\mathrm{d}x = -\int \frac{1}{1 + (e^{-x})^2}\mathrm{d}e^{-x}$

$= -\arctan e^{-x} + C$.

解法 2 $\int \frac{1}{e^x + e^{-x}}\mathrm{d}x = \int \frac{1}{e^{-x}(1 + e^{2x})}\mathrm{d}x = \int \frac{e^x}{1 + e^{2x}}\mathrm{d}x = \arctan e^x + C$.

解法 3 $\int \frac{1}{e^x + e^{-x}}\mathrm{d}x = \frac{1}{2}\int \frac{1}{\mathrm{ch}x}\mathrm{d}x = \frac{1}{2}\int \frac{\mathrm{ch}x}{\mathrm{ch}^2 x}\mathrm{d}x = \frac{1}{2}\arctan(\mathrm{sh}x) + C$.

【例 10】 计算被积函数为三角函数的积分：(1) $\int \cos 3x\cos x\mathrm{d}x$, (2) $\int \cos^2 x\mathrm{d}x$,

(3) $\int \sin^3 x\mathrm{d}x$, (4) $\int \tan^{10} x\cdot\sec^2 x\mathrm{d}x$, (5) $\int \tan^3 x\cdot\sec^5 x\mathrm{d}x$, (6) $\int \sec x\mathrm{d}x$.

解 (1) $\int \cos 3x \cos x \mathrm{d}x = \frac{1}{2}\int (\cos 4x + \cos 2x)\mathrm{d}x = \frac{1}{8}\sin 4x + \frac{1}{4}\sin 2x + C.$

(2) $\int \cos^2 x \mathrm{d}x = \int \frac{1+\cos 2x}{2}\mathrm{d}x = \frac{1}{2}x + \frac{1}{4}\sin 2x + C.$

(3) $\int \sin^3 x \mathrm{d}x = -\int \sin^2 x \mathrm{d}(\cos x) = -\int (1-\cos^2 x)\mathrm{d}(\cos x) = \frac{1}{3}\cos^3 x - \cos x + C.$

(4) $\int \tan^{10} x \cdot \sec^2 x \mathrm{d}x = \int \tan^{10} x \mathrm{d}(\tan x) = \frac{1}{11}\tan^{11} x + C.$

(5) $\int \tan^3 x \cdot \sec^5 x \mathrm{d}x = \int \tan^2 x \cdot \sec^4 x \mathrm{d}(\sec x) = \int (\sec^2 x - 1)\sec^4 x \mathrm{d}(\sec x)$

$= \frac{1}{7}\sec^7 x - \frac{1}{5}\sec^5 x + C.$

(6) $\int \sec x \mathrm{d}x = \int \sec x \cdot \frac{\sec x + \tan x}{\sec x + \tan x}\mathrm{d}x = \int \frac{1}{\sec x + \tan x}\mathrm{d}(\sec x + \tan x)$

$= \ln|\sec x + \tan x| + C.$

注 补充积分公式:

(21) $\int \sec x \mathrm{d}x = \ln|\sec x + \tan x| + C$; (22) $\int \csc x \mathrm{d}x = \ln|\csc x - \cot x| + C.$

4.2.2 第二换元积分法(去根号法)

在第一换元积分法中,代换 $u = \varphi(x)$,从而使得积分由 $\int f(\varphi(x))\varphi'(x)\mathrm{d}x$ 变为积分 $\int f(u)\mathrm{d}u$,从而利用 $f(u)$ 的原函数求出积分.但是对于带根号的无理式的积分如 $\int \sqrt{1-x^2}\mathrm{d}x$,若仍然采用代换 $u = \varphi(x)$,则总是无法完成积分的计算.因此必须寻求新的积分方法.

定理2 设函数 $x = \varphi(t)$ 是单调函数且 $\varphi'(t) \neq 0$,函数 $f[\varphi(t)]\varphi'(t)$ 的一个原函数为 $F(t)$,则有:

$$\int f(x)\mathrm{d}x = F[\varphi^{-1}(x)] + C$$

事实上,$F[\varphi^{-1}(x)]$ 由函数 $F(t)$ 与 $t = \varphi^{-1}(x)$ 复合而成,故

$$\{F[\varphi^{-1}(x)]\}' = F'(t) \cdot [\varphi^{-1}(x)]' = f[\varphi(t)]\varphi'(t) \cdot \frac{1}{\varphi'(t)} = f[\varphi(t)] = f(x).$$

注 $\int f(x)\mathrm{d}x \xrightarrow{x = \varphi(t)} \int f[\varphi(t)]\varphi'(t)\mathrm{d}t = F(t) + C = F[\varphi^{-1}(x)] + C$,相当于作了代换 $x = \varphi(t)$,称此换元积分的方法为**第二换元积分法**,其特点是将积分变量视为某个新的函数.

1.被积函数中含有 $\sqrt{a^2-x^2}$、$\sqrt{x^2 \pm a^2}$ 的积分

【例11】 求积分(1) $\int \sqrt{a^2-x^2}\mathrm{d}x$,(2) $\int \frac{1}{\sqrt{a^2+x^2}}\mathrm{d}x$, (3) $\int \frac{1}{\sqrt{x^2-a^2}}\mathrm{d}x.$

解 (1) $\int \sqrt{a^2-x^2}\mathrm{d}x \xrightarrow{x = a\sin t} \int a\cos t \sqrt{a^2-a^2\sin^2 t}\mathrm{d}t$

$$= a^2 \int \cos^2 t \, dt = \frac{a^2}{2} \int (1 + \cos 2t) \, dt$$

$$= \frac{a^2}{2}(t + \frac{1}{2}\sin 2t) + C = \frac{a^2}{2}(t + \sin t \cos t) + C$$

$$= \frac{a^2}{2}(\arcsin \frac{x}{a} + \frac{x}{a} \cdot \frac{\sqrt{a^2 - x^2}}{a}) + C$$

$$= \frac{a^2}{2}\arcsin \frac{x}{a} + \frac{x\sqrt{a^2 - x^2}}{2} + C.$$

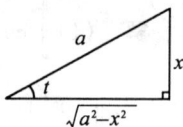

(2) $\displaystyle \int \frac{1}{\sqrt{a^2 + x^2}} \, dx \xlongequal{x = a\tan t} \int \frac{1}{\sqrt{a^2 + a^2\tan^2 t}} a\sec^2 t \, dt$

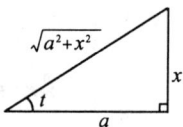

$$= \int \frac{1}{\sec t}\sec^2 t \, dt = \int \sec t \, dt = \ln|\sec t + \tan t| + C$$

$$= \ln|\frac{\sqrt{a^2 + x^2}}{a} + \frac{x}{a}| + C = \ln|x + \sqrt{a^2 + x^2}| - \ln a + C$$

$$= \ln|x + \sqrt{a^2 + x^2}| + C.$$

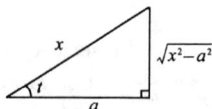

(3) $\displaystyle \int \frac{1}{\sqrt{x^2 - a^2}} \, dx \xlongequal{x = a\sec t} \int \frac{1}{a\tan t} a\sec t \tan t \, dt$

$$= \int \sec t \, dt = \ln|\sec t + \tan t| + C = \ln|\frac{\sqrt{x^2 - a^2}}{a} + \frac{x}{a}| + C$$

$$= \ln|x + \sqrt{x^2 - a^2}| + C.$$

注 (1)被积函数中如果含 $\sqrt{a^2 - x^2}$、$\sqrt{x^2 \pm a^2}$，可以考虑使用三角代换，其目的是去掉被积函数中的根号，去掉根号后，还应该结合凑微分法完成整个积分；

(2)如果使用三角代换，则应在变量回代时，通过辅助三角形作出相应的三角变换；

(3)补充两个基本积分公式：

(23) $\displaystyle \int \frac{1}{x^2 - a^2} \, dx = \frac{1}{2a}\ln\left|\frac{x - a}{x + a}\right| + C$；(24) $\displaystyle \int \frac{1}{\sqrt{x^2 \pm a^2}} \, dx = \ln\left|x + \sqrt{x^2 \pm a^2}\right| + C.$

【例 12】 求 $\displaystyle \int \frac{1}{x\sqrt{9 - 4x^2}} \, dx$.

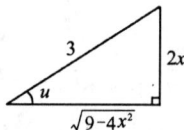

解 $\displaystyle \int \frac{1}{x\sqrt{9 - 4x^2}} \, dx \xlongequal{x = \frac{3}{2}\sin u} \int \frac{1}{\frac{3}{2}\sin u \cdot 3\cos u} \cdot \frac{3}{2}\cos u \, du$

$$= \frac{1}{3}\int \csc u \, du = \frac{1}{3}\ln|\csc u - \cot u| + C$$

$$= \frac{1}{3}\ln\left|\frac{\sqrt{9 - 4x^2}}{2x} - \frac{3}{2x}\right| + C.$$

2.简单无理函数的积分

【例 13】 求积分 $\displaystyle \int \frac{1}{\sqrt{x} + \sqrt[3]{x}} \, dx$.

解 选择适当的代换，去掉所有的根号.

$$\int \frac{1}{\sqrt{x} + \sqrt[3]{x}} dx \xrightarrow{x = u^6} \int \frac{1}{u^3 + u^2} 6u^5 du = 6 \int \frac{u^3}{1+u} du = 6 \int \frac{(u^3+1)-1}{1+u} du$$

$$= 6 \int (u^2 - u + 1 - \frac{1}{1+u}) du = 6(\frac{u^3}{3} - \frac{u^2}{2} + u - \ln|1+u|) + C$$

$$= 2\sqrt{x} - 3\sqrt[3]{x} + 6\sqrt[6]{x} - 6\ln(1 + \sqrt[6]{x}) + C.$$

【例 14】 计算积分 $\int \frac{1}{x}\sqrt{\frac{1-x}{1+x}} dx$.

解 令 $\sqrt{\frac{1-x}{1+x}} = u$,则 $1 - x = u^2(1+x)$, $x = \frac{1-u^2}{1+u^2} = -1 + \frac{2}{1+u^2}$, $dx = -\frac{4u du}{(1+u^2)^2}$

从而有:$\int \frac{1}{x}\sqrt{\frac{1-x}{1+x}} dx = \int \frac{1+u^2}{1-u^2} \cdot u \cdot [-\frac{4u}{(1+u^2)^2} du] = -4 \int \frac{u^2}{(1-u^2)(1+u^2)} du$

$$= -2 \int (\frac{1}{1-u^2} - \frac{1}{1+u^2}) du = -2 \int [\frac{1}{2}(\frac{1}{1-u} + \frac{1}{1+u}) - \frac{1}{1+u^2}] du$$

$$= \ln|1-u| - \ln|1+u| + 2\arctan u + C = \ln\left|\frac{1-u}{1+u}\right| + 2\arctan u + C$$

$$= \ln\left|\frac{\sqrt{1+x} - \sqrt{1-x}}{\sqrt{1+x} + \sqrt{1-x}}\right| + 2\arctan\sqrt{\frac{1-x}{1+x}} + C.$$

注 一般地,对于被积函数中含有 $\sqrt{\frac{x+a}{x+b}}$,均可以采用代换 $u = \sqrt{\frac{x+a}{x+b}}$,首先去掉根号,然后再讨论.

习题 4-2

1.填空:

(1)$dx = $ _____ $d(ax + b)$;   (2)$x dx = $ _____ $d(x^2 + 3)$;

(3)$x^4 dx = $ _____ $d(x^5 - 2)$;   (4)$\frac{1}{x^5} dx = $ _____ $d(\frac{1}{x^4})$;

(5)$x^n dx = $ _____ $d(x^{n+1})$;   (6)$\frac{1}{x} dx = $ _____ $d(\ln x)$;

(7)$\frac{1}{x^{n+1}} dx = $ _____ $d(\frac{1}{x^{n-1}})$;   (8)$\frac{1}{x^2} dx = $ _____ $d(\frac{1}{x})$;

(9)$\sin x dx = $ _____ $d(\cos x)$;   (10)$e^{ax} dx = $ _____ de^{ax};

(11)$\sin x \cos x dx = $ _____ $d(\cos^2 x) = $ _____ $d(\sin^2 x) = $ _____ $d(\cos 2x)$;

(12)$x e^{-x^2} dx = $ _____ $d(-x^2) = $ _____ $d(e^{-x^2})$.

2.用第一类换元法求下列各积分:

(1)$\int \frac{1}{1-x} dx$;   (2)$\int \csc^2 3x dx$;

(3)$\int \frac{2x}{x^2+2} dx$;   (4)$\int x^2 \cos x^3 dx$;

(5) $\int x^2 e^{x^3} dx$；

(6) $\int x\sin(2x^2-1)dx$；

(7) $\int \dfrac{1}{x\ln x}dx$；

(8) $\int \dfrac{x^2}{x^3+3}dx$；

(9) $\int \dfrac{x}{\sqrt[3]{3-2x^2}}dx$；

(10) $\int \dfrac{1}{\sqrt{x}(1+x)}dx$；

(11) $\int \dfrac{\sin x}{\cos^3 x}dx$；

(12) $\int \dfrac{1-x}{\sqrt{9-4x^2}}dx$；

(13) $\int \dfrac{3x^3}{1-x^4}dx$；

(14) $\int \dfrac{10^{2\arccos x}}{\sqrt{1-x^2}}dx$；

(15) $\int \tan^3 x\sec x\,dx$；

(16) $\int \dfrac{1+\ln x}{(x\ln x)^2}dx$；

(17) $\int \dfrac{1}{(x+1)(x-2)}dx$.

3. 用第二类换元法求下列各积分：

(1) $\int \dfrac{1}{(1+x^2)^{\frac{3}{2}}}dx$；

(2) $\int \dfrac{1}{x\sqrt{x^2-1}}dx$；

(3) $\int \dfrac{1}{x\sqrt{4-x^2}}dx$；

(4) $\int \dfrac{1}{1+\sqrt[3]{1+x}}dx$；

(5) $\int \dfrac{1}{1+e^x}dx$.

4.3 分部积分法

对于积分 $\int xe^x dx$，无论怎样换元都无法求出其原函数，本节介绍一种新的积分方法——**分部积分法**.

设函数 $u=u(x),v=v(x)$ 均可微，乘积导数公式为：$(uv)'=u'v+uv'$ 或 $uv'=(uv)'-u'v$，两端对 x 积分得：$\int uv'dx=\int(uv)'dx-\int u'vdx=uv-\int u'vdx$

$$\int uv'dx=uv-\int u'vdx$$

$$\int udv=uv-\int vdu$$

上述二式即为不定积分的**分部积分公式**.

注 (1)使用此公式时,首先应将被积函数 $\int f(x)dx$ 分成两部分,即 $f(x)=uv'$；

(2)一般来说,积分 $\int u'vdx$ 较积分 $\int uv'dx$ 容易计算.

【**例1**】 求 $\int xe^x dx$.

解 令 $u = x, v' = \mathrm{e}^x$,则 $u' = 1, v = \mathrm{e}^x$,利用分部积分公式,得

$$\int x\mathrm{e}^x \mathrm{d}x = x\mathrm{e}^x - \int \mathrm{e}^x \mathrm{d}x = \mathrm{e}^x(x - 1) + C$$

如果令:$u = \mathrm{e}^x, v' = x$,则 $u' = \mathrm{e}^x, v = \dfrac{1}{2}x^2$,利用公式得到:

$$\int x\mathrm{e}^x \mathrm{d}x = \frac{1}{2}x^2\mathrm{e}^x - \int \frac{1}{2}x^2\mathrm{e}^x \mathrm{d}x.$$

可见,不恰当的分部将直接影响到积分的计算.

【例 2】 求 $\displaystyle\int x\sin 2x \mathrm{d}x$.

解 令 $u = x, v' = \sin 2x$,则 $u' = 1, v = -\dfrac{1}{2}\cos 2x$,则

$$\int x\sin 2x \mathrm{d}x = -\frac{1}{2}x\cos 2x - \int \left(-\frac{1}{2}\cos 2x\right)\mathrm{d}x = -\frac{1}{2}x\cos 2x + \frac{1}{4}\sin 2x + C.$$

注 如果被积函数形如:$x^k \mathrm{e}^{ax}, x^k \sin ax, x^k \cos ax$,则积分时必须采用分部积分法,而且总是设 $u = x^k, v' = \mathrm{e}^{ax}, \sin ax, \cos ax$,其中 k 是非负整数.

【例 3】 求 $\displaystyle\int \ln x \mathrm{d}x$.

解 令 $u = \ln x, v' = 1$,则 $u' = \dfrac{1}{x}, v = x$,则 $\displaystyle\int \ln x \mathrm{d}x = x\ln x - \int \frac{1}{x} \cdot x \mathrm{d}x = x\ln x - x + C$.

【例 4】 求 $\displaystyle\int x^3 \arctan x \mathrm{d}x$.

解 $\displaystyle\int x^3 \arctan x \mathrm{d}x$

$$= \frac{1}{4}x^4 \arctan x - \int \frac{1}{1 + x^2} \cdot \frac{1}{4}x^4 \mathrm{d}x$$

$$= \frac{1}{4}x^4 \arctan x - \frac{1}{4}\int \frac{x^4 + x^2 - x^2 - 1 + 1}{1 + x^2} \mathrm{d}x$$

$$= \frac{1}{4}x^4 \arctan x - \frac{1}{4}\int \left(x^2 - 1 + \frac{1}{1 + x^2}\right)\mathrm{d}x$$

$$= \frac{1}{4}x^4 \arctan x - \frac{1}{4}\left(\frac{1}{3}x^3 - x + \arctan x\right) + C.$$

注 如果被积函数形如 $x^k \ln x, x^k \arctan ax, x^k \operatorname{arccot} ax$,则积分时也必须采用分部积分法,且取 $u = \ln x, \arctan ax, \operatorname{arccot} ax$,而取 $v' = x^k, k$ 是非负整数.

【例 5】 求 $\displaystyle\int \sqrt{a^2 - x^2} \mathrm{d}x$.

解 $\displaystyle\int \sqrt{a^2 - x^2} \mathrm{d}x = x\sqrt{a^2 - x^2} - \int x \mathrm{d}\sqrt{a^2 - x^2} = x\sqrt{a^2 - x^2} - \int \frac{-x^2}{\sqrt{a^2 - x^2}} \mathrm{d}x$

$$= x\sqrt{a^2 - x^2} - \int \frac{a^2 - x^2 - a^2}{\sqrt{a^2 - x^2}} \mathrm{d}x = x\sqrt{a^2 - x^2} - \int \sqrt{a^2 - x^2} \mathrm{d}x + \int \frac{a^2}{\sqrt{a^2 - x^2}} \mathrm{d}x$$

$$= x\sqrt{a^2 - x^2} - \int \sqrt{a^2 - x^2} \mathrm{d}x + a^2 \arcsin \frac{x}{a} \qquad \text{（出现循环）}$$

移项后，可得：$\int \sqrt{a^2 - x^2}\,\mathrm{d}x = \dfrac{1}{2}x\sqrt{a^2 - x^2} + \dfrac{a^2}{2}\arcsin\dfrac{x}{a} + C$.

【例 6】 求 $\int e^{ax}\sin bx\,\mathrm{d}x$.

解 $\int e^{ax}\sin bx\,\mathrm{d}x = -\dfrac{1}{b}\int e^{ax}\mathrm{d}\cos bx = -\dfrac{1}{b}\left(e^{ax}\cos bx - \int \cos bx\,\mathrm{d}e^{ax}\right)$

$= -\dfrac{1}{b}\left(e^{ax}\cos bx - a\int e^{ax}\cos bx\,\mathrm{d}x\right) = -\dfrac{1}{b}\left(e^{ax}\cos bx - \dfrac{a}{b}\int e^{ax}\mathrm{d}\sin bx\right)$

$= -\dfrac{1}{b}\left[e^{ax}\cos bx - \dfrac{a}{b}\left(e^{ax}\sin bx - \int \sin bx\,\mathrm{d}e^{ax}\right)\right]$

$= -\dfrac{1}{b}\left[e^{ax}\cos bx - \dfrac{a}{b}\left(e^{ax}\sin bx - a\int e^{ax}\sin bx\,\mathrm{d}x\right)\right]$ （出现循环）

整理可得：$\int e^{ax}\sin bx\,\mathrm{d}x = -\dfrac{1}{b^2}(be^{ax}\cos bx - ae^{ax}\sin bx) - \dfrac{a^2}{b^2}\int e^{ax}\sin bx\,\mathrm{d}x$

移项后即得：$\int e^{ax}\sin bx\,\mathrm{d}x = \dfrac{e^{ax}}{a^2 + b^2}(a\sin bx - b\cos bx) + C$.

【例 7】 求 $\int \sec^3 x\,\mathrm{d}x$.

解 $\int \sec^3 x\,\mathrm{d}x = \int \sec x\,\mathrm{d}\tan x = \sec x\tan x - \int \tan x \cdot \sec x\tan x\,\mathrm{d}x$

$= \sec x\tan x - \int \sec x(\sec^2 x - 1)\,\mathrm{d}x = \sec x\tan x - \int \sec^3 x\,\mathrm{d}x + \int \sec x\,\mathrm{d}x$

移项后可得：$\int \sec^3 x\,\mathrm{d}x = \dfrac{1}{2}\sec x\tan x + \dfrac{1}{2}\ln|\sec x + \tan x| + C$.

【例 8】 求 $\int x(x^2 + 1)e^{x^2}\,\mathrm{d}x$.

解 $\int x(x^2 + 1)e^{x^2}\,\mathrm{d}x = \dfrac{1}{2}\int (x^2 + 1)e^{x^2}\,\mathrm{d}x^2 = \dfrac{1}{2e}\int (x^2 + 1)e^{x^2 + 1}\,\mathrm{d}(x^2 + 1)\xlongequal{u = x^2 + 1}$

$\dfrac{1}{2e}\int ue^u\,\mathrm{d}u = \dfrac{1}{2e}(u - 1)e^u + C = \dfrac{1}{2e}x^2 e^{x^2 + 1} + C = \dfrac{1}{2}x^2 e^{x^2} + C$.

习题 4-3

用分部积分法求下列不定积分：

1. $\int x\cos x\,\mathrm{d}x$;

2. $\int xe^{-x}\,\mathrm{d}x$;

3. $\int x\cos\dfrac{x}{2}\,\mathrm{d}x$;

4. $\int x^2\ln x\,\mathrm{d}x$;

5. $\int \ln(1 + x^2)\,\mathrm{d}x$;

6. $\int \arcsin x\,\mathrm{d}x$;

7. $\int e^{-x}\cos x\,\mathrm{d}x$;

8. $\int \sin(\ln x)\,\mathrm{d}x$.

第 5 章

定积分及其应用

本章学习目标

理解定积分的概念及性质;熟练掌握和运用牛顿-莱布尼兹公式;熟练掌握用定积分解决一些几何、物理、经济等方面的应用问题的方法.定积分和不定积分是积分学的两个基本概念,它们之间既有区别,又有联系.在这一章里,我们首先从实例出发引出定积分的概念,然后讨论定积分的性质、计算方法及其在几何、物理、经济上的一些简单应用.

5.1 定积分的概念及性质

5.1.1 引出定积分概念的两个实例

1.求曲边梯形的面积

设 $y = f(x)$ 为闭区间 $[a, b]$ 上的非负连续函数,由曲线 $y = f(x)$,直线 $x = a, x = b$ 及 x 轴所围成的平面图形称为**曲边梯形**(如图 5-1 所示),其中曲线弧 $\overparen{AB}$ 称为**曲边**.下面求这个曲边梯形的面积.

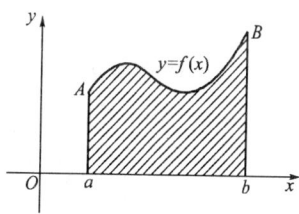

图 5-1

如果 $f(x)$ 在 $[a, b]$ 上是常数,那么曲边梯形是一个矩形,面积容易求出.但现在 AB 是一条曲线弧,底上每一点的高度都是可变的,那么如何求曲边梯形的面积呢? 为了解决这个问题,我们用一组垂直于 x 轴的直线把这个曲边梯形分割成许多小曲边梯形(如图 5-2 所示).对于每个小曲边梯形,它的底很窄,而 $f(x)$ 是连续变化的,当 x 变化很小时 $f(x)$ 变化也很小,所以可以用这个小曲边梯形的底作为宽,以它底边上任一点 x 所对应的函数值 $f(x)$ 作为高的小矩形面积来近似代

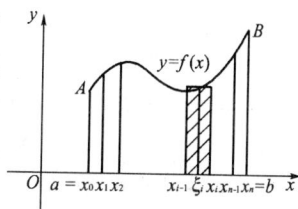

图 5-2

替这个小曲边梯形的面积.把所有小矩形的面积加起来,就可以得到曲边梯形面积的近似值.显然底边分割得越细,所有小矩形面积之和就越接近曲边梯形的面积.当底边分割得

无限细时,所有小矩形面积之和的极限值就是曲边梯形面积.根据以上分析,得到求曲边梯形面积的方法,其具体步骤如下:

第一步:分割

在区间 $[a,b]$ 内任插入 $n-1$ 个分割点

$$a = x_0 < x_1 < x_2 < \cdots < x_{i-1} < x_i < \cdots < x_{n-1} < x_n = b$$

将区间 $[a,b]$ 分割成 n 个小区间 $[x_0,x_1]$, $[x_1,x_2]$, $\cdots$, $[x_{i-1},x_i]$, $\cdots$, $[x_{n-1},x_n]$. 小区间 $[x_{i-1},x_i]$ 的长度记为 $\Delta x_i = x_i - x_{i-1}(i=1,2,\cdots,n)$.

过各分点作 x 轴的垂线,把曲边梯形分割成 n 个小曲边梯形.

第二步:近似代替

在每个小区间 $[x_{i-1},x_i]$ 上任取一点 ξ_i,用以 $f(\xi_i)$ 为高,$[x_{i-1},x_i]$ 的区间长度为底的小矩形面积 $f(\xi_i) \cdot \Delta x_i$ 近似代替第 i 个小曲边梯形的面积 A_i,即

$$A_i \approx f(\xi_i) \cdot \Delta x_i \qquad (i=1,2,\cdots,n)$$

第三步:求和

把这 n 个小矩形的面积相加,得到曲边梯形面积 A 的近似值,即

$$A = \sum_{i=1}^{n} A_i \approx \sum_{i=1}^{n} f(\xi_i) \cdot \Delta x_i$$

第四步:取极限

分割越细,$\sum_{i=1}^{n} f(\xi_i) \cdot \Delta x_i$ 就越接近曲边梯形的面积 A. 当最大的小区间长度趋近于零,即 $\|T\| \to 0$,也即 $n \to +\infty$ ($\|T\| = \max\{\Delta x_1, \Delta x_2, \cdots, \Delta x_n\}$) 时,和式 $\sum_{i=1}^{n} f(\xi_i) \cdot \Delta x_i$ 的极限如果存在则是 A,即

$$A = \lim_{\|T\| \to 0} \sum_{i=1}^{n} f(\xi_i) \cdot \Delta x_i$$

2. 求变速直线运动的路程

设某质点作直线运动,其速度 $v = v(t)$ 是时间间隔 $[a,b]$ 上的连续函数,且 $v(t) \geq 0$,下面求在这段时间内质点所经过的路程 s.

如果质点作匀速直线运动,则路程 $s = v(b-a)$,但现在速度 v 随着时间 t 变化. 由于速度 $v = v(t)$ 是连续变化的,在很短一段时间里,速度的变化很小,近似于匀速. 因此,我们可以采用与求曲边梯形面积类似的思想方法和步骤来处理这个问题.

第一步:分割

用 $n-1$ 个分割点分割时间间隔 $[a,b]$:

$$a = t_0 < t_1 < t_2 < \cdots < t_{i-1} < t_i < \cdots < t_{n-1} < t_n = b$$

这些分割点将 $[a,b]$ 分成 n 个小时间段 $[t_0,t_1]$, $[t_1,t_2]$, $\cdots$, $[t_{i-1},t_i]$, $\cdots$, $[t_{n-1},t_n]$. 小时间段 $[t_{i-1},t_i]$ 的长度记为 $\Delta t_i = t_i - t_{i-1}(i=1,2,\cdots,n)$.

第二步:近似代替

在每个小时间段 $[t_{i-1},t_i]$ 上任取一时刻 ξ_i,质点此时的速度为 $v(\xi_i)$,将质点在小时

间段$[t_{i-1}, t_i]$上的运动看作是速度为$v(\xi_i)$的匀速运动.得到质点在小时间段$[t_{i-1}, t_i]$上经过的路程s_i的近似值:

$$s_i \approx v(\xi_i) \cdot \Delta t_i \qquad (i = 1, 2, \cdots, n).$$

第三步:求和

把这n段路程$s_1, s_2, \cdots, s_n$的近似值相加,得到总路程的近似值:

$$s = \sum_{i=1}^{n} s_i \approx \sum_{i=1}^{n} [v(\xi_i) \cdot \Delta t_i].$$

第四步:取极限

分割越细,$\sum_{i=1}^{n} [v(\xi_i) \cdot \Delta t_i]$就越接近质点在时间间隔$[a, b]$内经过的路程$s$.当最大的小时间段长度趋近于零,即$\|T\| \to 0$,也即$n \to +\infty$($\|T\| = \max\{\Delta t_1, \Delta t_2, \cdots, \Delta t_n\}$)时,如果和式$\sum_{i=1}^{n} [v(\xi_i) \cdot \Delta t_i]$的极限存在则就是$s$,即

$$s = \lim_{\|T\| \to 0} \sum_{i=1}^{n} [v(\xi_i) \cdot \Delta t_i].$$

从以上两个例子看到,不管是计算曲边梯形的面积,还是求变速直线运动的路程,问题的处理都采用了"分割、近似代替、求和、取极限"的思想方法,并且最后都归结为求形如$\sum_{i=1}^{n} [f(\xi_i) \cdot \Delta x_i]$的和式的极限.在科学技术中,有很多问题都可以归结为求这种和式极限,从而促使人们对它进行分析、整理、概括,这就产生了定积分的概念.

5.1.2 定积分的定义

定义 设$y = f(x)$是区间$[a, b]$上的一个有界函数,在$[a, b]$内任取$n-1$个分点

$$a = x_0 < x_1 < x_2 < \cdots < x_{i-1} < x_i < \cdots < x_{n-1} < x_n = b$$

将区间$[a, b]$分割成n个小区间$[x_0, x_1], [x_1, x_2], \cdots, [x_{i-1}, x_i], \cdots, [x_{n-1}, x_n]$,小区间$[x_{i-1}, x_i]$的长度记为

$$\Delta x_i = x_i - x_{i-1}, \ i = 1, 2, \cdots, n$$

在每个小区间$[x_{i-1}, x_i]$上任取一点ξ_i,作和式

$$\sum_{i=1}^{n} f(\xi_i) \cdot \Delta x_i \tag{5-1}$$

如果不论对区间$[a, b]$的分法及ξ_i的取法如何,只要最大的小区间的长度趋近于零,即$\|T\| \to 0$($\|T\| = \max\{\Delta x_1, \Delta x_2, \cdots, \Delta x_n\}$)时,和式(5-1)的极限都存在,那么称此极限为函数$f(x)$在区间$[a, b]$上的**定积分**,记作$\int_a^b f(x)\mathrm{d}x$,即

$$\int_a^b f(x)\mathrm{d}x = \lim_{\|T\| \to 0} \sum_{i=1}^{n} [f(\xi_i) \cdot \Delta x_i] \tag{5-2}$$

其中$f(x)$称为**被积函数**,x称为**积分变量**,$[a, b]$称为**积分区间**,a称为**积分下限**,b称为**积分上限**.

如果定积分 $\int_a^b f(x)\mathrm{d}x$ 存在,那么称 $f(x)$ 在 $[a,b]$ 上可积.

根据定积分的定义,前面所讨论的两个引例可简洁地表示为:

$$A = \int_a^b f(x)\mathrm{d}x,\ s = \int_a^b v(t)\mathrm{d}t.$$

理解定积分的定义要注意以下几点:

(1) 定积分 $\int_a^b f(x)\mathrm{d}x$ 是和式的极限,它是一个确定的数值,这个数值只取决于被积函数和积分区间,与积分变量的符号无关,即

$$\int_a^b f(x)\mathrm{d}x = \int_a^b f(t)\mathrm{d}t = \int_a^b f(u)\mathrm{d}u$$

(2) 极限过程 $\| T \| \to 0$,表示分割越来越细的过程.当然随着分割越来越细,分点个数也愈来愈多,即 $n \to \infty$.但反过来,$n \to \infty$ 并不能保证 $\| T \| \to 0$.

(3) 在定义中,实际上假定 $a < b$.当 $a > b$ 时,则规定

$$\int_a^b f(x)\mathrm{d}x = -\int_b^a f(x)\mathrm{d}x \tag{5-3}$$

即定积分的上、下限互换时,定积分的值变号.特别地,当 $a = b$ 时,规定

$$\int_a^b f(x)\mathrm{d}x = 0 \tag{5-4}$$

(4) 定积分有着明显的几何意义

① 当 $f(x) \geqslant 0$ 时,定积分 $\int_a^b f(x)\mathrm{d}x$ 表示以 $y = f(x)$ 为曲边的曲边梯形面积 A,即

$$\int_a^b f(x)\mathrm{d}x = A \tag{5-5}$$

例如,定积分 $\int_0^1 \sqrt{1-x^2}\mathrm{d}x$ 表示以曲线 $y = \sqrt{1-x^2}$,直线 $x = 0, x = 1$ 及 x 轴所围成的图形面积(如图 5-3 所示),所以

$$\int_0^1 \sqrt{1-x^2}\mathrm{d}x = \frac{\pi}{4}.$$

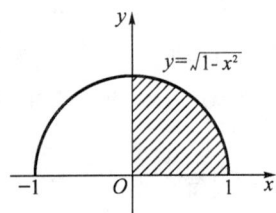

图 5-3

② 当 $f(x) \leqslant 0$ 时,定积分 $\int_a^b f(x)\mathrm{d}x$ 是一个非正数,并且等于 $-A$,即

$$\int_a^b f(x)\mathrm{d}x = -A \quad 或 \quad A = -\int_a^b f(x)\mathrm{d}x \tag{5-6}$$

这里 A 仍表示曲边梯形面积(如图 5-4 所示).

(5) 若函数 $f(x)$ 在 $[a,b]$ 上连续,则 $f(x)$ 在 $[a,b]$ 上可积.

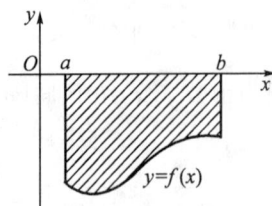

图 5-4

5.1.3 定积分的性质

假设以下所涉及的函数在所讨论的区间上都是可积的.

性质 1 两个函数代数和的定积分等于它们定积分的代数和. 即

$$\int_a^b [f(x) \pm g(x)] dx = \int_a^b f(x) dx \pm \int_a^b g(x) dx \tag{5-7}$$

此性质可推广到有限个函数的情形, 即

$$\int_a^b [f_1(x) \pm f_2(x) \pm \cdots \pm f_n(x)] dx = \int_a^b f_1(x) dx \pm \int_a^b f_2(x) dx \pm \cdots \pm \int_a^b f_n(x) dx$$

性质 2 被积函数的常数因子可以提到积分号外, 即

$$\int_a^b kf(x) dx = k \int_a^b f(x) dx \quad (k \text{ 为常数}) \tag{5-8}$$

性质 3 如果被积函数为常数 k, 则积分值等于 k 乘积分区间的长度, 即

$$\int_a^b k dx = k(b - a) \tag{5-9}$$

特别地, 当 $f(x) = 1$ 时, 有 $\int_a^b dx = b - a$.

性质 4 如果在 $[a, b]$ 上有 $f(x) \leqslant g(x)$, 则

$$\int_a^b f(x) dx \leqslant \int_a^b g(x) dx \tag{5-10}$$

性质 5 (定积分区间的可加性) 对于任意的 c, 有

$$\int_a^b f(x) dx = \int_a^c f(x) dx + \int_c^b f(x) dx \tag{5-11}$$

以上性质均可用定积分的定义证明, 这里从略.

性质 6 设函数 $f(x)$ 在区间 $[a, b]$ 上的最大值与最小值分别为 M 和 m, 则有

$$m(b - a) \leqslant \int_a^b f(x) dx \leqslant M(b - a) \tag{5-12}$$

此性质可用性质 4 证明, 这里从略.

性质 7(积分中值定理) 如果函数 $f(x)$ 在区间 $[a, b]$ 上连续, 则在 (a, b) 内至少存在一点 ξ, 使得

$$\int_a^b f(x) dx = f(\xi)(b - a) \tag{5-13}$$

证明 由于函数 $f(x)$ 在闭区间 $[a, b]$ 上连续, 因而 $f(x)$ 在 $[a, b]$ 上有最大值 M 和最小值 m, 由 (5-12) 可知.

$$m \leqslant \frac{1}{b - a} \int_a^b f(x) dx \leqslant M$$

根据闭区间上连续函数的介值定理, 在 (a, b) 内至少存在一点 ξ, 使得

$$f(\xi) = \frac{1}{b - a} \int_a^b f(x) dx$$

于是得到 (5-13) 式.

积分中值定理的几何意义是: 若 $f(x)$ 在 $[a, b]$ 上连续且非负, 则 $f(x)$ 在 $[a, b]$ 上的

曲边梯形面积等于与该曲边梯形同底,以 $f(\xi)$ 为高的矩形面积(如图 5-5 所示).

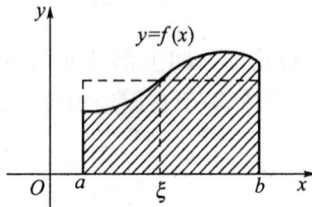

图 5-5

习题 5-1

1. 用定积分分别表示图 5-6、图 5-7、图 5-8、图 5-9 中阴影部分的面积:

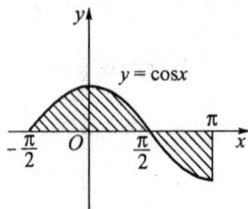

图 5-6

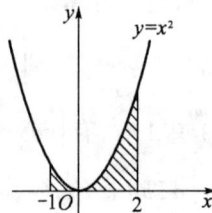

图 5-7

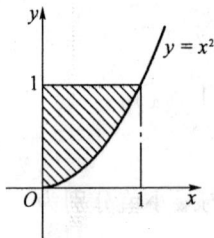

图 5-8

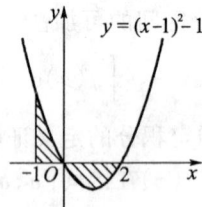

图 5-9

2. 画出下列用定积分表示的曲边梯形面积的图形:

(1) $\int_1^3 dx$;   (2) $\int_{-1}^1 e^x dx$;   (3) $\int_{-1}^2 (x^2 + 1) dx$.

3. 一物体以速度 $v = gt$ 作自由落体运动,用定积分表示该物体从第二秒开始,经 10 秒后所经过的路程.

4. 利用定积分的几何意义,求定积分 $\int_0^2 (x + 1) dx$.

5. 利用定积分的定义证明性质 2.

6. 利用性质 4 证明性质 6.

5.2 牛顿 – 莱布尼兹公式

根据定积分的定义来计算定积分,要"分割、近似代替、求和、取极限"四个步骤,比较复杂,有时甚至不可能.牛顿 – 莱布尼兹公式为我们提供了计算定积分的有效而简便的方法.

定理 设函数 $f(x)$ 在 $[a,b]$ 上连续,若 $F(x)$ 是 $f(x)$ 在 $[a,b]$ 上的一个原函数,则

$$\int_a^b f(x)\mathrm{d}x = F(b) - F(a) \tag{5-14}$$

公式(5-14)是积分学中的一个基本而且非常重要的公式.由于它是由牛顿和莱布尼兹在十七世纪首先发现的,故被命名为**牛顿 – 莱布尼兹(Newton – Leibniz)公式**.这个公式在整个微积分学中占有相当重要的地位,它揭示了积分学中两个基本概念 —— 不定积分与定积分的内在联系.不定积分是作为导数(或微分)的逆运算引入的,所以也可以说它建立起了微分学与积分学之间的联系,由于这个原因,通常也称之为**微积分基本公式**.

在使用上,公式(5-14)也常写为

$$\int_a^b f(x)\mathrm{d}x = F(x)\Big|_a^b = F(b) - F(a)$$

或

$$\int_a^b f(x)\mathrm{d}x = \big[F(x)\big]_a^b = F(b) - F(a) \tag{5-14'}$$

【例1】 计算 $\int_0^1 x^2\mathrm{d}x$.

解 因为 $\frac{1}{3}x^3$ 是 x^2 的一个原函数,根据式(5-14')有

$$\int_0^1 x^2\mathrm{d}x = \frac{1}{3}x^3\Big|_0^1 = \frac{1}{3}\times 1^3 - \frac{1}{3}\times 0^3 = \frac{1}{3}.$$

【例2】 计算 $\int_0^1 \mathrm{e}^x\mathrm{d}x$.

解 因为 e^x 是 e^x 的一个原函数,根据式(5-14')有

$$\int_0^1 \mathrm{e}^x\mathrm{d}x = \mathrm{e}^x\Big|_0^1 = \mathrm{e}^1 - \mathrm{e}^0 = \mathrm{e} - 1.$$

【例3】 计算 $\int_0^1 \frac{x^2}{1+x^2}\mathrm{d}x$.

解
$$\int_0^1 \frac{x^2}{1+x^2}\mathrm{d}x = \int_0^1\left(1 - \frac{1}{1+x^2}\right)\mathrm{d}x$$
$$= \int_0^1\mathrm{d}x - \int_0^1 \frac{1}{1+x^2}\mathrm{d}x$$
$$= x\Big|_0^1 - \arctan x\Big|_0^1$$
$$= 1 - \frac{\pi}{4}.$$

【例4】 计算 $\int_0^\pi \cos^2\frac{x}{2}\mathrm{d}x$.

解
$$\int_0^\pi \cos^2\frac{x}{2}\mathrm{d}x = \int_0^\pi \frac{1+\cos x}{2}\mathrm{d}x$$
$$= \frac{1}{2}\left(\int_0^\pi\mathrm{d}x + \int_0^\pi\cos x\mathrm{d}x\right)$$

$$= \frac{1}{2} \left(x \Big|_0^\pi + \sin x \Big|_0^\pi \right)$$

$$= \frac{\pi}{2}.$$

【例5】 设函数 $f(x) = \begin{cases} x & (x \leqslant 1) \\ \dfrac{1}{x} & (x > 1) \end{cases}$，求 $\int_{-2}^2 f(x) \mathrm{d}x$.

解 根据(5-11)式,有

$$\int_{-2}^2 f(x) \mathrm{d}x = \int_{-2}^1 f(x) \mathrm{d}x + \int_1^2 f(x) \mathrm{d}x$$

$$= \int_{-2}^1 x \mathrm{d}x + \int_1^2 \frac{1}{x} \mathrm{d}x$$

$$= \frac{1}{2} x^2 \Big|_{-2}^1 + \ln x \Big|_1^2$$

$$= -\frac{3}{2} + \ln 2.$$

习题 5-2

1. 计算下列定积分:

(1) $\displaystyle\int_1^4 \sqrt{x} \mathrm{d}x$;

(2) $\displaystyle\int_1^e \frac{1}{x} \mathrm{d}x$;

(3) $\displaystyle\int_0^1 (x^2 + 3x - 2) \mathrm{d}x$;

(4) $\displaystyle\int_1^2 \left(x + \frac{1}{x} \right)^2 \mathrm{d}x$;

(5) $\displaystyle\int_0^1 \mathrm{e}^x (1 - \mathrm{e}^{-x}) \mathrm{d}x$;

(6) $\displaystyle\int_0^2 \frac{x^2 - 2x - 3}{x + 1} \mathrm{d}x$;

(7) $\displaystyle\int_0^1 \frac{x^2 - 1}{x^2 + 1} \mathrm{d}x$;

(8) $\displaystyle\int_0^1 \frac{x^4}{1 + x^2} \mathrm{d}x$;

(9) $\displaystyle\int_0^{\frac{\pi}{4}} \frac{1}{1 + \cos 2x} \mathrm{d}x$.

2. 计算下列定积分:

(1) $\displaystyle\int_{-1}^2 |x| \mathrm{d}x$;

(2) $\displaystyle\int_0^{2\pi} |\sin x| \mathrm{d}x$.

3. 设函数 $f(x) = \begin{cases} 1 & x \leqslant 0 \\ 1 + x & x > 0 \end{cases}$，求 $\int_{-2}^1 f(x) \mathrm{d}x$.

4. 一质点以速度 $v(t) = 50 - 2t \,(\mathrm{m/s})$ 沿直线运动,计算在时间间隔 $[1,4]$ 上的路程.

5.3 定积分的换元积分法与分部积分法

与不定积分相似,定积分也有换元积分法与分部积分法.

5.3.1 定积分的换元积分法

定理 1(定积分的换元积分法) 若函数 $f(x)$ 在 $[a,b]$ 上连续,函数 $x = \varphi(t)$ 满足下列条件:

(1)$\varphi(t)$ 在 $[\alpha,\beta]$ 上连续,且 $a \leqslant \varphi(t) \leqslant b$;

(2)$\varphi(\alpha) = a, \varphi(\beta) = b$;

(3)$\varphi'(t)$ 在 $[\alpha,\beta]$ 上连续,

则
$$\int_a^b f(x)\mathrm{d}x = \int_\alpha^\beta f[\varphi(t)]\varphi'(t)\mathrm{d}t \tag{5-15}$$

证明 由于(5-15)式两端积分中被积函数都是连续的,所以不仅这些积分都存在,而且它们的原函数也存在.设 $F(x)$ 是 $f(x)$ 在 $[a,b]$ 上的一个原函数,由复合函数微分法, $F[\varphi(t)]$ 是 $f[\varphi(t)]\varphi'(t)$ 的一个原函数,根据公式(5-14),(5-15)式两端的定积分

$$\int_a^b f(x)\mathrm{d}x = F(b) - F(a)$$

$$\int_\alpha^\beta f[\varphi(t)]\varphi'(t)\mathrm{d}t = F[\varphi(\beta)] - F[\varphi(\alpha)] = F(b) - F(a)$$

这就证明了式(5-15)成立.

从这个定理看到在应用换元法计算定积分时,当积分变量 x 换元成变量 t,在求出其原函数后不必变回 x,只要相应改变积分的上、下限就可以了.但要注意,在换元时应要求 $x = \varphi(t)$ 在 $[\alpha,\beta]$ 上严格单调,从而使每一个 $x \in [a,b]$ 都有惟一确定的 $t \in [\alpha,\beta]$ 与它相对应.

【例 1】 计算 $\int_1^4 \dfrac{1}{1+\sqrt{x}}\mathrm{d}x$.

解 令 $t = \sqrt{x}$,则 $\mathrm{d}x = 2t\mathrm{d}t$.当 x 由 1→4 时, t 单调地由 1→2.根据式(5-15),得

$$\int_1^4 \frac{1}{1+\sqrt{x}}\mathrm{d}x = \int_1^2 \frac{1}{1+t} \cdot 2t\mathrm{d}t$$
$$= 2\int_1^2 \frac{1+t-1}{1+t}\mathrm{d}t$$
$$= 2\int_1^2 \left(1 - \frac{1}{1+t}\right)\mathrm{d}t$$
$$= 2[t - \ln(1+t)]_1^2$$
$$= 2 + 2\ln 2 - 2\ln 3.$$

【例 2】 计算 $\int_0^1 \sqrt{1-x^2}\mathrm{d}x$.

解 令 $x = \sin t$,则 $\mathrm{d}x = \cos t\mathrm{d}t$.当 t 由 $0 \to \dfrac{\pi}{2}$ 时, x 单调地由 0→1.根据式(5-15),得

$$\int_0^1 \sqrt{1-x^2}\mathrm{d}x = \int_0^{\frac{\pi}{2}} \sqrt{1-\sin^2 t}\cos t\mathrm{d}t$$

$$= \int_0^{\frac{\pi}{2}} \cos^2 t \, dt$$

$$= \int_0^{\frac{\pi}{2}} \frac{1 + \cos 2t}{2} dt = \frac{1}{2} \left[t + \frac{\sin 2t}{2} \right]_0^{\frac{\pi}{2}}$$

$$= \frac{\pi}{4}.$$

【例3】 计算 $\int_0^{\ln 2} \frac{e^x}{1 + e^x} dx$.

解 令 $t = 1 + e^x$,则 $dt = e^x dx$.当 x 由 $0 \to \ln 2$ 时,t 单调地由 $2 \to 3$.根据式(5-15),得

$$\int_0^{\ln 2} \frac{e^x}{1 + e^x} dx = \int_2^3 \frac{1}{t} dt = \ln t \Big|_2^3 = \ln 3 - \ln 2.$$

【例4】 计算 $\int_0^{\frac{\pi}{2}} \sin x \cos x \, dx$.

解法1 令 $t = \sin x$,则 $dt = \cos x \, dx$.当 x 由 $0 \to \frac{\pi}{2}$ 时,t 单调地由 $0 \to 1$.

根据式(5-15),得

$$\int_0^{\frac{\pi}{2}} \sin x \cos x \, dx = \int_0^1 t \, dt = \frac{1}{2} t^2 \Big|_0^1 = \frac{1}{2}.$$

解法2 $\int_0^{\frac{\pi}{2}} \sin x \cos x \, dx = \int_0^{\frac{\pi}{2}} \sin x \, d(\sin x) = \frac{1}{2} \sin^2 x \Big|_0^{\frac{\pi}{2}} = \frac{1}{2}$.

从以上四个例子可以看到,在定积分的计算中,积分的上、下限必须与积分变量相对应.若进行了积分变量的变换,则要同时改变积分的上、下限,若在积分过程中没有引入新变量,就不要改变积分的上、下限.

【例5】 设函数 $f(x)$ 在 $[-a, a]$ 上连续,求证:

(1)当 $f(x)$ 为偶函数时

$$\int_{-a}^a f(x) dx = 2 \int_0^a f(x) dx \tag{5-16}$$

(2)当 $f(x)$ 为奇函数时

$$\int_{-a}^a f(x) dx = 0 \tag{5-17}$$

由定积分的几何意义,此结论十分明显,如图5-10、图5-11所示.下面用换元积分法证明.

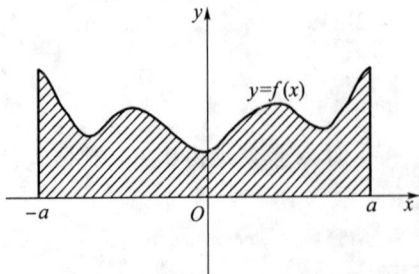

图 5-10

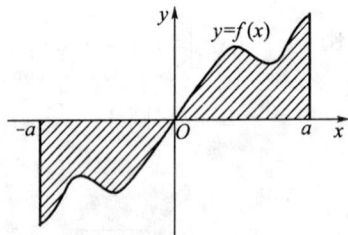

图 5-11

证明 由(5-11)式得 $\displaystyle\int_{-a}^{a} f(x)\mathrm{d}x = \int_{-a}^{0} f(x)\mathrm{d}x + \int_{0}^{a} f(x)\mathrm{d}x$ （5-18）

而 $\displaystyle\int_{-a}^{0} f(x)\mathrm{d}x = -\int_{a}^{0} f(-t)\mathrm{d}t = \int_{0}^{a} f(-t)\mathrm{d}t = \int_{0}^{a} f(-x)\mathrm{d}x$ （5-19）

（1）当 $f(x)$ 为偶函数时，$f(-x) = f(x)$．代入(5-19)式得

$$\int_{-a}^{0} f(x)\mathrm{d}x = \int_{0}^{a} f(x)\mathrm{d}x \qquad (5\text{-}20)$$

将(5-20)式代入(5-18)式，于是有(5-16)式；

（2）当 $f(x)$ 为奇函数时，$f(-x) = -f(x)$．代入(5-19)式得

$$\int_{-a}^{0} f(x)\mathrm{d}x = -\int_{0}^{a} f(x)\mathrm{d}x \qquad (5\text{-}21)$$

将(5-21)式代入(5-18)式，于是有(5-17)式．

【例 6】 利用例 5 的结论求 $\displaystyle\int_{-1}^{1} \frac{x+1}{x^2+1}\mathrm{d}x$．

解 由 $\displaystyle\int_{-1}^{1} \frac{x+1}{x^2+1}\mathrm{d}x = \int_{-1}^{1} \frac{x}{x^2+1}\mathrm{d}x + \int_{-1}^{1} \frac{1}{x^2+1}\mathrm{d}x$ （5-22）

而 $y = \dfrac{x}{x^2+1}$ 是奇函数，由(5-17)式得 $\displaystyle\int_{-1}^{1} \frac{x}{x^2+1}\mathrm{d}x = 0$ （5-23）

又 $y = \dfrac{1}{x^2+1}$ 是偶函数，由(5-16)式得 $\displaystyle\int_{-1}^{1} \frac{1}{x^2+1}\mathrm{d}x = 2\int_{0}^{1} \frac{1}{x^2+1}\mathrm{d}x$ （5-24）

将(5-23)、(5-24)式代入(5-22)式，有

$$\int_{-1}^{1} \frac{x+1}{x^2+1}\mathrm{d}x = 2\int_{0}^{1} \frac{1}{x^2+1}\mathrm{d}x = 2\arctan x \Big|_{0}^{1} = \frac{\pi}{2}.$$

5.3.2 定积分的分部积分法

定理 2(定积分的分部积分法) 若 $u(x), v(x)$ 在 $[a,b]$ 上有连续导函数，则

$$\int_{a}^{b} u(x)v'(x)\mathrm{d}x = [u(x)v(x)]_{a}^{b} - \int_{a}^{b} v(x)u'(x)\mathrm{d}x$$

或

$$\int_{a}^{b} u(x)\mathrm{d}v(x) = [u(x)v(x)]_{a}^{b} - \int_{a}^{b} v(x)\mathrm{d}u(x) \qquad (5\text{-}25)$$

证明 由于 $[u(x)v(x)]' = u'(x)v(x) + u(x)v'(x) \quad (a \leqslant x \leqslant b)$，因此 $u(x)v(x)$ 是 $u'(x)v(x) + u(x)v'(x)$ 在 $[a,b]$ 上的一个原函数，根据牛顿-莱布尼兹公式，有

$$\int_{a}^{b} [u'(x)v(x) + u(x)v'(x)]\mathrm{d}x = [u(x)v(x)]_{a}^{b},$$

$$\int_{a}^{b} u'(x)v(x)\mathrm{d}x + \int_{a}^{b} u(x)v'(x)\mathrm{d}x = [u(x)v(x)]_{a}^{b},$$

移项后得到(5-25)式．

式(5-25)也简记为

$$\int_{a}^{b} uv'\mathrm{d}x = uv\Big|_{a}^{b} - \int_{a}^{b} vu'\mathrm{d}x$$

或
$$\int_a^b u \, dv = uv \Big|_a^b - \int_a^b v \, du \tag{5-25'}$$

【例 7】 计算 $\int_0^{\frac{\pi}{2}} x \sin x \, dx$.

解 令 $u = x, dv = \sin x \, dx$，则 $du = dx, v = -\cos x$，根据式(5-25')，得

$$\int_0^{\frac{\pi}{2}} x \sin x \, dx = -x \cos x \Big|_0^{\frac{\pi}{2}} + \int_0^{\frac{\pi}{2}} \cos x \, dx = \sin x \Big|_0^{\frac{\pi}{2}} = 1 .$$

【例 8】 计算 $\int_0^1 x e^{-x} \, dx$.

解 令 $u = x, dv = e^{-x} \, dx$，则 $du = dx, v = -e^{-x}$，根据式(5-25')，得

$$\int_0^1 x e^{-x} \, dx = -x e^{-x} \Big|_0^1 + \int_0^1 e^{-x} \, dx = -e^{-1} - e^{-x} \Big|_0^1 = 1 - \frac{2}{e}$$

【例 9】 计算 $\int_{\frac{1}{e}}^e | \ln x | \, dx$.

解
$$\int_{\frac{1}{e}}^e | \ln x | \, dx = \int_{\frac{1}{e}}^1 (-\ln x) \, dx + \int_1^e \ln x \, dx$$

$$= -x \ln x \Big|_{\frac{1}{e}}^1 + \int_{\frac{1}{e}}^1 x \cdot \frac{1}{x} \, dx + x \ln x \Big|_1^e - \int_1^e x \cdot \frac{1}{x} \, dx$$

$$= -\frac{1}{e} + x \Big|_{\frac{1}{e}}^1 + e - x \Big|_1^e$$

$$= 2 - \frac{2}{e} .$$

习题 5-3

1. 用换元积分法计算下列定积分：

$(1) \int_0^1 (2x - 1)^5 \, dx$；

$(2) \int_{\frac{1}{e}}^e \frac{(\ln x)^2}{x} \, dx$；

$(3) \int_0^{\frac{\pi}{2}} \cos^3 x \, dx$；

$(4) \int_0^1 \frac{1}{e^x + e^{-x}} \, dx$；

$(5) \int_0^1 \sqrt{4 - x^2} \, dx$；

$(6) \int_0^1 \frac{x}{1 + x^2} \, dx$；

$(7) \int_1^e \frac{1 + \ln x}{x} \, dx$；

$(8) \int_2^5 \frac{x}{\sqrt{x - 1}} \, dx$；

$(9) \int_0^1 \frac{\arctan x}{1 + x^2} \, dx$；

$(10) \int_0^{\frac{1}{2}} \frac{2x - 3}{\sqrt{1 - x^2}} \, dx$.

2. 用分部积分法计算下列定积分：

$(1) \int_0^{\frac{\pi}{2}} x \cos 2x \, dx$；

$(2) \int_0^1 \arcsin x \, dx$；

$(3) \int_0^1 \arctan x \, dx;$ $\qquad\qquad\qquad (4) \int_1^4 \dfrac{\ln x}{\sqrt{x}} dx;$

$(5) \int_0^1 e^{\sqrt{x}} dx;$ $\qquad\qquad\qquad (6) \int_0^{\frac{\pi}{2}} e^x \sin x \, dx.$

3. 利用例 5 的结论计算下列定积分:

$(1) \int_{-1}^1 \arctan x \, dx;$ $\qquad\qquad\qquad (2) \int_{-1}^1 x \arctan x \, dx.$

4. 设函数 $f(x)$ 在 $[0,9]$ 上连续,并且 $\int_0^9 f(x)dx = 4$,求 $\int_0^3 xf(x^2)dx$.

5. 设函数 $f(x)$ 在 $[-b,b]$ 上连续,证明 $\int_{-b}^b f(x)dx = \int_{-b}^b f(-x)dx$.

5.4   定积分的应用

定积分的元素法:

曲边梯形的面积:设 $y = f(x) \geqslant 0 (x \in [a,b])$,则积分 $A = \int_a^b f(x)dx$ 是以 $[a,b]$ 为底的曲边梯形的面积,而微分 $dA(x) = f(x)dx$ 表示点 x 处以 dx 为底的小曲边梯形面积的近似值 $\Delta A \approx f(x)dx$,$f(x)dx$ 称为曲边梯形的**面积元素**.

以 $[a,b]$ 为底的曲边梯形的面积 A 就是以面积元素 $f(x)dx$ 为被积表达式,以 $[a,b]$ 为积分区间的定积分:$A = \int_a^b f(x)dx$.

一般情况下,为求某一量 U,先将此量分布在某一区间 $[a,b]$ 上,分布在 $[a,x]$ 上的量用函数 $U(x)$ 表示,再求这一量的元素 $dU(x)$,设 $dU(x) = u(x)dx$,然后以 $u(x)dx$ 为被积表达式,以 $[a,b]$ 为积分区间求定积分即得:$U = \int_a^b u(x)dx$,这一方法称为**微元法**(或**元素法**).

5.4.1   平面直角坐标系下图形的面积

在定积分的几何意义里,我们已经讨论了由曲线 $y = f(x)$,直线 $x = a, x = b$ 及 x 轴所围成的曲边梯形面积为

$A = \int_a^b f(x)dx(f(x) \geqslant 0)$ 或 $A = -\int_a^b f(x)dx(f(x) \leqslant 0)$.

一般地,由两条连续曲线 $y_1 = f_1(x), y_2 = f_2(x)(f_1(x) < f_2(x))$ 及直线 $x = a, x = b(a < b)$ 所围的平面图形(如图 5-12 所示),它的面积计算公式是:

$$A = \int_a^b [f_2(x) - f_1(x)]dx \qquad (5\text{-}26)$$

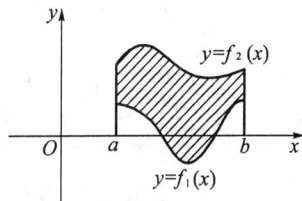

图 5-12

【例1】 计算由抛物线 $y = x^2 + 1$,直线 $x = 1$ 及坐标轴所围成的平面图形面积.

解 图5-13是由抛物线 $y = x^2 + 1$,直线 $x = 1$ 及坐标轴所围成的平面图形.根据式(5-5),所求平面图形面积 A 为

$$A = \int_0^1 (x^2 + 1) \mathrm{d}x = \left[\frac{1}{3} x^3 + x \right]_0^1 = \frac{4}{3} (平方单位).$$

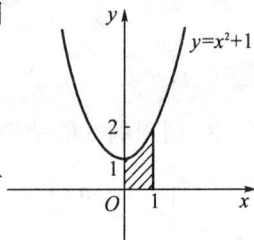

图 5-13

【例2】 计算由曲线 $y = \sin x (x \in [0, 2\pi])$ 与 x 轴所围成的平面图形面积.

解 图5-14是由曲线 $y = \sin x (x \in [0, 2\pi])$ 与 x 轴所围成的平面图形.根据式(5-5)、(5-6),所求平面图形面积 A 为

$$A = \int_0^\pi \sin x \mathrm{d}x + \left(-\int_\pi^{2\pi} \sin x \mathrm{d}x \right)$$

$$= -\cos x \Big|_0^\pi + \cos x \Big|_\pi^{2\pi}$$

$$= 4(平方单位).$$

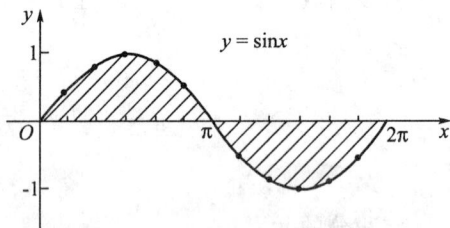

图 5-14

【例3】 计算由两条抛物线 $y = x^2$ 和 $y^2 = x$ 所围成的平面图形面积.

解 图5-15是由两条抛物线 $y = x^2$ 和 $y^2 = x$ 所围成的平面图形.根据式(5-26),所求平面图形面积 A 为

$$A = \int_0^1 (\sqrt{x} - x^2) \mathrm{d}x$$

$$= \int_0^1 \sqrt{x} \mathrm{d}x - \int_0^1 x^2 \mathrm{d}x$$

$$= \frac{2}{3} x^{\frac{3}{2}} \Big|_0^1 - \frac{1}{3} x^3 \Big|_0^1$$

$$= \frac{1}{3} (平方单位).$$

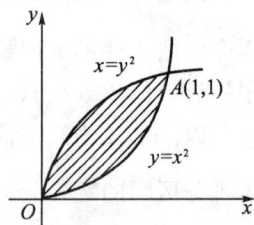

图 5-15

【例4】 计算由抛物线 $y^2 = x$ 和直线 $x - 2y - 3 = 0$ 所围成的平面图形面积.

解 抛物线与直线的交点为 $E(1, -1)$, $F(9, 3)$,它们所围成的平面图形可分成两部分 S_1 和 S_2,如图5-16所示.根据式(5-26),

$$S_1 = \int_0^1 [\sqrt{x} - (-\sqrt{x})] \mathrm{d}x = 2\int_0^1 \sqrt{x} \mathrm{d}x = \frac{4}{3},$$

$$S_2 = \int_1^9 \left(\sqrt{x} - \frac{x-3}{2} \right) \mathrm{d}x = \frac{28}{3}.$$

因此,所求平面图形面积 A 为

$$S = S_1 + S_2 = 10\frac{2}{3} (平方单位).$$

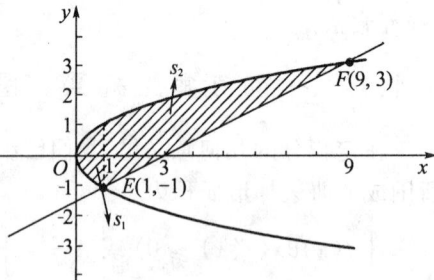

图 5-16

本题也可把抛物线方程与直线方程写成

$$x = g_1(y) = y^2, \quad x = g_2(y) = 2y + 3$$

所以对 y 求积分便得:

$$A = \int_{-1}^{3} \left[g_2(y) - g_1(y) \right] \mathrm{d}y = \int_{-1}^{3} \left[(2y+3) - y^2 \right] \mathrm{d}y = 10\frac{2}{3}(平方单位).$$

由以上例题可以看出,求平面图形面积的主要步骤为:

(1) 作图,以确定所围成的平面图形;

(2) 解方程组求出交点坐标,以确定积分区间;

(3) 选择适当的积分变量和面积公式,求出该平面图形的面积.

5.4.2 旋转体的体积

用定积分来表达平面图形的面积只是定积分在几何上的一个应用. 下面将介绍定积分在几何上的另一个应用—— 旋转体的体积计算.

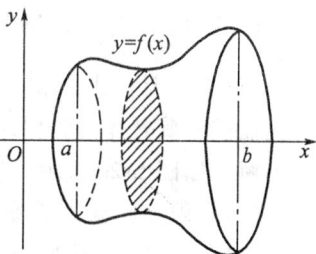

图 5-17

如图 5-17 所示的旋转体是由曲线 $y = f(x)$,直线 $x = a$,$x = b$ 及 x 轴所围成的曲边梯形绕 x 轴旋转一周而成的.它的主要特点是垂直于曲边梯形底边的平面截旋转体所得的截面都是圆.

下面将举例来说明用定积分的方法计算旋转体的体积.

【例5】 证明底面半径为 r,高为 h 的圆锥体积为 $V = \frac{1}{3}\pi r^2 h$.

解 设圆锥的旋转轴重合于 X 轴,即圆锥是由直角三角形 ABO,绕 OB 旋转而成,直线 OA 的方程为 $y = \frac{r}{h}x$(如图 5-18 所示).

(1)取积分变量为 x,积分区间为 $[0,h]$;

(2)在 $[0,h]$ 上,任取一小区间 $[x, x+\mathrm{d}x]$,与之对应的薄片体积(如图 5-19 所示)近似于以 $\frac{r}{h}x$ 为半径,$\mathrm{d}x$ 为高的小圆柱体积,则得 $\mathrm{d}V = \pi(\frac{r}{h}x)^2\mathrm{d}x$;

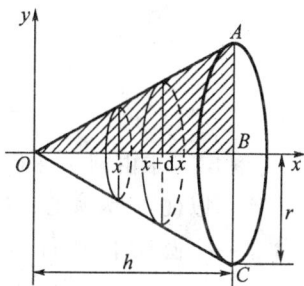

图 5-18

(3)得圆锥的体积为

$$V = \int_0^h \pi(\frac{r}{h}x)^2\mathrm{d}x = \pi\int_0^h \left(\frac{r}{h}x\right)^2\mathrm{d}x = \frac{\pi r^2}{h^2}\frac{x^3}{3}\bigg|_0^h$$

$$= \frac{1}{3}\pi r^2 h(立方单位).$$

【例6】 计算由抛物线 $y = \sqrt{2px}$,$x = a$,x 轴所围成的曲边梯形绕 x 轴旋转一周而成的旋转体的体积.

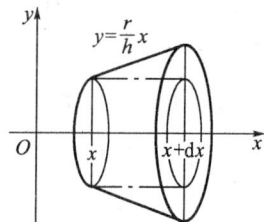

图 5-19

解 (1)取积分变量为 x,积分区间为 $[0,a]$;

(2)在 $[0,a]$ 上,任取一小区间 $[x, x+\mathrm{d}x]$,则得 $\mathrm{d}V = \pi(\sqrt{2px})^2\mathrm{d}x$;

(3)旋转体的体积为

$$V = \int_0^a \pi(\sqrt{2px})^2\mathrm{d}x = \int_0^a 2\pi px\,\mathrm{d}x$$

$$= \left[\pi p x^2 \right]_0^a$$

$$= \pi p a^2 \text{(立方单位)}$$

一般地,由曲线 $y = f(x)$,直线 $x = a, x = b$ 及 x 轴所围成的曲边梯形绕 x 轴旋转一周而成的旋转体的体积为 $V = \pi \int_a^b [f(x)]^2 \mathrm{d}x$.

一般地,由曲线 $x = \varphi(y)$,直线 $y = c, y = d$ 及 y 轴所围成的曲边梯形绕 y 轴旋转一周而成的旋转体的体积为 $V = \pi \int_c^d [\varphi(y)]^2 \mathrm{d}y$.

【例 7】 计算由圆 $x^2 + y^2 - 2y = 0$ 所围成的图形绕 y 轴旋转一周而成的旋转体的体积.

解 如图 5-20 所示:

(1)取积分变量为 y,积分区间为 $[0,2]$;

(2)在 $[0,2]$ 上,任取一小区间 $[y, y + \mathrm{d}y]$,则得

$$\mathrm{d}V = \pi(\sqrt{2y - y^2})^2 \mathrm{d}y;$$

(3)旋转体的体积为

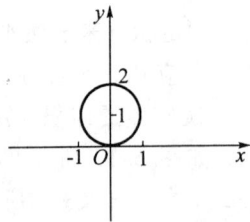
图 5-20

$$V = \int_0^2 \pi(\sqrt{2y - y^2})^2 \mathrm{d}y = \int_0^2 \pi(2y - y^2) \mathrm{d}y$$

$$= \pi \left[y^2 - \frac{y^3}{3} \right]_0^2$$

$$= \frac{4}{3}\pi \text{(立方单位)} .$$

【例 8】 求由圆 $x^2 + (y - 2)^2 = 1$ 绕 x 轴旋转一周所得的旋转体体积.

解 以 $(0,2)$ 为圆心,以 1 为半径的圆绕 x 轴旋转一周所得的旋转体是一个圆环体,如图 5-21 所示.由于圆 $x^2 + (y - 2)^2 = 1$ 的上半圆与下半圆曲线可分别表示为

$$f_1(x) = 2 + \sqrt{1 - x^2}, f_2(x) = 2 - \sqrt{1 - x^2}, \text{其中} |x| \leq 1$$

所以旋转体的截面面积函数

$$A(x) = \pi [f_1(x)]^2 - \pi [f_2(x)]^2 = 8\pi \sqrt{1 - x^2}$$

利用图形关于 y 轴的对称性及公式,有

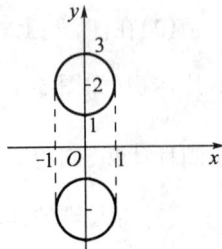
图 5-21

$$V = 2 \int_0^1 8\pi \sqrt{1 - x^2} \mathrm{d}x = 4\pi^2 \text{(立方单位)}$$

5.4.3 物理应用

前面我们讨论了定积分在几何上的一些应用,在这一部分里将利用它来解决一些物理上的问题.

1. 功的计算

由物理学可知,在一个常力 F 的作用下,物体沿力的方向作直线运动,当物体移动一段距离 S 时,F 所做的功为

$$W = F \cdot s \tag{5-27}$$

但在实际问题中,经常需要计算变力所做的功.下面我们通过例子来说明变力做功的求法.

【例9】 已知弹簧每拉长 0.02 米要用 9.8 牛顿的力,求把弹簧拉长 0.1 米所做的功.

解 根据胡克定律可知,力与弹簧的伸长量成正比,即 $F = k \cdot x$,其中 k 为弹性系数,具体如图 5-22 所示.

依题意 $x = 0.02$ 米时,$F = 9.8$ 牛顿,所以 $k = 4.9 \times 10^2$,即得到变力函数 $F = 4.9 \times 10^2 x$.

下面用元素法求此变力所做的功:

(1)取积分变量为 x,积分区间为 $[0, 0.1]$;

(2)在 $[0, 0.1]$ 上,任取一小区间 $[x, x + dx]$,与它对应的变力 F 所做的功近似于把变力 F 看做常力所做的功,从而得到功元素为 $dW = 4.9 \times 10^2 x dx$;

图 5-22

(3)求变力做功为 $W = \int_0^{0.1} 4.9 \times 10^2 x dx = 4.9 \times 10^2 \left[\frac{x^2}{2}\right]_0^{0.1} = 2.45$(焦耳).

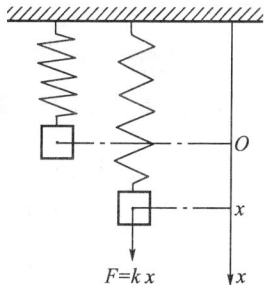

【例10】 修建一座大桥的桥墩时先要下围图,并且抽尽其中的水以便施工.已知围图的直径为 20 米,水深 27 米,围图高出水面 3 米,求抽尽水所做的功.

解 如图 5-23 所示:

(1)取积分变量为 x,积分区间为 $[3, 30]$;

(2)在 $[3, 30]$ 上,任取一小区间 $[x, x + dx]$,与它对应的一薄层(圆柱)水的重量为 $9.8\rho(\pi 10^2 dx)$ 牛顿,其中水的密度 $\rho = 10^3$ 千克/立方米.

因这一薄层水抽出围图所做的功近似于克服这一薄层水的重量所做的功,所以功元素为:$dW = 9.8 \times 10^5 \pi x dx$;

(3)得抽尽水所做的功为

$$W = \int_3^{30} 9.8 \times 10^5 \pi x dx = 9.8 \times 10^5 \pi \left[\frac{x^2}{2}\right]_3^{30} \approx 1.37 \times 10^9 \text{(焦耳)}.$$

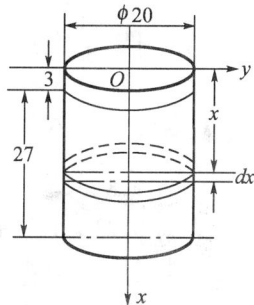

图 5-23

由上述例子的计算方法推广到一般情形,可得出变力做功的计算公式为

$$W = \int_a^b f(x) dx$$

其中 $f(x)$ 为变力函数表达式.

2. 液体的压力

由物理学可知,一水平放置在液体中的薄片,若其面积为 A,距离液体表面的深度为 h,则该薄片一侧所受的压力 p 等于以 A 为底,h 为高的液体柱的重量,即 $p = \gamma \cdot A \cdot h$,其中 γ 为液体的比重,单位为牛顿/立方米.

但在实际问题中,往往要计算与液面垂直放置的薄片(如水渠的闸门)一侧所受的压力.由于薄片上每个位置距液体表面的深度都不一样,因此不能直接用上述公式.下面我们用例子来说明这个薄片所受液体压力的求法.

【例 11】 设有一竖直的闸门,形状是等腰梯形,如图 5-24 所示,当水面齐闸门顶时,求闸门所受的水压力.

解 建立如图 5-24(2)所示的直角坐标系.

(1)取积分变量为 x,积分区间为$[0,6]$;

(2)在图中 AB 的方程为 $y = -\dfrac{x}{6} + 3$.

在区间 $[0,6]$ 上任取一小区间 $[x, x+dx]$,与它相应的小薄片的面积近似于宽为 dx,长为 $2y = 2(-\dfrac{x}{6} + 3)$的小矩形

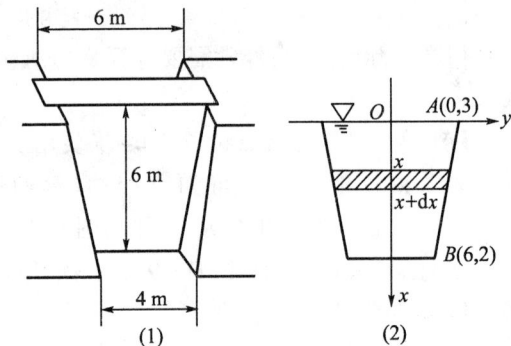

图 5-24

面积.这个小矩形上受到的压力近似于把这个小矩形放在平行于液体表面且距液体表面深度为 x 的位置上一侧所受的压力,则有

$$\gamma = 9.8 \times 10^3, dA = 2(-\frac{x}{6} + 3)dx, h = x$$

$$dP = 9.8 \times 10^3 \times x \times 2(-\frac{x}{6} + 3)dx$$

(3)得所求水压力为

$$P = \int_0^6 9.8 \times 10^3 \times x \times 2(-\frac{x}{6} + 3)dx$$

$$= 9.8 \times 10^3 \left[-\frac{x^3}{9} + 3x^2 \right]_0^6$$

$$= 9.8 \times 10^3 (-24 + 108)$$

$$\approx 8.23 \times 10^5 (牛顿).$$

【例 12】 设一水平放置的水管,其断面是直径为 6 米的圆,如图 5-25 所示,求当水半满时,水管一端的竖立闸门上所受的压力.

解 建立如图 5-25 所示的直角坐标系得圆的方程:$x^2 + y^2 = 9$.

(1)取积分变量为 x,积分区间为$[0,3]$;

(2)在区间$[0,3]$上任取一小区间$[x, x+dx]$,在该区间上,有

$$\gamma = 9.8 \times 10^3, dA = 2\sqrt{9-x^2}dx, h = x$$

$$dP = 2 \times 9.8 \times 10^3 \times x \times \sqrt{9-x^2}dx$$

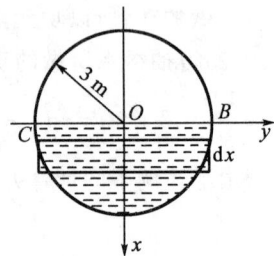

图 5-25

(3)得所求水压力为

$$P = \int_0^3 19.6 \times 10^3 \times x \times \sqrt{9-x^2}dx$$

$$= 19.6 \times 10^3 \int_0^3 (-\frac{1}{2})\sqrt{9-x^2}d(9-x^2)$$

$$= -9.8 \times 10^3 \times \frac{2}{3}[(9-x^2)^{\frac{3}{2}}]_0^3$$

$$\approx 1.76 \times 10^5 (牛顿).$$

由上述例子的计算方法推广到一般情形(如图 5-26 所示)，可得出液体压力的计算公式为

$$P = \int_a^b \gamma x f(x) \mathrm{d}x$$

其中 γ 为液体的比重，$f(x)$ 为薄片曲线的函数式.

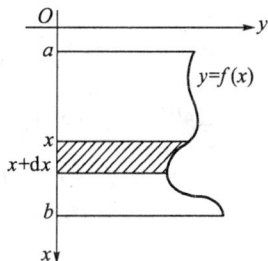

图 5-26

5.4.4　在经济工作中的应用

1. 总产量

设生产某产品的产量 Q 是时间 t 的函数(即非均匀生产)，$Q = Q(t)$，若已知产量对时间的变化率(即生产率) 为 $q(t)$，则在时间从 $t_1 = a$ 到 $t_2 = b$ 内的总产量为

$$Q = \int_{t_1}^{t_2} q(t)\mathrm{d}t \tag{5-28}$$

【例 13】 某产品在生产过程的任意时刻 t 时，其总产量的变化率为 $q(t) = 55 + 8t - 0.6t^2$(件/小时)，求从 $t = 1$ 到 $t = 3$ 这两个小时的产量.

解 设 Q 为总产量(件)，则

$$Q = \int_1^3 (55 + 8t - 0.6t^2)\mathrm{d}t = [55t + 4t^2 - 0.2t^3]_3^1 = 136.8(件)$$

故从 $t = 1$ 到 $t = 3$ 这两个小时的产量为 137 件.

2. 总收入、总成本、总利润

设 $R'(x)$，$C'(x)$，$L'(x)$ 分别是产量 x 的边际收入、边际成本、边际利润. C_0 为固定成本，则根据边际概念和定积分定义，有:

$$R(x) = \int_0^x R'(t)\mathrm{d}t$$

$$C(x) = \int_0^x C'(t)\mathrm{d}t + C_0$$

$$L(x) = \int_0^x L'(t)\mathrm{d}t - C_0$$

其中 x 为产量，$R(x)$，$C(x)$，$L(x)$ 分别是产量为 x 单位时的总收入、总成本、总利润.

【例 14】 设某茶叶生产企业，生产某种出口茶叶的边际成本和边际收入是(日产量 x 包，每包 1 公斤)的函数: $\begin{cases} C'(x) = x + 10(美元) \\ R'(x) = 210 - 4x(美元/包) \end{cases}$，其固定成本为 3000 美元.

求: (1)日产量为多少时，其利润最大?

(2)在获得最大利润生产水平上的总收入、总成本、总利润各是多少?

解 (1)由于 $L'(x) = R'(x) - C'(x)$

即: $L'(x) = 200 - 5x$

令 $L'(x) = 0$，得:

$x = 40(包)$

又因为 $L''(40) = -5 < 0$，

∴日产量为 40 包时，企业获利最大.

(2) $R(40) = \int_0^{40} (210 - 4x) \mathrm{d}x = \left[210x - 2x^2\right]_0^{40} = 5200(美元)$,

$C(40) = \int_0^{40} (x + 10) \mathrm{d}x + 3000 = \left[\frac{1}{2}x^2 + 10x\right]_0^{40} + 3000 = 4200(美元)$,

$L(40) = R(40) - C(40) = 1000(美元)$.

因此,日产量为 40 包时,最佳生产水平上的获利额为 1000 元;此时的总收入、总成本、总利润各是 5200 美元、4200 美元、1000 美元.

习题 5-4

1. 计算下列各曲线所围成图形的面积:

(1) $y = 1 - x^2, y = 0$;

(2) $y = x^3, y = x$;

(3) $y = \ln x, y = \ln 2, y = \ln 7, x = 0$;

(4) $y^2 = 2x, x - y = 4$;

(5) $y^2 = x, 2x^2 + y^2 = 1, (x \geqslant 0)$.

2. 求下列曲线所围成的图形绕指定轴旋转所得的旋转体的体积:

(1) $2x - y + 4 = 0, x = 0, y = 0$,绕 x 轴;

(2) $y = x^2 - 4, y = 0$,绕 x 轴;

(3) $y^2 = x, x^2 = y$,绕 y 轴;

(4) $x^2 + (y - 2)^2 = 1$,分别绕 x 轴和绕 y 轴.

3. 设有一弹簧,原长 15 厘米,每拉长 1 厘米需 5 牛顿的力,求把这弹簧拉长 10 厘米所做的功.

4. 一圆锥形容器,深 3 米,底圆半径为 2 米,容器内盛满了水,求把该容器内的水全部吸出所做的功.

5. 有一个等腰三角形闸门直立于水中,它的底边与水面相齐,已知三角形的底边长为 a 米,高为 h 米,求这闸门的一侧所受的水压力.

6. 设某产品的总产量变化率为 $q(t) = 100 + 10t - 0.45t^2$(吨 / 小时),

求:(1) 总产量函数 $Q(t)$;

(2) 从 $t_0 = 4$ 到 $t_1 = 8$ 这段时间内的总产量.

7. 已知某产品的边际成本和边际收益是年产量 x(台)的函数:$C'(x) = 3x^2 - 12x + 18$(万元),$R'(x) = 315 - 6x$(万元),且固定成本为 100 万元,求最大利润.

*5.5 无限区间上的广义积分

由前面的讨论可以知道,定积分的积分区间是有限的,但在实际问题中,往往会遇到积分区间为无限的情形.看下面的例子:

求由曲线 $y = \frac{1}{x^2}$,x 轴及直线 $x = 1$ 右边所围成的"开口曲边梯形"的面积(如图 5-27

所示).

任取一个数 $b(b > 1)$,则根据定积分的几何意义,由曲线 $y = \frac{1}{x^2}$,直线 $x = 1, x = b$ 及 x 轴所围成的曲边梯形的面积为

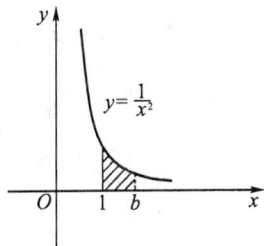

图 5-27

$$\int_1^b \frac{1}{x^2}\mathrm{d}x = -\frac{1}{x}\Big|_1^b = 1 - \frac{1}{b}.$$

显然,b 越大,曲边梯形的面积也越大.随着 b 趋于无穷大,面积也趋于一个确定的常数,即

$$\lim_{b \to +\infty}\int_1^b \frac{1}{x^2}\mathrm{d}x = \lim_{b \to +\infty}\left(1 - \frac{1}{b}\right) = 1.$$

这个极限值就表示所求"开口曲边梯形"的面积.

一般地,对于无限区间上的广义积分给出下面定义:

定义 设函数 $f(x)$ 在区间 $[a, +\infty)$ 上连续,若对于 $[a, +\infty)$ 内的任意数 b,极限 $\lim\limits_{b \to +\infty}\int_a^b f(x)\mathrm{d}x$ 存在,则称此极限值为函数 $f(x)$ 在无限区间 $[a, +\infty)$ 上的**广义积分**,记作 $\int_a^{+\infty} f(x)\mathrm{d}x$,即

$$\int_a^{+\infty} f(x)\mathrm{d}x = \lim_{b \to +\infty}\int_a^b f(x)\mathrm{d}x \tag{5-29}$$

这时也称广义积分 $\int_a^{+\infty} f(x)\mathrm{d}x$ 收敛;如果上述极限不存在,则函数 $f(x)$ 在无限区间 $[a, +\infty)$ 上的广义积分 $\int_a^{+\infty} f(x)\mathrm{d}x$ 没有意义,习惯上称广义积分 $\int_a^{+\infty} f(x)\mathrm{d}x$ 发散.

设函数 $f(x)$ 在区间 $(-\infty, b]$ 上连续,类似地,定义 $f(x)$ 在无限区间 $(-\infty, b]$ 上的广义积分为

$$\int_{-\infty}^b f(x)\mathrm{d}x = \lim_{a \to -\infty}\int_a^b f(x)\mathrm{d}x \tag{5-30}$$

设函数 $f(x)$ 在区间 $(-\infty, +\infty)$ 上连续,如果对任意的实数 c,广义积分 $\int_{-\infty}^c f(x)\mathrm{d}x$ 和 $\int_c^{+\infty} f(x)\mathrm{d}x$ 都收敛,则它们的和称为函数 $f(x)$ 在无限区间 $(-\infty, +\infty)$ 上的广义积分,记作 $\int_{-\infty}^{+\infty} f(x)\mathrm{d}x$,即

$$\int_{-\infty}^{+\infty} f(x)\mathrm{d}x = \int_{-\infty}^c f(x)\mathrm{d}x + \int_c^{+\infty} f(x)\mathrm{d}x \tag{5-31}$$

【例 1】 求广义积分 $\int_0^{+\infty} \mathrm{e}^{-x}\mathrm{d}x$.

解 根据(5-29)式,

$$\int_0^{+\infty} \mathrm{e}^{-x}\mathrm{d}x = \lim_{b \to +\infty}\int_0^b \mathrm{e}^{-x}\mathrm{d}x = \lim_{b \to +\infty}\left[-\mathrm{e}^{-x}\right]_0^b = \lim_{b \to +\infty}(1 - \mathrm{e}^{-b}) = 1.$$

【例 2】 求广义积分 $\int_{-\infty}^{0} \frac{1}{1+x^2} dx$.

解 根据(5-30)式,

$$\int_{-\infty}^{0} \frac{1}{1+x^2} dx = \lim_{a \to -\infty} \int_{a}^{0} \frac{1}{1+x^2} dx = \lim_{a \to -\infty} \arctan x \Big|_{a}^{0} = \lim_{a \to -\infty} (-\arctan a) = \frac{\pi}{2}.$$

为了书写的方便,我们仿照牛顿 – 莱布尼兹公式,可将(5-29)、(5-30)式写为:

$$\int_{a}^{+\infty} f(x) dx = F(x) \Big|_{a}^{+\infty} = F(+\infty) - F(a)$$

或

$$\int_{a}^{+\infty} f(x) dx = [F(x)]_{a}^{+\infty} = F(+\infty) - F(a) \tag{5-29'}$$

$$\int_{-\infty}^{b} f(x) dx = F(x) \Big|_{-\infty}^{b} = F(b) - F(-\infty)$$

或

$$\int_{-\infty}^{b} f(x) dx = [F(x)]_{-\infty}^{b} = F(b) - F(-\infty) \tag{5-30'}$$

其中 $F(+\infty) = \lim_{b \to +\infty} F(b)$, $F(-\infty) = \lim_{a \to -\infty} F(a)$.

【例 3】 求广义积分 $\int_{-\infty}^{+\infty} x e^{-x^2} dx$.

解 根据(5-31)式,

$$\int_{-\infty}^{+\infty} x e^{-x^2} dx = \int_{-\infty}^{0} x e^{-x^2} dx + \int_{0}^{+\infty} x e^{-x^2} dx$$

$$= -\frac{1}{2} \int_{-\infty}^{0} e^{-x^2} d(-x^2) - \frac{1}{2} \int_{0}^{+\infty} e^{-x^2} d(-x^2)$$

$$= -\frac{1}{2} e^{-x^2} \Big|_{-\infty}^{0} - \frac{1}{2} e^{-x^2} \Big|_{0}^{+\infty}$$

$$= 0.$$

【例 4】 讨论广义积分 $\int_{1}^{+\infty} \frac{1}{x^\alpha} dx$ 的收敛性.

解 当 $\alpha = 1$ 时,$\int_{1}^{+\infty} \frac{1}{x^\alpha} dx = \ln x \Big|_{1}^{+\infty} = +\infty$,发散;

当 $\alpha \neq 1$ 时,$\int_{1}^{+\infty} \frac{1}{x^\alpha} dx = \frac{1}{1-\alpha} x^{1-\alpha} \Big|_{1}^{+\infty}$,

显然,当 $\alpha < 1$ 时,$\lim_{b \to +\infty} b^{1-\alpha} = +\infty$,$\int_{1}^{+\infty} \frac{1}{x^\alpha} dx = \frac{1}{1-\alpha} x^{1-\alpha} \Big|_{1}^{+\infty} = +\infty$,发散;

当 $\alpha > 1$ 时,$\lim_{b \to +\infty} b^{1-\alpha} = 0$,$\int_{1}^{+\infty} \frac{1}{x^\alpha} dx = \frac{1}{1-\alpha} x^{1-\alpha} \Big|_{1}^{+\infty} = \frac{1}{\alpha-1}$,收敛.

由上讨论可知,当 $\alpha \leq 1$ 时,广义积分 $\int_{1}^{+\infty} \frac{1}{x^\alpha} dx$ 发散;当 $\alpha > 1$ 时,广义积分 $\int_{1}^{+\infty} \frac{1}{x^\alpha} dx$ 收敛.

习题 5-5

求下列广义积分：

(1) $\int_1^{+\infty} \dfrac{1}{x^4} dx$；

(2) $\int_{-\infty}^1 e^{2x} dx$；

(3) $\int_0^{+\infty} \sin x \, dx$；

(4) $\int_{-\infty}^{+\infty} \dfrac{1}{x^2 + 2x + 2} dx$；

(5) $\int_e^{+\infty} \dfrac{1}{x \ln x} dx$；

(6) $\int_0^{+\infty} x e^{-x} dx$.

第6章

行列式、矩阵与线性方程组

本章学习目标

了解行列式、矩阵的基本概念,并会利用性质计算行列式、矩阵,重点掌握如何运用初等变换求逆矩阵及线性方程组.

6.1 n 阶行列式及性质

行列式是在讨论线性方程组时建立起来的一个数学概念,是我们解线性方程组的一个有力工具.

6.1.1 二阶行列式

二元线性方程组的一般形式是

$$（\text{I}）\begin{cases} a_{11}x_1 + a_{12}x_2 = b_1 & (1) \\ a_{21}x_1 + a_{22}x_2 = b_2 & (2) \end{cases}$$

利用消元法求解:

$(1) \times a_{22} - (2) \times a_{12}$,得$(a_{11}a_{22} - a_{21}a_{12})x_1 = b_1a_{22} - b_2a_{12}$.

$(2) \times a_{11} - (1) \times a_{21}$,得$(a_{11}a_{22} - a_{21}a_{12})x_2 = a_{11}b_2 - a_{21}b_1$.

当 $a_{11}a_{22} - a_{21}a_{12} \neq 0$ 时,方程组（I）的解为
$$\begin{cases} x_1 = \dfrac{b_1a_{22} - b_2a_{12}}{a_{11}a_{22} - a_{21}a_{12}} \\ x_2 = \dfrac{b_2a_{11} - b_1a_{21}}{a_{11}a_{22} - a_{21}a_{12}} \end{cases} \tag{1'}$$

在二元线性方程组（I）的解的表达式$(1')$中,x_1、x_2 的解的分母都是 $a_{11}a_{22} - a_{21}a_{12}$.

为了便于记忆和讨论,引入一个新的记号 $\begin{vmatrix} a_{11} & a_{12} \\ a_{21} & a_{22} \end{vmatrix}$ 来表示 $a_{11}a_{22} - a_{21}a_{12}$,即

$$\begin{vmatrix} a_{11} & a_{12} \\ a_{21} & a_{22} \end{vmatrix} = a_{11}a_{22} - a_{21}a_{12} \tag{6-1}$$

在 $\begin{vmatrix} a_{11} & a_{12} \\ a_{21} & a_{22} \end{vmatrix}$ 中，a_{11}、a_{12}、a_{21}、a_{22} 是方程组（Ⅰ）中 x_1、x_2 的系数，它们按原来的位置排成一个正方形．

我们称 $\begin{vmatrix} a_{11} & a_{12} \\ a_{21} & a_{22} \end{vmatrix}$ 为二阶行列式，其中横排称为**行**，纵排称为**列**，a_{ij}（$i=1,2$；$j=1,2$）称为二阶行列式第 i 行第 j 列的**元素**．(6-1)式的右端称为二阶行列式的**展开式**．

显然，二阶行列式有二行和二列，共有 2^2 个元素．二阶行列式的展开式有 2! 项．

二阶行列式按如下方法展开（如图 6-1 所示）：

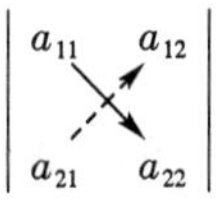

图 6-1

实对角线（叫做主对角线）上两元素之积取正号，虚对角线上两元素之积取负号，然后相加就是行列式的展开式．这种展开行列式的方法称为**对角线展开法**．

由上可知，二阶行列式等于一个确定的数，这个数称为**二阶行列式的值**．所以求二阶行列式的值可用对角线展开法．

【例1】 计算下列二阶行列式的值：

(1) $\begin{vmatrix} 2 & -4 \\ 3 & 5 \end{vmatrix}$；
　　　　　　　(2) $\begin{vmatrix} \sin\alpha & \cos\alpha \\ \cos\alpha & -\sin\alpha \end{vmatrix}$．

解 (1) $\begin{vmatrix} 2 & -4 \\ 3 & 5 \end{vmatrix} = 2\times5 - 3\times(-4) = 22$．

(2) $\begin{vmatrix} \sin\alpha & \cos\alpha \\ \cos\alpha & -\sin\alpha \end{vmatrix} = -\sin^2\alpha - \cos^2\alpha = -1$．

并且根据对角线展开法，有：

$$\begin{vmatrix} b_1 & a_{12} \\ b_2 & a_{22} \end{vmatrix} = b_1 a_{22} - b_2 a_{12}.$$

$$\begin{vmatrix} a_{11} & b_1 \\ a_{21} & b_2 \end{vmatrix} = a_{11} b_2 - a_{21} b_1.$$

记：

$$D = \begin{vmatrix} a_{11} & a_{12} \\ a_{21} & a_{22} \end{vmatrix}, \ D_1 = \begin{vmatrix} b_1 & a_{12} \\ b_2 & a_{22} \end{vmatrix}, \ D_2 = \begin{vmatrix} a_{11} & b_1 \\ a_{21} & b_2 \end{vmatrix}.$$

由于行列式 D 是由方程组（Ⅰ）中未知数的系数按原来的顺序排列而成的，故称 D 为**系数行列式**．显然，行列式 D_1、D_2 是以 b_1、b_2 分别替换行列式 D 中的第一列、第二列的元素所得到的．因此，当 $D\neq0$ 时，方程组（Ⅰ）的解可表示为

$$x_1 = \frac{D_1}{D}, \ x_2 = \frac{D_2}{D} \tag{6-2}$$

【例 2】 解方程组

$$\begin{cases} 2x + y + 2 = 0 \\ 4x + 3y - 1 = 0 \end{cases}.$$

解 方程组化为一般形式:

$$\begin{cases} 2x + y = -2 \\ 4x + 3y = 1 \end{cases}.$$

因为 $D = \begin{vmatrix} 2 & 1 \\ 4 & 3 \end{vmatrix} = 2 \neq 0$, $D_1 = \begin{vmatrix} -2 & 1 \\ 1 & 3 \end{vmatrix} = -7$, $D_2 = \begin{vmatrix} 2 & -2 \\ 4 & 1 \end{vmatrix} = 10$

所以,根据(6-2)式,方程组的解为:

$$x = \frac{D_1}{D} = -\frac{7}{2}, y = \frac{D_2}{D} = 5.$$

6.1.2 三阶行列式

三元线性方程组的一般形式为

$$(\text{II}) \begin{cases} a_{11} x_1 + a_{12} x_2 + a_{13} x_3 = b_1 \\ a_{21} x_1 + a_{22} x_2 + a_{23} x_3 = b_2 \\ a_{31} x_1 + a_{32} x_2 + a_{33} x_3 = b_3 \end{cases}$$

与二元线性方程组类似,用消元法可求出解的公式为

$$\begin{cases} x_1 = \dfrac{b_1 a_{22} a_{33} + a_{12} a_{23} b_3 + a_{13} a_{32} b_2 - a_{13} a_{22} b_3 - a_{12} b_2 a_{33} - b_1 a_{32} a_{23}}{a_{11} a_{22} a_{33} + a_{12} a_{23} a_{31} + a_{13} a_{32} a_{21} - a_{13} a_{22} a_{31} - a_{12} a_{21} a_{33} - a_{11} a_{32} a_{23}} \\[2mm] x_2 = \dfrac{a_{11} b_2 a_{33} + b_1 a_{23} a_{31} + a_{13} b_3 a_{21} - a_{13} b_2 a_{31} - b_1 a_{21} a_{33} - a_{11} b_3 a_{23}}{a_{11} a_{22} a_{33} + a_{12} a_{23} a_{31} + a_{13} a_{32} a_{21} - a_{13} a_{22} a_{31} - a_{12} a_{21} a_{33} - a_{11} a_{32} a_{23}} \\[2mm] x_3 = \dfrac{a_{11} a_{22} b_3 + a_{12} b_2 a_{31} + b_1 a_{32} a_{21} - b_1 a_{22} a_{31} - a_{12} a_{21} b_3 - a_{11} a_{32} b_2}{a_{11} a_{22} a_{33} + a_{12} a_{23} a_{31} + a_{13} a_{32} a_{21} - a_{13} a_{22} a_{31} - a_{12} a_{21} a_{33} - a_{11} a_{32} a_{23}} \end{cases} \quad (2')$$

其中分母 $a_{11} a_{22} a_{33} + a_{12} a_{23} a_{31} + a_{13} a_{32} a_{21} - a_{13} a_{22} a_{31} - a_{12} a_{21} a_{33} - a_{11} a_{32} a_{23} \neq 0$.

$(2')$式比较繁杂,为了便于记忆与讨论,仿照二阶行列式,用记号 $\begin{vmatrix} a_{11} & a_{12} & a_{13} \\ a_{21} & a_{22} & a_{23} \\ a_{31} & a_{32} & a_{33} \end{vmatrix}$ 来

表示 $a_{11} a_{22} a_{33} + a_{12} a_{23} a_{31} + a_{13} a_{32} a_{21} - a_{13} a_{22} a_{31} - a_{12} a_{21} a_{33} - a_{11} a_{32} a_{23}$,即

$$\begin{vmatrix} a_{11} & a_{12} & a_{13} \\ a_{21} & a_{22} & a_{23} \\ a_{31} & a_{32} & a_{33} \end{vmatrix} = a_{11} a_{22} a_{33} + a_{12} a_{23} a_{31} + a_{13} a_{32} a_{21}$$

$$- a_{13} a_{22} a_{31} - a_{12} a_{21} a_{33} - a_{11} a_{32} a_{23} \quad (6\text{-}3)$$

(6-3)式的左边叫做三阶行列式,右边叫做这个三阶行列式的展开式.

显然,三阶行列式有三行和三列,共 3^2 个元素,其中 $a_{ij}(i = 1, 2, 3; j = 1, 2, 3)$ 是三阶行列式第 i 行第 j 列的元素,三阶行列式的展开式有 3! 项.

三阶行列式的展开可按如下方法展开(如图 6-2 所示):

实线上三数之积取正号,虚线上三数之积取负号,然后相加就是行列式的展开式,这种展开法则叫做**对角线法则**.

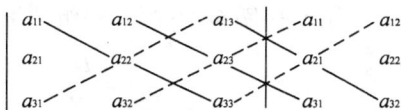

$$\begin{array}{ccc|cc} a_{11} & a_{12} & a_{13} & a_{11} & a_{12} \\ a_{21} & a_{22} & a_{23} & a_{21} & a_{22} \\ a_{31} & a_{32} & a_{33} & a_{31} & a_{32} \end{array}$$

图 6-2

【例 3】 计算行列式 $\begin{vmatrix} -2 & -1 & 3 \\ 1 & 0 & -2 \\ 2 & 4 & 5 \end{vmatrix}$ 的值.

解 $\begin{vmatrix} -2 & -1 & 3 \\ 1 & 0 & -2 \\ 2 & 4 & 5 \end{vmatrix} = (-2) \times 0 \times 5 + (-1) \times (-2) \times 2 + 3 \times 4 \times 1$

$$-3 \times 0 \times 2 - (-1) \times 1 \times 5 - (-2) \times 4 \times (-2) = 5.$$

【例 4】 展开行列式 $\begin{vmatrix} a & c & b \\ b & a & c \\ c & b & a \end{vmatrix}$.

解 $\begin{vmatrix} a & c & b \\ b & a & c \\ c & b & a \end{vmatrix} = a^3 + c^3 + b^3 - abc - abc - abc$

$$= a^3 + b^3 + c^3 - 3abc.$$

与二阶行列式相似,引入记号 D、D_1、D_2、D_3,其中

$$D = \begin{vmatrix} a_{11} & a_{12} & a_{13} \\ a_{21} & a_{22} & a_{23} \\ a_{31} & a_{32} & a_{33} \end{vmatrix}, D_1 = \begin{vmatrix} b_1 & a_{12} & a_{13} \\ b_2 & a_{22} & a_{23} \\ b_3 & a_{32} & a_{33} \end{vmatrix}, D_2 = \begin{vmatrix} a_{11} & b_1 & a_{13} \\ a_{21} & b_2 & a_{23} \\ a_{31} & b_3 & a_{33} \end{vmatrix}, D_3 = \begin{vmatrix} a_{11} & a_{12} & b_1 \\ a_{21} & a_{22} & b_2 \\ a_{31} & a_{32} & b_3 \end{vmatrix}$$

行列式 D 是由方程组(Ⅱ)中未知数的系数按原来的顺序排列而成,叫做方程组的系数行列式,行列式 D_1、D_2、D_3 是以 b_1、b_2、b_3 分别替换行列式 D 中的第一列、第二列、第三列的元素所得到.因此,当 $D \neq 0$ 时,方程组(Ⅱ)的解可表示为

$$x_1 = \frac{D_1}{D}, \quad x_2 = \frac{D_2}{D}, \quad x_3 = \frac{D_3}{D} \tag{6-4}$$

【例 5】 解方程组 $\begin{cases} 3x + y - 2z - 5 = 0 \\ 4y + z - 2 = 0 \\ 2x + 2y + 1 = 0 \end{cases}$.

解 方程组化为一般形式:

$$\begin{cases} 3x + y - 2z = 5 \\ 4y + z = 2 \\ 2x + 2y = -1 \end{cases}$$

因为 $D = \begin{vmatrix} 3 & 1 & -2 \\ 0 & 4 & 1 \\ 2 & 2 & 0 \end{vmatrix} = 12, D_1 = \begin{vmatrix} 5 & 1 & -2 \\ 2 & 4 & 1 \\ -1 & 2 & 0 \end{vmatrix} = -27,$

$$D_2 = \begin{vmatrix} 3 & 5 & -2 \\ 0 & 2 & 1 \\ 2 & -1 & 0 \end{vmatrix} = 21, D_3 = \begin{vmatrix} 3 & 1 & 5 \\ 0 & 4 & 2 \\ 2 & 2 & -1 \end{vmatrix} = -60,$$

所以,根据(6-4)式,方程组的解为:

$$x = \frac{D_1}{D} = -\frac{9}{4}, y = \frac{D_2}{D} = \frac{7}{4}, z = \frac{D_3}{D} = -5.$$

6.1.3 n 阶行列式

为了定义 n 阶行列式及学习行列式的展开定理,我们先介绍一下代数余子式的概念.

定义 1 将行列式中第 i 行第 j 列的元素 a_{ij} 所在行和列的各元素划去,其余元素按原来的相对位置次序排成一个新的行列式,这个新的行列式称为元素 a_{ij} 的**余子式**,记作 M_{ij}.把 $(-1)^{i+j} \cdot M_{ij}$ 称为元素 a_{ij} 的**代数余子式**,记作 A_{ij},即

$$A_{ij} = (-1)^{i+j} \cdot M_{ij} \tag{6-5}$$

例如,在行列式 $\begin{vmatrix} 1 & 2 & 3 \\ -2 & 0 & 1 \\ 2 & 4 & -1 \end{vmatrix}$ 中,$M_{11} = \begin{vmatrix} 0 & 1 \\ 4 & -1 \end{vmatrix} = -4$, $A_{11} = (-1)^{1+1} \cdot \begin{vmatrix} 0 & 1 \\ 4 & -1 \end{vmatrix}$

$= -4$; $M_{23} = \begin{vmatrix} 1 & 2 \\ 2 & 4 \end{vmatrix} = 0$, $A_{23} = (-1)^{2+3} \cdot \begin{vmatrix} 1 & 2 \\ 2 & 4 \end{vmatrix} = 0$.

有了代数余子式的概念,我们容易得到三阶行列式按第一行元素展开为

$$\begin{vmatrix} a_{11} & a_{12} & a_{13} \\ a_{21} & a_{22} & a_{23} \\ a_{31} & a_{32} & a_{33} \end{vmatrix} = a_{11}A_{11} + a_{12}A_{12} + a_{13}A_{13} \tag{$*$}$$

若规定一阶行列式 $|a| = a$,则二阶行列式按第一行元素展开为

$$\begin{vmatrix} a_{11} & a_{12} \\ a_{21} & a_{22} \end{vmatrix} = a_{11}A_{11} + a_{12}A_{12} \tag{$**$}$$

依照上述($*$)、($**$)式来定义 n 阶行列式:

定义 2 将 n^2 个数 $a_{ij}(i, j = 1, 2, 3, \cdots, n)$ 排成一个正方形数表,并在它的两旁各加一条竖线,即

$$\begin{vmatrix} a_{11} & a_{12} & \cdots & a_{1n} \\ a_{21} & a_{22} & \cdots & a_{2n} \\ \vdots & \vdots & \vdots & \vdots \\ a_{n1} & a_{n2} & \cdots & a_{nn} \end{vmatrix} \tag{6-6}$$

称为 **n 阶行列式**. 当 $n = 1$ 时,规定一阶行列式 $|a_{11}| = a_{11}$;当 $n \geqslant 2$ 时,规定 n 阶行列式

$$\begin{vmatrix} a_{11} & a_{12} & \cdots & a_{1n} \\ a_{21} & a_{22} & \cdots & a_{2n} \\ \vdots & \vdots & \vdots & \vdots \\ a_{n1} & a_{n2} & \cdots & a_{nn} \end{vmatrix} = a_{11}A_{11} + a_{12}A_{12} + \cdots + a_{1n}A_{1n} \tag{6-7}$$

【例6】 计算行列式 $D = \begin{vmatrix} 1 & 0 & -2 & 0 \\ -1 & 2 & 3 & 1 \\ 0 & 1 & -1 & 2 \\ 2 & 1 & 0 & 3 \end{vmatrix}$ 的值.

解 根据定义,

$$\begin{vmatrix} 1 & 0 & -2 & 0 \\ -1 & 2 & 3 & 1 \\ 0 & 1 & -1 & 2 \\ 2 & 1 & 0 & 3 \end{vmatrix} = 1 \times (-1)^{1+1} \begin{vmatrix} 2 & 3 & 1 \\ 1 & -1 & 2 \\ 1 & 0 & 3 \end{vmatrix} + (-2) \times (-1)^{1+3} \begin{vmatrix} -1 & 2 & 1 \\ 0 & 1 & 2 \\ 2 & 1 & 3 \end{vmatrix} = -18.$$

在 n 阶行列式中,有一类特殊的行列式,它们形如

$$\begin{vmatrix} a_{11} & 0 & \cdots & 0 \\ a_{21} & a_{22} & \cdots & 0 \\ \vdots & \vdots & \vdots & \vdots \\ a_{n1} & a_{n2} & \cdots & a_{nn} \end{vmatrix} \tag{6-8}$$

或

$$\begin{vmatrix} a_{11} & a_{12} & \cdots & a_{1n} \\ 0 & a_{22} & \cdots & a_{2n} \\ \vdots & \vdots & \vdots & \vdots \\ 0 & 0 & \cdots & a_{nn} \end{vmatrix} \tag{6-9}$$

我们都称它们为**三角形行列式**,其中式(6-8)称为**下三角形行列式**,式(6-9)称为**上三角形行列式**.三角形行列式 D 的值等于主对角线上各元素的乘积,即

$$D = a_{11} \cdot a_{22} \cdot \cdots \cdot a_{nn}.$$

其中,四阶和四阶以上的行列式称为**高阶行列式**.

6.1.4 n 阶行列式的性质

按定义计算行列式是一种较复杂的运算方法,下面学习的 n 阶行列式性质,能帮助我们简化行列式的计算.

性质 1 行列式所有的行与相应的列互换,行列式的值不变,即

$$\begin{vmatrix} a_{11} & a_{12} & \cdots & a_{1n} \\ a_{21} & a_{22} & \cdots & a_{2n} \\ \vdots & \vdots & \vdots & \vdots \\ a_{n1} & a_{n2} & \cdots & a_{nn} \end{vmatrix} = \begin{vmatrix} a_{11} & a_{21} & \cdots & a_{n1} \\ a_{12} & a_{22} & \cdots & a_{n2} \\ \vdots & \vdots & \vdots & \vdots \\ a_{1n} & a_{2n} & \cdots & a_{nn} \end{vmatrix}.$$

我们把行列式 D 的行与列互换后所得行列式称为 D 的**转置行列式**,记作 D^T.
这个性质说明,对于行列式的行成立的性质,对于列也一定成立,反之亦然.

性质 2 行列式的任意两行(列)互换,行列式仅改变符号.

例如, $\begin{vmatrix} a_{11} & a_{12} & a_{13} \\ a_{21} & a_{22} & a_{23} \\ a_{31} & a_{32} & a_{33} \end{vmatrix} = - \begin{vmatrix} a_{21} & a_{22} & a_{23} \\ a_{11} & a_{12} & a_{13} \\ a_{31} & a_{32} & a_{33} \end{vmatrix}.$

性质 3　若行列式中某两行(列)对应的元素相同,则此行列式的值为零.

例如,
$$\begin{vmatrix} a_{11} & a_{12} & a_{13} \\ a_{11} & a_{12} & a_{13} \\ a_{31} & a_{32} & a_{33} \end{vmatrix} = 0.$$

性质 4　行列式中某行(列)的各元素有公因子时,可把公因子提到行列式符号外面.

例如,
$$\begin{vmatrix} ka_{11} & ka_{12} & ka_{13} \\ a_{21} & a_{22} & a_{23} \\ a_{31} & a_{32} & a_{33} \end{vmatrix} = k \begin{vmatrix} a_{11} & a_{12} & a_{13} \\ a_{21} & a_{22} & a_{23} \\ a_{31} & a_{32} & a_{33} \end{vmatrix}.$$

【例 7】　计算下列行列式的值:

$$(1)\ \begin{vmatrix} -8 & 4 & -2 \\ -12 & 6 & 3 \\ -4 & -1 & -1 \end{vmatrix};\qquad (2)\ \begin{vmatrix} \dfrac{1}{2} & -1 & \dfrac{1}{2} \\ \dfrac{1}{3} & \dfrac{2}{3} & 1 \\ -\dfrac{1}{6} & \dfrac{1}{3} & \dfrac{1}{2} \end{vmatrix}.$$

解　(1)
$$\begin{vmatrix} -8 & 4 & -2 \\ -12 & 6 & 3 \\ -4 & -1 & -1 \end{vmatrix} = 2 \times 3 \begin{vmatrix} -4 & 2 & -1 \\ -4 & 2 & 1 \\ -4 & -1 & -1 \end{vmatrix}$$

$$= 2 \times 3 \times (-4) \begin{vmatrix} 1 & 2 & -1 \\ 1 & 2 & 1 \\ 1 & -1 & -1 \end{vmatrix}$$

$$= -24 \times 6$$

$$= -144.$$

$$(2)\ \begin{vmatrix} \dfrac{1}{2} & -1 & \dfrac{1}{2} \\ \dfrac{1}{3} & \dfrac{2}{3} & 1 \\ -\dfrac{1}{6} & \dfrac{1}{3} & \dfrac{1}{2} \end{vmatrix} = \dfrac{1}{2} \times \dfrac{1}{3} \times \dfrac{1}{6} \begin{vmatrix} 1 & -2 & 1 \\ 1 & 2 & 3 \\ -1 & 2 & 3 \end{vmatrix}$$

$$= \dfrac{1}{2} \times \dfrac{1}{3} \times \dfrac{1}{6} \times 2 \begin{vmatrix} 1 & -1 & 1 \\ 1 & 1 & 3 \\ -1 & 1 & 3 \end{vmatrix}$$

$$= \dfrac{1}{18} \times 8$$

$$= \dfrac{4}{9}.$$

推论 1　若行列式有一行(列)的各元素都是零,则此行列式等于零.

例如,
$$\begin{vmatrix} 0 & 0 & 0 \\ a_{21} & a_{22} & a_{23} \\ a_{31} & a_{32} & a_{33} \end{vmatrix} = 0.$$

推论 2 若行列式有两行(列)对应元素成比例,则此行列式等于零.

例如,$\begin{vmatrix} a_{11} & a_{12} & a_{13} \\ ka_{11} & ka_{12} & ka_{13} \\ a_{31} & a_{32} & a_{33} \end{vmatrix} = 0.$

性质 5 若行列式某一行(列)的各元素均是两项之和,则行列式可表示为两个行列式之和,其中这两个行列式的行(列)元素分别为两项中的一项,而其他元素不变.

例如,$\begin{vmatrix} a_{11}+b_1 & a_{12}+b_2 & a_{13}+b_3 \\ a_{21} & a_{22} & a_{23} \\ a_{31} & a_{32} & a_{33} \end{vmatrix} = \begin{vmatrix} a_{11} & a_{12} & a_{13} \\ a_{21} & a_{22} & a_{23} \\ a_{31} & a_{32} & a_{33} \end{vmatrix} + \begin{vmatrix} b_1 & b_2 & b_3 \\ a_{21} & a_{22} & a_{23} \\ a_{31} & a_{32} & a_{33} \end{vmatrix}$

性质 6 将行列式某一行(列)的所有元素同乘以数 k 后加到另一行(列)对应位置的元素上,行列式的值不变.

例如,$\begin{vmatrix} a_{11} & a_{12} & a_{13} \\ a_{21} & a_{22} & a_{23} \\ a_{31} & a_{32} & a_{33} \end{vmatrix} = \begin{vmatrix} a_{11} & a_{12} & a_{13} \\ a_{21}+ka_{11} & a_{22}+ka_{12} & a_{23}+ka_{13} \\ a_{31} & a_{32} & a_{33} \end{vmatrix}.$

性质 6 在行列式的计算中起着重要的作用.运用时选择适当的数 k,可以使行列式的某些元素变为零.反复交替地使用行列式性质,将行列式化为三角形行列式,也是计算行列式值的常用方法.

【例 8】 计算下列行列式的值:

(1) $\begin{vmatrix} 1 & 5 & 2 \\ 2 & 6 & 1 \\ 3 & 7 & 5 \end{vmatrix}$; (2) $\begin{vmatrix} 1 & 2 & 3 & 4 \\ 2 & 3 & 4 & 1 \\ 3 & 4 & 1 & 2 \\ 4 & 1 & 2 & 3 \end{vmatrix}$.

解 (1) $\begin{vmatrix} 1 & 5 & 2 \\ 2 & 6 & 1 \\ 3 & 7 & 5 \end{vmatrix} = \begin{vmatrix} 1 & 5 & 2 \\ 0 & -4 & -3 \\ 0 & -8 & -1 \end{vmatrix} = \begin{vmatrix} 1 & 5 & 2 \\ 0 & -4 & -3 \\ 0 & 0 & 5 \end{vmatrix} = 1 \times (-4) \times 5 = -20.$

(2) $\begin{vmatrix} 1 & 2 & 3 & 4 \\ 2 & 3 & 4 & 1 \\ 3 & 4 & 1 & 2 \\ 4 & 1 & 2 & 3 \end{vmatrix} = \begin{vmatrix} 1 & 2 & 3 & 4 \\ 0 & -1 & -2 & -7 \\ 0 & -2 & -8 & -10 \\ 0 & -7 & -10 & -13 \end{vmatrix} = \begin{vmatrix} 1 & 2 & 3 & 4 \\ 0 & -1 & -2 & -7 \\ 0 & 0 & -4 & 4 \\ 0 & 0 & 4 & 36 \end{vmatrix}$

$= \begin{vmatrix} 1 & 2 & 3 & 4 \\ 0 & -1 & -2 & -7 \\ 0 & 0 & -4 & 4 \\ 0 & 0 & 0 & 40 \end{vmatrix} = 160.$

在 n 阶行列式的定义中,是将行列式按第一行展开的.事实上,n 阶行列式可以按任何一行(列)展开.

性质 7(行列式展开性质) 行列式等于它的任意一行(列)的各元素与其对应的代数余子式乘积之和.

【例9】 利用性质7计算行列式 $\begin{vmatrix} 1 & 2 & -1 \\ 3 & 0 & 1 \\ 2 & 0 & 3 \end{vmatrix}$ 的值.

解 $\begin{vmatrix} 1 & 2 & -1 \\ 3 & 0 & 1 \\ 2 & 0 & 3 \end{vmatrix} = 2 \times (-1)^{1+2} \times \begin{vmatrix} 3 & 1 \\ 2 & 3 \end{vmatrix} = -14.$

性质8 行列式某一行(列)的各元素与另一行(列)对应元素的代数余子式的乘积之和等于零.

例如,在三阶行列式 $\begin{vmatrix} a_{11} & a_{12} & a_{13} \\ a_{21} & a_{22} & a_{23} \\ a_{31} & a_{32} & a_{33} \end{vmatrix}$ 中,

$$a_{11}A_{21} + a_{12}A_{22} + a_{13}A_{23} = 0;$$
$$a_{13}A_{11} + a_{23}A_{21} + a_{33}A_{31} = 0.$$

习题 6-1

1. 利用对角线法则求下列各行列式的值:

(1) $\begin{vmatrix} 3 & 1 \\ 4 & -3 \end{vmatrix}$; (2) $\begin{vmatrix} a+b & a \\ a & a-b \end{vmatrix}$; (3) $\begin{vmatrix} 2 & 7 & 5 \\ 1 & 3 & 3 \\ -1 & 4 & -2 \end{vmatrix}$; (4) $\begin{vmatrix} 5 & 0 & 0 \\ 9 & 8 & 0 \\ 13 & 2 & -7 \end{vmatrix}$.

2. 写出下列行列式中元素 a_{12}, a_{23}, a_{33} 的代数余子式:

(1) $\begin{vmatrix} 2 & 1 & 3 \\ 3 & 2 & 1 \\ 1 & 2 & 3 \end{vmatrix}$; (2) $\begin{vmatrix} 1 & 2 & -1 & 1 \\ 2 & 1 & 2 & 0 \\ -2 & 1 & 0 & -1 \\ 3 & -1 & 1 & 2 \end{vmatrix}$.

3. 利用行列式的性质求下列各行列式的值:

(1) $\begin{vmatrix} 3 & 1 & 2 \\ 14 & 10 & 1 \\ 1 & 1 & -1 \end{vmatrix}$; (2) $\begin{vmatrix} 1 & -2 & 5 \\ 2 & -1 & 3 \\ 4 & 1 & -2 \end{vmatrix}$;

(3) $\begin{vmatrix} 1 & 1 & 1 \\ 1 & 1+\cos\alpha & 1+\sin\alpha \\ 1 & 1-\sin\alpha & 1+\cos\alpha \end{vmatrix}$; (4) $\begin{vmatrix} 1 & 1 & 1 \\ a & b & c \\ b+c & a+c & a+b \end{vmatrix}$.

4. 求下列各行列式的值:

(1) $\begin{vmatrix} 1 & 2 & 2 & 1 \\ 0 & 1 & 0 & 2 \\ 2 & 0 & 1 & 1 \\ 0 & 2 & 0 & 1 \end{vmatrix}$; (2) $\begin{vmatrix} 1 & 2 & 3 & 4 \\ 2 & 3 & 4 & 1 \\ 3 & 4 & 1 & 2 \\ 4 & 1 & 2 & 3 \end{vmatrix}$;

$$(3)\begin{vmatrix} 1 & 1 & 1 & 1 \\ 1 & 1+a & 1 & 1 \\ 1 & 1 & 1+b & 1 \\ 1 & 1 & 1 & 1+c \end{vmatrix};\quad (4)\begin{vmatrix} \dfrac{1}{\sqrt{2}} & \dfrac{1}{\sqrt{6}} & -\dfrac{1}{\sqrt{12}} & \dfrac{1}{2} \\ \dfrac{1}{\sqrt{2}} & -\dfrac{1}{\sqrt{6}} & \dfrac{1}{\sqrt{12}} & -\dfrac{1}{2} \\ 0 & \dfrac{2}{\sqrt{6}} & \dfrac{1}{\sqrt{12}} & -\dfrac{1}{2} \\ 0 & 0 & \dfrac{3}{\sqrt{12}} & \dfrac{1}{2} \end{vmatrix}.$$

5. 用行列式解下列线性方程组:

$$(1)\begin{cases} 3x+2y-5=0 \\ 2x-y-8=0 \end{cases};\qquad (2)\begin{cases} \dfrac{1}{6}x-\dfrac{1}{2}y=-2 \\ \dfrac{2}{3}x+\dfrac{1}{5}y=3 \end{cases};$$

$$(3)\begin{cases} x+y+z-10=0 \\ 2x+3y-z-1=0 \\ 3x+2y+z-14=0 \end{cases};\qquad (4)\begin{cases} ax+by=c \\ by+cz=a \quad (abc\neq 0). \\ ax+cz=b \end{cases}$$

6. 试证明下列范得蒙(Vandermonde)行列式:

$$(1)\begin{vmatrix} 1 & 1 & 1 \\ a & b & c \\ a^2 & b^2 & c^2 \end{vmatrix}=(b-a)(c-a)(c-b);$$

$$(2)\begin{vmatrix} 1 & 1 & 1 & 1 \\ a & b & c & d \\ a^2 & b^2 & c^2 & d^2 \\ a^3 & b^3 & c^3 & d^3 \end{vmatrix}=(b-a)(c-a)(d-a)(c-b)(d-b)(d-c).$$

6.2　克莱姆(Cramer)法则

在上一节的讨论中我们知道,二元、三元线性方程组在系数行列式 $D\neq 0$ 时方程组有惟一解,并且解可以用式(6-2)或(6-4)求出.

类似地,对于 n 元线性方程组,其一般形式为

$$\begin{cases} a_{11}x_1+a_{12}x_2+\cdots+a_{1n}x_n=b_1 \\ a_{21}x_1+a_{22}x_2+\cdots+a_{2n}x_n=b_2 \\ \cdots\cdots\cdots\cdots\cdots\cdots\cdots\cdots\cdots \\ a_{n1}x_1+a_{n2}x_2+\cdots+a_{nn}x_n=b_n \end{cases} \tag{6-10}$$

有如下结论:

定理(克莱姆法则)　若 n 元线性方程组(6-10)的系数行列式

$$D = \begin{vmatrix} a_{11} & a_{12} & \cdots & a_{1n} \\ a_{21} & a_{22} & \cdots & a_{2n} \\ \vdots & \vdots & \vdots & \vdots \\ a_{n1} & a_{n2} & \cdots & a_{nn} \end{vmatrix} \neq 0,$$

则方程组(6-10)有且仅有一个解:

$$x_1 = \frac{D_1}{D}, \ x_2 = \frac{D_2}{D}, \ \cdots, \ x_n = \frac{D_n}{D}.$$

其中 $D_j(j=1,2,\cdots,n)$ 是把 D 的第 j 列元素换成方程组的常数项 $b_1,b_2,\cdots,b_n$ 而得到的 n 阶行列式.

【例1】 解线性方程组

$$\begin{cases} 2x_1 + x_2 - 5x_3 + x_4 = 8 \\ x_1 - 3x_2 - 6x_4 = 9 \\ 2x_2 - x_3 + 2x_4 = -5 \\ x_1 + 4x_2 - 7x_3 + 6x_4 = 0 \end{cases}.$$

解 方程组的系数行列式

$$D = \begin{vmatrix} 2 & 1 & -5 & 1 \\ 1 & -3 & 0 & -6 \\ 0 & 2 & -1 & 2 \\ 1 & 4 & -7 & 6 \end{vmatrix} = 27 \neq 0,$$

所以,方程组有惟一解.又因为

$$D_1 = \begin{vmatrix} 8 & 1 & -5 & 1 \\ 9 & -3 & 0 & -6 \\ -5 & 2 & -1 & 2 \\ 0 & 4 & -7 & 6 \end{vmatrix} = 81,$$

$$D_2 = \begin{vmatrix} 2 & 8 & -5 & 1 \\ 1 & 9 & 0 & -6 \\ 0 & -5 & -1 & 2 \\ 1 & 0 & -7 & 6 \end{vmatrix} = -108,$$

$$D_3 = \begin{vmatrix} 2 & 1 & 8 & 1 \\ 1 & -3 & 9 & -6 \\ 0 & 2 & -5 & 2 \\ 1 & 4 & 0 & 6 \end{vmatrix} = -27,$$

$$D_4 = \begin{vmatrix} 2 & 1 & -5 & 8 \\ 1 & -3 & 0 & 9 \\ 0 & 2 & -1 & -5 \\ 1 & 4 & -7 & 0 \end{vmatrix} = 27,$$

由克莱姆法则,得方程组的解为

$$x_1 = \frac{81}{27} = 3 , \quad x_2 = \frac{-108}{27} = -4 , \quad x_3 = \frac{-27}{27} = -1 , \quad x_4 = \frac{27}{27} = 1 .$$

【**例 2**】 某企业一次投料生产能获得产品及副产品共四种,每种产品的成本未单独核算.现投料四次,得四批产品的总成本,见表 6-1.试求每种产品的单位成本.

表 6-1

批　　次	产品（公斤）				总成本（元）
	A	B	C	D	
第一批产品	40	20	20	10	580
第二批产品	100	50	40	20	1410
第三批产品	20	8	8	4	272
第四批产品	80	36	32	12	1100

解 设 A、B、C、D 四种产品的单位成本分别为 x_1 , x_2 , x_3 , x_4,依题意列方程组

$$\begin{cases} 40x_1 + 20x_2 + 20x_3 + 10x_4 = 580 \\ 100x_1 + 50x_2 + 40x_3 + 20x_4 = 1410 \\ 20x_1 + 8x_2 + 8x_3 + 4x_4 = 272 \\ 80x_1 + 36x_2 + 32x_3 + 12x_4 = 1100 \end{cases}$$

利用克莱姆法则解这个方程组,得方程组有惟一解:

$$x_1 = 10 , x_2 = 5 , x_3 = 3 , x_4 = 2 .$$

所以,四种产品的单位成本分别为 10 元、5 元、3 元、2 元.

如果 n 元线性方程组(6-10)的常数项均为零,即

$$\begin{cases} a_{11}x_1 + a_{12}x_2 + \cdots + a_{1n}x_n = 0 \\ a_{21}x_1 + a_{22}x_2 + \cdots + a_{2n}x_n = 0 \\ \cdots\cdots\cdots\cdots\cdots\cdots\cdots\cdots\cdots \\ a_{n1}x_1 + a_{n2}x_2 + \cdots + a_{nn}x_n = 0 \end{cases} \qquad (6-11)$$

则当系数行列式 $D \neq 0$ 时,方程组(6-11)有惟一零解:

$$x_1 = 0 , x_2 = 0 , \cdots , x_n = 0 .$$

我们应该知道,解线性方程组,只有在方程组的未知数个数与方程个数相等以及方程组的系数行列式 $D \neq 0$ 时,才能应用克莱姆法则;当 $D = 0$,或者未知数个数与方程个数不相等时,我们可以用矩阵的知识来解决.

习题 6-2

1.用克莱姆法则解下列线性方程组:

$$(1) \begin{cases} x_1 - x_2 + x_3 - 2x_4 = 2 \\ 3x_1 + 2x_2 + x_3 = -1 \\ 2x_1 - x_3 + 4x_4 = 4 \\ x_1 - 2x_2 + x_3 - 2x_4 = 4 \end{cases} ;$$

$$(2)\begin{cases} x_1 + x_2 + 2x_3 + 3x_4 = 1 \\ 3x_1 - x_2 - x_3 - 2x_4 = -4 \\ 2x_1 + 3x_2 - x_3 - x_4 = -6 \\ x_1 + 2x_2 + 3x_3 - x_4 = -4 \end{cases}.$$

2. 一节食者准备一餐的食物 A、B、C. 已知每一盎司 A 含有 2 单位的蛋白质,3 单位的脂肪,4 单位的糖;每一盎司 B 含有 3 单位的蛋白质,2 单位的脂肪,1 单位的糖;每一盎司 C 含有 3 单位的蛋白质,3 单位的脂肪,2 单位的糖. 如果这一餐必须精确到含有 25 单位的蛋白质,24 单位的脂肪,21 单位的糖,请问节食者每种食物需准备多少盎司?(每盎司为 28.35 克)

3. 试根据表 6-2 中资料求每类商品的利润率:

表 6-2

月份\商品	销售额(万元) A	B	C	D	总利润(万元)
1	4	6	8	10	2.74
2	4	6	9	9	2.76
3	5	6	8	10	2.89
4	5	5	9	9	2.79

6.3 矩阵(matrix)的概念、运算

本节我们要学习一个新的数学概念——矩阵. 矩阵不仅是解线性方程组的重要工具,而且在经济管理中也有着极为广泛的应用.

6.3.1 矩阵的概念

【例1】 某公司销售四种商品 A、B、C、D,它们在第一季度的销售量见表 6-3.

表 6-3

月份\商品	销售额(件) A	B	C	D
1	200	220	100	300
2	250	300	90	320
3	280	260	120	400

在数学中习惯将数据从表里提出来研究. 这样一个纯数表:

$$\begin{pmatrix} 200 & 220 & 100 & 300 \\ 250 & 300 & 90 & 320 \\ 280 & 260 & 120 & 400 \end{pmatrix}$$

在数学上就叫做**矩阵**.

定义 1 由 $m \times n$ 个数 $a_{ij}(i = 1, 2, \cdots, m; j = 1, 2, \cdots, n)$ 按一定顺序排列成的一个 m

行 n 列的矩形数表:

$$A = \begin{pmatrix} a_{11} & a_{12} & \cdots & a_{1n} \\ a_{21} & a_{22} & \cdots & a_{2n} \\ \vdots & \vdots & \vdots & \vdots \\ a_{m1} & a_{m2} & \cdots & a_{mn} \end{pmatrix} \qquad (6\text{-}12)$$

称为 m 行 n 列**矩阵**. a_{ij} 称为矩阵 A 的第 i 行第 j 列**元素**.

矩阵通常用大写英文字母 A, B, $\cdots$ 或 (a_{ij}), (b_{ij}), $\cdots$ 表示,也可记为 $A_{m \times n}$ 或 $(a_{ij})_{m \times n}$.

对于矩阵(6-12),

(1)当 $m = n$ 时, $A = \begin{pmatrix} a_{11} & a_{12} & \cdots & a_{1n} \\ a_{21} & a_{22} & \cdots & a_{2n} \\ \vdots & \vdots & \vdots & \vdots \\ a_{n1} & a_{n2} & \cdots & a_{nn} \end{pmatrix}$ 称为 n **阶方阵**,简称**方阵**.

(2)当 $m = 1$ 时, $A = (a_{11} \quad a_{12} \quad \cdots \quad a_{1n})$ 称为**行矩阵**.

(3)当 $n = 1$ 时, $A = \begin{pmatrix} a_{11} \\ a_{21} \\ \vdots \\ a_{m1} \end{pmatrix}$ 称为**列矩阵**.

(4)当 $a_{ij} = 0 (i = 1, 2, \cdots, m; j = 1, 2, \cdots, n)$ 时,称为**零矩阵**,记作 $O_{m \times n}$ 或 O,即

$$O_{m \times n} (\text{或} \ O) = \begin{pmatrix} 0 & 0 & \cdots & 0 \\ 0 & 0 & \cdots & 0 \\ \vdots & \vdots & \vdots & \vdots \\ 0 & 0 & \cdots & 0 \end{pmatrix}.$$

(5)方阵从左上角到右下角的对角线称为**主对角线**.除了主对角线上的元素外,其余

元素均为零的方阵称为**对角矩阵**,即 $A = \begin{pmatrix} a_{11} & 0 & \cdots & 0 \\ 0 & a_{22} & \cdots & 0 \\ \vdots & \vdots & \vdots & \vdots \\ 0 & 0 & \cdots & a_{nn} \end{pmatrix}$.

(6)主对角线上的元素均为1的对角矩阵称为**单位矩阵**,记为 I_n 或 I.

例如, $I_2(\text{或} \ I) = \begin{pmatrix} 1 & 0 \\ 0 & 1 \end{pmatrix}$, $I_3(\text{或} \ I) = \begin{pmatrix} 1 & 0 & 0 \\ 0 & 1 & 0 \\ 0 & 0 & 1 \end{pmatrix}$.

(7)主对角线下方的各元素均为零的方阵称为**上三角形矩阵**,即

$$A = \begin{pmatrix} a_{11} & a_{12} & \cdots & a_{1n} \\ 0 & a_{22} & \cdots & a_{2n} \\ \vdots & \vdots & \vdots & \vdots \\ 0 & 0 & \cdots & a_{nn} \end{pmatrix};$$

主对角线上方的各元素均为零的方阵称为**下三角形矩阵**,即

$$\begin{pmatrix} a_{11} & 0 & \cdots & 0 \\ a_{21} & a_{22} & \cdots & 0 \\ \vdots & \vdots & \vdots & \vdots \\ a_{n1} & a_{n2} & \cdots & a_{nn} \end{pmatrix}.$$

上三角形矩阵和下三角形矩阵统称为**三角形矩阵**.

(8)把矩阵 A 的行换成列所得的矩阵称为矩阵 A 的**转置矩阵**,记作 A^{T} 或 A'.

例如,$A = \begin{pmatrix} 2 & 5 \\ -1 & 0 \\ 3 & -7 \end{pmatrix}$,则 $A^{\mathrm{T}} = \begin{pmatrix} 2 & -1 & 3 \\ 5 & 0 & -7 \end{pmatrix}$.

(9)若两矩阵 $A = (a_{ij})_{m \times n}$ 与 $B = (b_{ij})_{m \times n}$ 对应位置上的元素都相等,即

$$a_{ij} = b_{ij}(i = 1, 2, \cdots, m; \ j = 1, 2, \cdots, n),$$

则称矩阵 A 与矩阵 B **相等**,记作 $A = B$.

(10)由方阵 A 的元素按原来的次序所构成的行列式称为方阵 A 的行列式,记作 $|A|$ 或 $\det A$.

例如,方阵 $A = \begin{pmatrix} 1 & 2 & 3 \\ 1 & 0 & -1 \\ 2 & 3 & -2 \end{pmatrix}$ 的行列式为 $|A| = \begin{vmatrix} 1 & 2 & 3 \\ 1 & 0 & -1 \\ 2 & 3 & -2 \end{vmatrix}$.

6.3.2 矩阵的运算

1.矩阵的加法与减法

【例2】 某运输公司分两次将某商品(单位:吨)从 3 个产地运往 4 个销售地,两次调运方案分别用矩阵 A 与矩阵 B 表示:

$$A = \begin{pmatrix} 2 & 4 & 5 & 0 \\ 1 & 2 & 0 & 1 \\ 3 & 3 & 2 & 3 \end{pmatrix}, B = \begin{pmatrix} 3 & 6 & 7 & 5 \\ 2 & 3 & 1 & 2 \\ 2 & 1 & 3 & 1 \end{pmatrix}.$$

求该公司两次从各产地运往各销售地的商品运输量.

显然所求商品运输量用矩阵表示为:

$$\begin{pmatrix} 2+3 & 4+6 & 5+7 & 0+5 \\ 1+2 & 2+3 & 0+1 & 1+2 \\ 3+2 & 3+1 & 2+3 & 3+1 \end{pmatrix} = \begin{pmatrix} 5 & 10 & 12 & 5 \\ 3 & 5 & 1 & 3 \\ 5 & 4 & 5 & 4 \end{pmatrix}.$$

这个例子说明,在实际问题中有时需要把两个矩阵的所有对应元素相加,这就是矩阵的加法.

定义2 设矩阵 $A = (a_{ij})_{m \times n}$,$B = (b_{ij})_{m \times n}$,则矩阵 $(a_{ij} \pm b_{ij})_{m \times n}$ 称为 A 与 B 的和与差,记作 $A \pm B$,即

$$A \pm B = (a_{ij} \pm b_{ij})_{m \times n}.$$

显然,两个矩阵只有当它们的行数和列数都相同时,才能进行加减运算.

【例3】 已知 $A = \begin{pmatrix} 1 & 2 & 3 \\ 0 & 1 & -1 \\ 3 & -2 & 4 \end{pmatrix}$，$B = \begin{pmatrix} 1 & 1 & 4 \\ 2 & -3 & 0 \\ -1 & -3 & 2 \end{pmatrix}$，求$(1)A+B$；$(2)A-B^{\mathrm{T}}$.

解 $(1)A+B = \begin{pmatrix} 1+1 & 2+1 & 3+4 \\ 0+2 & 1+(-3) & -1+0 \\ 3+(-1) & -2+(-3) & 4+2 \end{pmatrix} = \begin{pmatrix} 2 & 3 & 7 \\ 2 & -2 & -1 \\ 2 & -5 & 6 \end{pmatrix}$.

$(2)A - B^{\mathrm{T}} = \begin{pmatrix} 1 & 2 & 3 \\ 0 & 1 & -1 \\ 3 & -2 & 4 \end{pmatrix} - \begin{pmatrix} 1 & 2 & -1 \\ 1 & -3 & -3 \\ 4 & 0 & 2 \end{pmatrix}$

$= \begin{pmatrix} 1-1 & 2-2 & 3-(-1) \\ 0-1 & 1-(-3) & -1-(-3) \\ 3-4 & -2-0 & 4-2 \end{pmatrix}$

$= \begin{pmatrix} 0 & 0 & 4 \\ -1 & 4 & 2 \\ -1 & -2 & 2 \end{pmatrix}$.

矩阵的加法满足：

(1)交换律：$A+B = B+A$；

(2)结合律：$(A+B)+C = A+(B+C)$，

其中 A、B、C 均是 m 行 n 列矩阵.

2. 数与矩阵相乘

在例2中，若运输公司第三次将这种商品从3个产地运往4个销售地，且运输量是第二次的2倍，则第三次从各产地运往各销售地的商品运输量用矩阵表示为：

$$\begin{pmatrix} 3\times2 & 6\times2 & 7\times2 & 5\times2 \\ 2\times2 & 3\times2 & 1\times2 & 2\times2 \\ 2\times2 & 1\times2 & 3\times2 & 1\times2 \end{pmatrix} = \begin{pmatrix} 6 & 12 & 14 & 10 \\ 4 & 6 & 2 & 4 \\ 4 & 2 & 6 & 2 \end{pmatrix}.$$

这实际上是数2与矩阵 B 相乘.

定义3 设矩阵 $A = (a_{ij})_{m\times n}$，$k\in \mathbf{R}$，则矩阵$(ka_{ij})_{m\times n}$称为数k与矩阵A相乘，简称数乘矩阵，记作kA，即

$$kA = (ka_{ij})_{m\times n}.$$

【例4】 已知 $A = \begin{pmatrix} 2 & 1 & 3 \\ -1 & 0 & 2 \end{pmatrix}$，$B = \begin{pmatrix} -2 & 2 & 4 \\ 6 & 4 & -4 \end{pmatrix}$，求$A + \dfrac{1}{2}B$.

解 $A + \dfrac{1}{2}B = \begin{pmatrix} 2 & 1 & 3 \\ -1 & 0 & 2 \end{pmatrix} + \begin{pmatrix} -1 & 1 & 2 \\ 3 & 2 & -2 \end{pmatrix} = \begin{pmatrix} 1 & 2 & 5 \\ 2 & 2 & 0 \end{pmatrix}$.

数乘矩阵满足：

(1)交换律：$kA = Ak$；

(2)分配律：$k(A+B) = kA + kB$，$(k_1+k_2)A = k_1A + k_2A$；

(3)结合律：$k_1(k_2A) = (k_1k_2)A$；

(4)$1\cdot A = A$，$(-1)\cdot A = -A$；

(5) $kA = O \Leftrightarrow k = 0$ 或 $A = O$,

其中 k_1、k_2 为任意常数,A、B 均是 m 行 n 列矩阵.

3. 矩阵与矩阵相乘

【例5】 某公司生产甲、乙两种产品,计划元月份的产量分别为 100、120 件,用矩阵 $A = (100 \quad 120)$ 表示. 已知每种产品都需经过三台机器加工,每台机器上所费时间(小时)用矩阵 $B = \begin{pmatrix} 1.5 & 2 & 1 \\ 4 & 3 & 1.5 \end{pmatrix}$ 表示,求元月份每台机器的使用时间.

显然,元月份每台机器的使用时间用矩阵表示

$(100 \times 1.5 + 120 \times 4 \quad 100 \times 2 + 120 \times 3 \quad 100 \times 1 + 120 \times 1.5) = (630 \quad 560 \quad 280).$

这实际上就是矩阵 A 与矩阵 B 相乘.

定义4 设矩阵 $A = (a_{ij})_{m \times s}$,$B = (b_{ij})_{s \times n}$,则矩阵 $C = (c_{ij})_{m \times n}$,其中

$$c_{ij} = a_{i1}b_{1j} + a_{i2}b_{2j} + \cdots + a_{is}b_{sj} = \sum_{k=1}^{s} a_{ik}b_{kj} (i = 1,2,\cdots,m; j = 1,2,\cdots,n; k = 1,2,\cdots,s)$$

称为矩阵 A 与矩阵 B 的**乘积**,记作 AB,即 $C = AB$.

由定义可以看出,只有当矩阵 A 的列数等于矩阵 B 的行数时,A 才能与 B 相乘,并且所得结果 AB 的行数等于矩阵 A 的行数,而列数等于矩阵 B 的列数.

【例6】 已知 $A = \begin{pmatrix} 1 & 2 \\ 3 & 4 \end{pmatrix}$,$B = \begin{pmatrix} 2 & 0 & 3 \\ 1 & 2 & -1 \end{pmatrix}$,求 AB.

解 $AB = \begin{pmatrix} 1 \times 2 + 2 \times 1 & 1 \times 0 + 2 \times 2 & 1 \times 3 + 2 \times (-1) \\ 3 \times 2 + 4 \times 1 & 3 \times 0 + 4 \times 2 & 3 \times 3 + 4 \times (-1) \end{pmatrix} = \begin{pmatrix} 4 & 4 & 1 \\ 10 & 8 & 5 \end{pmatrix}.$

【例7】 已知 $A = \begin{pmatrix} 1 & 2 \\ 2 & 4 \end{pmatrix}$,$B = \begin{pmatrix} 2 & -6 \\ -1 & 3 \end{pmatrix}$,$C = \begin{pmatrix} 4 & -12 \\ -2 & 6 \end{pmatrix}$,求 AB,BA,AC.

解 $AB = \begin{pmatrix} 0 & 0 \\ 0 & 0 \end{pmatrix}$,$BA = \begin{pmatrix} -10 & -20 \\ 5 & 10 \end{pmatrix}$,$AC = \begin{pmatrix} 0 & 0 \\ 0 & 0 \end{pmatrix}.$

由例7可以知道:

(1) $AB \neq BA$,即矩阵乘法不满足交换律. 因此,矩阵 A 与矩阵 B 的乘积 AB 常读作 "A 左乘 B" 或 "B 右乘 A",这时我们称矩阵 A 为左矩阵,矩阵 B 为右矩阵.

(2) 由 $AB = O$ 不能推出 $A = O$ 或 $B = O$.

(3) $AB = AC$ 不能推出 $B = C$,即矩阵乘法不满足消元律.

【例8】 已知 $A = \begin{pmatrix} 2 & 3 \\ 0 & 1 \\ 3 & -2 \end{pmatrix}$,求 AI,IA.

解 $AI = \begin{pmatrix} 2 & 3 \\ 0 & 1 \\ 3 & -2 \end{pmatrix} \begin{pmatrix} 1 & 0 \\ 0 & 1 \end{pmatrix} = \begin{pmatrix} 2 & 3 \\ 0 & 1 \\ 3 & -2 \end{pmatrix},$

$IA = \begin{pmatrix} 1 & 0 & 0 \\ 0 & 1 & 0 \\ 0 & 0 & 1 \end{pmatrix} \begin{pmatrix} 2 & 3 \\ 0 & 1 \\ 3 & -2 \end{pmatrix} = \begin{pmatrix} 2 & 3 \\ 0 & 1 \\ 3 & -2 \end{pmatrix}.$

矩阵乘法满足：

(1)分配律：$(A + B)C = AC + BC, A(B + C) = AB + AC$；

(2)结合律：$(AB)C = A(BC), k(AB) = (kA)B = A(kB)$；

(3)$AI = IA = A$，

其中 A、B、C 是矩阵，k 是任意常数.

习题 6-3

1.行列式与矩阵有什么区别？

2.已知矩阵 $A = \begin{pmatrix} 3 & 2 & 5 \\ 1 & 0 & -1 \\ 4 & 6 & -3 \end{pmatrix}, B = \begin{pmatrix} 1 & -2 & 3 \\ -5 & 1 & 2 \\ 6 & 0 & -4 \end{pmatrix}$，求 $A - 2B, -A + B, A + B^T$.

3.计算：

$(1)\begin{pmatrix} 2 \\ 3 \end{pmatrix}(4)$；

$(2)(3 \quad 2)\begin{pmatrix} -1 \\ 4 \end{pmatrix}$；

$(3)\begin{pmatrix} 1 & 2 \\ 3 & -1 \end{pmatrix}\begin{pmatrix} -3 & 4 \\ 1 & -2 \end{pmatrix}$；

$(4)\begin{pmatrix} 3 \\ 2 \\ -1 \\ 1 \end{pmatrix}(1 \quad 2 \quad -1)$；

$(5)\begin{pmatrix} 1 & 2 \\ 2 & 0 \\ 3 & -1 \end{pmatrix}\begin{pmatrix} 2 & 1 & 0 & -1 \\ 1 & 3 & 4 & 0 \end{pmatrix}$；

$(6)\begin{pmatrix} \sin x & \cos x \\ -\cos x & \sin x \end{pmatrix}\begin{pmatrix} \sin x & \cos x \\ \cos x & -\sin x \end{pmatrix}$.

4.若 A、B 是两个不同的 n 阶方阵$(n \geqslant 2)$，恒等式

$$(A + B)^2 = A^2 + 2AB + B^2$$

是否成立？为什么？其中 $A^2 = A \cdot A$.

5.现有三批货物分别运往三个地点，货物去向、重量及运费见表6-4.

表 6-4

货物去向	货物件数	每件重量(公斤)	运费(元/公斤)
广州	80	20	0.12
沈阳	50	30	0.10
兰州	70	50	0.11

试用矩阵形式计算这三批货物的运费总额.

6.4　逆矩阵及初等变换

6.4.1　逆矩阵

根据矩阵与矩阵的乘积和矩阵相等的定义，方程组(6-10)可写成矩阵形式

$$AX = B \qquad (6\text{-}13)$$

其中 $A = \begin{pmatrix} a_{11} & a_{12} & \cdots & a_{1n} \\ a_{21} & a_{22} & \cdots & a_{2n} \\ \vdots & \vdots & \vdots & \vdots \\ a_{n1} & a_{n2} & \cdots & a_{nn} \end{pmatrix}$ 称为方程组(6-10)的**系数矩阵**，$X = \begin{pmatrix} x_1 \\ x_2 \\ \vdots \\ x_n \end{pmatrix}$ 称为未知数矩

阵，$B = \begin{pmatrix} b_1 \\ b_2 \\ \vdots \\ b_n \end{pmatrix}$ 称为**常数项矩阵**，式(6-13)称为**矩阵方程**.

我们知道代数方程 $ax = b$ 的解为 $x = a^{-1}b(a \neq 0)$，对于矩阵方程(6-13)，为了将它写成 $X = A^{-1}B$ 的形式，我们引入逆矩阵的概念.

定义 1　设 A 是 n 阶方阵，如果存在一个 n 阶方阵 C，使得 $AC = CA = I$，则称方阵 A 是可逆的(或非奇异的)，并称 C 为 A 的**逆矩阵**，简称**逆阵**，记作 A^{-1}；否则称 A 是**不可逆的**(或奇异的).

【例 1】　设 $A = \begin{pmatrix} 1 & -4 & -3 \\ 1 & -5 & -3 \\ -1 & 6 & 4 \end{pmatrix}$，验证 $A^{-1} = \begin{pmatrix} 2 & 2 & 3 \\ 1 & -1 & 0 \\ -1 & 2 & 1 \end{pmatrix}$.

证明　$\because \begin{pmatrix} 1 & -4 & -3 \\ 1 & -5 & -3 \\ -1 & 6 & 4 \end{pmatrix}\begin{pmatrix} 2 & 2 & 3 \\ 1 & -1 & 0 \\ -1 & 2 & 1 \end{pmatrix} = \begin{pmatrix} 1 & 0 & 0 \\ 0 & 1 & 0 \\ 0 & 0 & 1 \end{pmatrix}$,

$\begin{pmatrix} 2 & 2 & 3 \\ 1 & -1 & 0 \\ -1 & 2 & 1 \end{pmatrix}\begin{pmatrix} 1 & -4 & -3 \\ 1 & -5 & -3 \\ -1 & 6 & 4 \end{pmatrix} = \begin{pmatrix} 1 & 0 & 0 \\ 0 & 1 & 0 \\ 0 & 0 & 1 \end{pmatrix}$,

$\therefore A^{-1} = \begin{pmatrix} 1 & -4 & -3 \\ 1 & -5 & -3 \\ -1 & 6 & 4 \end{pmatrix}^{-1} = \begin{pmatrix} 2 & 2 & 3 \\ 1 & -1 & 0 \\ -1 & 2 & 1 \end{pmatrix}$.

逆矩阵有以下性质:

(1)若 A 可逆，则其逆阵是惟一的.

(2)A 的逆阵的逆阵还是 A，即 $(A^{-1})^{-1} = A$.

求可逆矩阵的逆阵可用**伴随矩阵法**.

定义 2　设 n 阶方阵 $A = (a_{ij})_{n \times n}$，其行列式 $|A|$ 中各元素 a_{ij} 的代数余子式为 A_{ij}，将 A_{ij} 按 $|A|$ 中 a_{ij} 的顺序排列成方阵，然后转置所得的方阵称为方阵 A 的**伴随矩阵**，记作 A^*，即

$$A^* = \begin{pmatrix} A_{11} & A_{21} & \cdots & A_{n1} \\ A_{12} & A_{22} & \cdots & A_{n2} \\ \vdots & \vdots & \vdots & \vdots \\ A_{1n} & A_{2n} & \cdots & A_{nn} \end{pmatrix}.$$

根据 n 阶行列式的性质 7、性质 8,知 $AA^* = A^*A = \begin{pmatrix} |A| & 0 & \cdots & 0 \\ 0 & |A| & \cdots & 0 \\ \vdots & \vdots & \vdots & \vdots \\ 0 & 0 & \cdots & |A| \end{pmatrix}$,

当 $|A| \neq 0$ 时,

$$A\left(\frac{1}{|A|}A^*\right) = \left(\frac{1}{|A|}A^*\right)A = I.$$

所以,可得以下定理:

定理 1　方阵 A 可逆的充要条件是 $|A| \neq 0$;当 A 可逆时有 $A^{-1} = \frac{1}{|A|}A^*$.

【例 2】　判断下列矩阵是否可逆? 若可逆,求其逆阵.

$(1)A = \begin{pmatrix} 1 & 2 \\ -1 & 3 \end{pmatrix}$;　　　　$(2)A = \begin{pmatrix} 4 & 1 & 5 \\ 1 & 1 & 2 \\ 0 & 2 & 2 \end{pmatrix}$.

解　(1)因为 $|A| = \begin{vmatrix} 1 & 2 \\ -1 & 3 \end{vmatrix} = 5 \neq 0$,所以 A 可逆.又因为

$A_{11} = (-1)^{1+1}|3| = 3, A_{12} = (-1)^{1+2}|-1| = 1, A_{21} = (-1)^{2+1}|2| = -2,$

$A_{22} = (-1)^{2+2}|1| = 1,$

所以,$A^{-1} = \frac{1}{5}\begin{pmatrix} 3 & -2 \\ 1 & 1 \end{pmatrix} = \begin{pmatrix} \dfrac{3}{5} & -\dfrac{2}{5} \\ \dfrac{1}{5} & \dfrac{1}{5} \end{pmatrix}.$

(2)因为 $|A| = \begin{vmatrix} 4 & 1 & 5 \\ 1 & 1 & 2 \\ 0 & 2 & 2 \end{vmatrix} = 0$,所以 A 不可逆.

由逆矩阵的概念知,对于矩阵方程(6-13),若 A 可逆,则

$$AX = B \Rightarrow A^{-1}AX = A^{-1}B \Rightarrow IX = A^{-1}B \Rightarrow X = A^{-1}B.$$

【例 3】　解矩阵方程 $X\begin{pmatrix} -2 & 1 \\ 0 & 2 \end{pmatrix} = \begin{pmatrix} 1 & 1 \\ 2 & -1 \end{pmatrix}$.

解　方程两边同时右乘 $\begin{pmatrix} -2 & 1 \\ 0 & 2 \end{pmatrix}^{-1}$,

$$X\begin{pmatrix} -2 & 1 \\ 0 & 2 \end{pmatrix}\begin{pmatrix} -2 & 1 \\ 0 & 2 \end{pmatrix}^{-1} = \begin{pmatrix} 1 & 1 \\ 2 & -1 \end{pmatrix}\begin{pmatrix} -2 & 1 \\ 0 & 2 \end{pmatrix}^{-1},$$

得:$X = \begin{pmatrix} 1 & 1 \\ 2 & -1 \end{pmatrix}\begin{pmatrix} -2 & 1 \\ 0 & 2 \end{pmatrix}^{-1} = \begin{pmatrix} 1 & 1 \\ 2 & -1 \end{pmatrix}\begin{pmatrix} -\dfrac{1}{2} & \dfrac{1}{4} \\ 0 & \dfrac{1}{2} \end{pmatrix} = \begin{pmatrix} -\dfrac{1}{2} & \dfrac{3}{4} \\ -1 & 0 \end{pmatrix}.$

【例 4】　利用逆矩阵解线性方程组 $\begin{cases} x_1 + 2x_2 + 3x_3 = 3 \\ 2x_1 + 5x_2 + 7x_3 = 6. \\ 3x_1 + 7x_2 + 8x_3 = 5 \end{cases}$

解 方程组的系数矩阵、未知数矩阵、常数项矩阵分别为：

$$A = \begin{pmatrix} 1 & 2 & 3 \\ 2 & 5 & 7 \\ 3 & 7 & 8 \end{pmatrix}, X = \begin{pmatrix} x_1 \\ x_2 \\ x_3 \end{pmatrix}, B = \begin{pmatrix} 3 \\ 6 \\ 5 \end{pmatrix},$$

则得到矩阵方程为 $AX = B$.

因为

$$A^{-1} = \frac{1}{|A|} A^* = \frac{1}{-2} \begin{pmatrix} -9 & 5 & -1 \\ 5 & -1 & -1 \\ -1 & -1 & 1 \end{pmatrix} = \begin{pmatrix} \frac{9}{2} & -\frac{5}{2} & \frac{1}{2} \\ -\frac{5}{2} & \frac{1}{2} & \frac{1}{2} \\ \frac{1}{2} & \frac{1}{2} & -\frac{1}{2} \end{pmatrix},$$

所以，

$$X = A^{-1}B = \begin{pmatrix} \frac{9}{2} & -\frac{5}{2} & \frac{1}{2} \\ -\frac{5}{2} & \frac{1}{2} & \frac{1}{2} \\ \frac{1}{2} & \frac{1}{2} & -\frac{1}{2} \end{pmatrix} \begin{pmatrix} 3 \\ 6 \\ 5 \end{pmatrix} = \begin{pmatrix} 1 \\ -2 \\ 2 \end{pmatrix}.$$

得到方程组的解为 $x_1 = 1, x_2 = -2, x_3 = 2$.

6.4.2 矩阵的初等变换

由前面的讨论可知,用克莱姆法则和逆矩阵求线性方程组的解时,要求方程组必须是 n 个未知数 n 个方程的线性方程组,而且其系数行列式不等于零.均有一定的局限性,为了求解更一般的线性方程组,在这里我们先介绍矩阵的秩和初等变换的概念.

定义 3 在矩阵 $A = (a_{ij})_{m \times n}$ 中,任取 k 行 k 列 $(k \leqslant \min(m, n))$,位于这些行列相交处的元素所构成的 k 阶行列式,称为 A 的 **k 阶子式**.

例如,在矩阵 $A = \begin{pmatrix} 1 & 2 & 0 & 2 & -1 \\ 3 & 1 & 5 & -2 & 3 \\ 7 & 4 & 2 & -3 & 0 \end{pmatrix}$ 中,第一、二行与第一、二列相交处元素构成的二阶子式为 $\begin{vmatrix} 1 & 2 \\ 3 & 1 \end{vmatrix}$；第一、二、三行与第二、三、四列相交处元素构成的三阶子式为 $\begin{vmatrix} 2 & 0 & 2 \\ 1 & 5 & -2 \\ 4 & 2 & -3 \end{vmatrix}$.

定义 4 如果矩阵 A 中至少有一个 r 阶子式不为零,而所有高于 r 阶的子式都为零,则数 r 称为矩阵 A 的**秩**,记为 $R(A)$,即 $R(A) = r$.

显然,若 $R(A) = r$,则 A 中 $r - 1$ 阶子式不可能全为零.

例如,在矩阵 $A = \begin{pmatrix} 1 & 1 & 2 & 5 \\ 1 & 2 & 3 & 7 \\ 1 & 3 & 4 & 9 \end{pmatrix}$ 中,有二阶子式 $\begin{vmatrix} 1 & 1 \\ 1 & 2 \end{vmatrix} = 1 \neq 0$,而它的四个三阶子式

$$\begin{vmatrix} 1 & 1 & 2 \\ 1 & 2 & 3 \\ 1 & 3 & 4 \end{vmatrix}, \begin{vmatrix} 1 & 1 & 5 \\ 1 & 2 & 7 \\ 1 & 3 & 9 \end{vmatrix}, \begin{vmatrix} 1 & 2 & 5 \\ 1 & 3 & 7 \\ 1 & 4 & 9 \end{vmatrix}, \begin{vmatrix} 1 & 2 & 5 \\ 2 & 3 & 7 \\ 3 & 4 & 9 \end{vmatrix}$$ 均为零,所以 $R(A) = 2$.

定义 5 若矩阵 A 满足:

(1)零行(即元素全为零的行)在下方;

(2)首非零元(即非零行第一个不为零的元素)的列标号随行标号的增加而严格递增,

则矩阵 A 称为**阶梯形矩阵**.

例如,$A = \begin{pmatrix} 1 & 2 & 0 \\ 0 & -1 & 3 \\ 0 & 0 & 5 \end{pmatrix}, B = \begin{pmatrix} 1 & 0 & 2 & 1 \\ 0 & 0 & 3 & 2 \\ 0 & 0 & 0 & 0 \end{pmatrix}, C = \begin{pmatrix} 0 & 3 & -1 & 0 & 1 \\ 0 & 0 & 1 & 2 & -2 \\ 0 & 0 & 0 & 8 & 0 \end{pmatrix}$ 都是阶梯形

矩阵.

显然,阶梯形矩阵的秩等于其中非零行的行数.上面阶梯形矩阵 $R(A) = 3$,$R(B) = 2$,$R(C) = 3$.

定义 6 若阶梯形矩阵 A 满足:

(1)非零行的首行非零元都是 1;

(2)所有首非零元所在列的其他元素都是 0,则矩阵 A 称为**简化阶梯形矩阵**.

例如,$\begin{pmatrix} 1 & 0 & 3 \\ 0 & 1 & 2 \\ 0 & 0 & 0 \end{pmatrix}, \begin{pmatrix} 1 & 0 & 0 & 2 \\ 0 & 1 & 0 & 1 \\ 0 & 0 & 1 & 3 \end{pmatrix}, \begin{pmatrix} 1 & 2 & 0 & 0 & 2 \\ 0 & 0 & 1 & 0 & -1 \\ 0 & 0 & 0 & 1 & 3 \\ 0 & 0 & 0 & 0 & 0 \end{pmatrix}$ 都是简化阶梯形矩阵.

定义 7 对矩阵的行(或列)作以下三种变换,称为**初等变换**.

(1)矩阵的任意两行(或列)互换位置.(第 i 行(或列)与第 j 行(或列)互换,记作 $r_i \leftrightarrow r_j$(或 $c_i \leftrightarrow c_j$)).

(2)用一个不为零的常数乘矩阵的某一行(或列).(数 k 乘第 i 行(或列),记作 kr_i(或 kc_i)).

(3)用一个常数乘矩阵的某一行(或列),再加到另一行(或列)上去.(数 k 乘第 i 行(或列),再加到第 j 行(或列)上去,记作 $r_j + kr_i$(或 $c_j + kc_i$)).

容易证明以下定理:

定理 2 初等变换不改变矩阵的秩.

利用矩阵的初等变换可以求矩阵的秩.具体方法是对矩阵 A 的行施行初等变换,将它化成一个阶梯形矩阵 B,则 $R(A) = R(B)$.

【**例 5**】 求矩阵 $A = \begin{pmatrix} 1 & 1 & 2 & 5 & 7 \\ 1 & 2 & 3 & 7 & 10 \\ 1 & 3 & 4 & 9 & 13 \\ 1 & 4 & 5 & 11 & 16 \end{pmatrix}$ 的秩.

解 对矩阵 A 施行行初等变换:

$$A = \begin{pmatrix} 1 & 1 & 2 & 5 & 7 \\ 1 & 2 & 3 & 7 & 10 \\ 1 & 3 & 4 & 9 & 13 \\ 1 & 4 & 5 & 11 & 16 \end{pmatrix} \xrightarrow{r_2 - r_1, r_3 - r_1, r_4 - r_1} \begin{pmatrix} 1 & 1 & 2 & 5 & 7 \\ 0 & 1 & 1 & 2 & 3 \\ 0 & 2 & 2 & 4 & 6 \\ 0 & 3 & 3 & 6 & 9 \end{pmatrix}$$

$$\xrightarrow{r_3 - 2r_2, r_4 - 3r_2} \begin{pmatrix} 1 & 1 & 2 & 5 & 7 \\ 0 & 1 & 1 & 2 & 3 \\ 0 & 0 & 0 & 0 & 0 \\ 0 & 0 & 0 & 0 & 0 \end{pmatrix}.$$

所以, $R(A) = 2$.

注意　初等变换的每一步都用箭头"→"表示,它说明经过初等变换后的矩阵与原矩阵是等价关系,而不是相等关系.

利用矩阵的初等变换还可以求可逆矩阵 A 的逆阵.具体方法是将 n 阶方阵 A 与单位矩阵 I_n 组成一个长方矩阵 $(A \vdots I_n)$,再对这个长方矩阵施行行初等变换,使虚线左边的 A 变成单位矩阵 I_n,这时虚线右边的 I_n 就变成了 A^{-1},即

$$(A \vdots I_n) \xrightarrow{\text{行初等变换}} (I_n \vdots A^{-1}).$$

【例6】　利用初等变换求矩阵 $A = \begin{pmatrix} 1 & 1 & -1 \\ 2 & 1 & 0 \\ 1 & -1 & 1 \end{pmatrix}$ 的逆矩阵.

解　$(A \vdots I_n) = \begin{pmatrix} 1 & 1 & -1 & 1 & 0 & 0 \\ 2 & 1 & 0 & 0 & 1 & 0 \\ 1 & -1 & 1 & 0 & 0 & 1 \end{pmatrix} \xrightarrow{r_1 + r_3} \begin{pmatrix} 2 & 0 & 0 & 1 & 0 & 1 \\ 2 & 1 & 0 & 0 & 1 & 0 \\ 1 & -1 & 1 & 0 & 0 & 1 \end{pmatrix}$

$$\xrightarrow{\frac{1}{2}r_1} \begin{pmatrix} 1 & 0 & 0 & \frac{1}{2} & 0 & \frac{1}{2} \\ 2 & 1 & 0 & 0 & 1 & 0 \\ 1 & -1 & 1 & 0 & 0 & 1 \end{pmatrix} \xrightarrow{r_2 - 2r_1, r_3 - r_1} \begin{pmatrix} 1 & 0 & 0 & \frac{1}{2} & 0 & \frac{1}{2} \\ 0 & 1 & 0 & -1 & 1 & -1 \\ 0 & -1 & 1 & -\frac{1}{2} & 0 & \frac{1}{2} \end{pmatrix}$$

$$\xrightarrow{r_3 + r_2} \begin{pmatrix} 1 & 0 & 0 & \frac{1}{2} & 0 & \frac{1}{2} \\ 0 & 1 & 0 & -1 & 1 & -1 \\ 0 & 0 & 1 & -\frac{3}{2} & 1 & -\frac{1}{2} \end{pmatrix} = (I_n \vdots A^{-1})$$

所以, $A^{-1} = \begin{pmatrix} \frac{1}{2} & 0 & \frac{1}{2} \\ -1 & 1 & -1 \\ -\frac{3}{2} & 1 & -\frac{1}{2} \end{pmatrix}.$

习题 6-4

1.用伴随矩阵法求下列矩阵的逆阵:

(1) $\begin{pmatrix} 2 & 3 \\ -2 & 1 \end{pmatrix}$;　　(2) $\begin{pmatrix} 1 & -2 & 1 \\ 2 & 3 & 0 \\ 1 & 0 & 1 \end{pmatrix}$;　　(3) $\begin{pmatrix} 1 & 0 & 0 \\ 0 & 1 & 0 \\ 0 & 0 & 1 \end{pmatrix}$.

2.解下列矩阵方程:

(1) $\begin{pmatrix} 2 & 5 \\ 1 & 3 \end{pmatrix} X = \begin{pmatrix} 4 & -6 \\ 2 & 1 \end{pmatrix}$;　　(2) $\begin{pmatrix} 2 & 1 \\ 3 & 2 \end{pmatrix} X \begin{pmatrix} -3 & 2 \\ 5 & -3 \end{pmatrix} = \begin{pmatrix} -2 & 4 \\ 3 & -1 \end{pmatrix}$;

(3) $X \begin{pmatrix} 2 & 1 & -1 \\ 2 & 1 & 0 \\ 1 & -1 & 1 \end{pmatrix} = \begin{pmatrix} 1 & -1 & 3 \\ 4 & 3 & 2 \end{pmatrix}$.

3.利用逆矩阵解下列线性方程组:

(1) $\begin{cases} 2x_1 - x_2 = 1 \\ x_1 + x_2 = 2 \end{cases}$; (2) $\begin{cases} 2x_1 + 2x_2 + x_3 = 5 \\ 3x_1 + x_2 + 5x_3 = 0 \\ 3x_1 + 2x_2 + 3x_3 = 4 \end{cases}$; (3) $\begin{cases} 2x_1 + x_2 - 3x_3 + 1 = 0 \\ x_1 - 2x_3 - 1 = 0 \\ 2x_1 + 4x_2 + 5x_3 = 0 \end{cases}$.

4.求下列矩阵的秩:

(1) $\begin{pmatrix} 1 & -1 & 3 \\ 4 & 3 & 2 \\ 1 & -2 & 5 \end{pmatrix}$;　　(2) $\begin{pmatrix} 3 & 1 & 2 \\ 1 & 2 & -1 \\ 2 & -1 & 3 \end{pmatrix}$;

(3) $\begin{pmatrix} 1 & 1 & 2 & -3 \\ 1 & -3 & 2 & 1 \\ 1 & -1 & 2 & -1 \end{pmatrix}$;　　(4) $\begin{pmatrix} 2 & 1 & 11 & 2 \\ 1 & 0 & 4 & -1 \\ 11 & 4 & 56 & 5 \\ 2 & -1 & -6 \end{pmatrix}$.

5.利用初等变换求下列矩阵的逆矩阵:

(1) $\begin{pmatrix} 1 & 2 & 2 \\ 2 & 2 & 3 \\ 3 & 0 & 6 \end{pmatrix}$; (2) $\begin{pmatrix} 1 & 1 & 3 \\ 0 & 1 & -1 \\ 0 & 0 & 1 \end{pmatrix}$; (3) $\begin{pmatrix} 1 & 1 & 2 \\ 4 & -9 & -5 \\ 0 & 2 & 2 \end{pmatrix}$.

6.5 线性方程组的消元解法

设含有 m 个方程 n 个未知数的线性方程组的一般形式为

$$\begin{cases} a_{11}x_1 + a_{12}x_2 + \cdots + a_{1n}x_n = b_1 \\ a_{21}x_1 + a_{22}x_2 + \cdots + a_{2n}x_n = b_2 \\ \cdots\cdots\cdots\cdots\cdots\cdots\cdots\cdots\cdots \\ a_{m1}x_1 + a_{m2}x_2 + \cdots + a_{mn}x_n = b_m \end{cases} \qquad (6\text{-}14)$$

如果所有的 $b_i = 0 (i = 1, 2, \cdots, m)$,则方程组(6-14)称为 **$n$ 元齐次线性方程组**;否则,称为 **n 元非齐次线性方程组**.

方程组(6-14)写成矩阵形式为

$$AX = B,$$

其中系数矩阵 $A = \begin{pmatrix} a_{11} & a_{12} & \cdots & a_{1n} \\ a_{21} & a_{22} & \cdots & a_{2n} \\ \vdots & \vdots & \vdots & \vdots \\ a_{m1} & a_{m2} & \cdots & a_{mn} \end{pmatrix}$,未知数矩阵 $X = \begin{pmatrix} x_1 \\ x_2 \\ \vdots \\ x_n \end{pmatrix}$,常数项矩阵 $B = \begin{pmatrix} b_1 \\ b_2 \\ \vdots \\ b_m \end{pmatrix}$.

将系数矩阵 A 与常数项矩阵 B 合在一起得到的 m 行 $n+1$ 列矩阵,称为方程组 (6-14)的**增广矩阵**,记作 $\widetilde{A}$,即

$$\widetilde{A} = \begin{pmatrix} a_{11} & a_{12} & \cdots & a_{1n} & b_1 \\ a_{21} & a_{22} & \cdots & a_{2n} & b_2 \\ \vdots & \vdots & \vdots & \vdots & \vdots \\ a_{m1} & a_{m2} & \cdots & a_{mn} & b_m \end{pmatrix}.$$

下面我们用初等变换来解线性方程组.先看一个简单的例子.

【例1】 解方程组 $\begin{cases} x_1 + 2x_2 = 6 \\ 2x_1 - x_2 = 2 \end{cases}$.

解 写出方程组的增广矩阵 $\widetilde{A} = \begin{pmatrix} 1 & 2 & 6 \\ 2 & -1 & 2 \end{pmatrix}$,然后对它施行行初等变换

$$\widetilde{A} = \begin{pmatrix} 1 & 2 & 6 \\ 2 & -1 & 2 \end{pmatrix} \xrightarrow[①]{r_2 - 2r_1} \begin{pmatrix} 1 & 2 & 6 \\ 0 & -5 & -10 \end{pmatrix} \xrightarrow[②]{-\frac{1}{5}r_2} \begin{pmatrix} 1 & 2 & 6 \\ 0 & 1 & 2 \end{pmatrix} \xrightarrow[③]{r_1 - 2r_2} \begin{pmatrix} 1 & 0 & 2 \\ 0 & 1 & 2 \end{pmatrix}.$$

变换①相当于原方程组消元 $\begin{cases} x_1 + 2x_2 = 6 \\ 0x_1 - 5x_2 = -10 \end{cases}$,变换②相当于求 $\begin{cases} x_1 + 2x_2 = 6 \\ 0x_1 + x_2 = 2 \end{cases}$,解 x_2,变换 ③相当于将 $x_2 = 2$ 代入 $\begin{cases} x_1 + 0x_2 = 2 \\ 0x_1 + x_2 = 2 \end{cases}$,求 x_1.所以,原方程组的解为 $x_1 = 2, x_2 = 2$.

由例1可以看出,对线性方程组的增广矩阵施行一系列的行初等变换,将增广矩阵化成行简化阶梯形矩阵,从而得到方程组的解,这种方法叫做"**高斯消去法**".

【例2】 用高斯消去法解线性方程组 $\begin{cases} x_1 + 2x_2 - 3x_3 = -9 \\ 3x_1 + 8x_2 - 12x_3 = -38 \\ -2x_1 - 5x_2 + 3x_3 = 10 \end{cases}$.

解 $\widetilde{A} = \begin{pmatrix} 1 & 2 & -3 & -9 \\ 3 & 8 & -12 & -38 \\ -2 & -5 & 3 & 10 \end{pmatrix} \rightarrow \begin{pmatrix} 1 & 2 & -3 & -9 \\ 0 & 2 & -3 & -11 \\ 0 & -1 & -3 & -8 \end{pmatrix} \rightarrow \begin{pmatrix} 1 & 2 & -3 & -9 \\ 0 & 3 & 0 & -3 \\ 0 & -1 & -3 & -8 \end{pmatrix}$

$\rightarrow \begin{pmatrix} 1 & 2 & -3 & -9 \\ 0 & 1 & 0 & -1 \\ 0 & 1 & 3 & 8 \end{pmatrix} \rightarrow \begin{pmatrix} 1 & 0 & -3 & -7 \\ 0 & 1 & 0 & -1 \\ 0 & 0 & 3 & 9 \end{pmatrix} \rightarrow \begin{pmatrix} 1 & 0 & 0 & 2 \\ 0 & 1 & 0 & -1 \\ 0 & 0 & 3 & 9 \end{pmatrix}$

$$\rightarrow \begin{pmatrix} 1 & 0 & 0 & 2 \\ 0 & 1 & 0 & -1 \\ 0 & 0 & 1 & 3 \end{pmatrix}$$

所以,线性方程组的解为 $x_1 = 2, x_2 = -1, x_3 = 3$.

习题 6-5

求解下列线性方程组:

(1) $\begin{cases} 2x + 2y - z = 6 \\ x - 2y + 4z = 3 \\ 5x + 7y + z = 28 \end{cases}$;

(2) $\begin{cases} -2x_1 + 3x_2 - x_3 = 1 \\ x_1 + 2x_2 - x_3 = 4 \\ -2x_1 - x_2 + x_3 = -3 \end{cases}$;

(3) $\begin{cases} x_1 + x_2 + 2x_3 + 3x_4 = 1 \\ 3x_1 - x_2 - x_3 - 2x_4 = -4 \\ 2x_1 + 3x_2 - x_3 - x_4 = -6 \\ x_1 + 2x_2 + 3x_3 - x_4 = -4 \end{cases}$.

第7章

微分方程

本章学习目标

了解微分方程的解、通解、特解的概念;熟练掌握可分离变量、齐次和一阶线性微分方程的解法;会求可降阶的高阶微分方程.

7.1 微分方程的基本概念

函数是客观事物的内部联系在数量方面的反映,利用函数关系又可以对客观事物的规律性进行研究.因此如何寻找出所需要的函数关系,在实践中具有重要意义.在许多问题中,往往不能直接找出所需要的函数关系,但是根据问题所提供的情况,有时可以列出含有要找的函数及其导数的关系式.这样的关系式就是所谓的**微分方程**.微分方程建立以后,对它进行研究,找出未知函数来,这就是解微分方程.

【例1】 一曲线通过点(1,2),且在该曲线上任一点 $M(x,y)$ 处的切线的斜率为 $2x$,求这曲线的方程.

解 设所求曲线的方程为 $y = y(x)$.根据导数的几何意义,可知未知函数 $y = y(x)$ 应满足关系式(称为微分方程)

$$\frac{\mathrm{d}y}{\mathrm{d}x} = 2x \tag{7-1}$$

此外,未知函数 $y = y(x)$ 还应满足下列条件:

$$x = 1 \text{ 时}, y = 2, \text{简记为 } y\big|_{x=1} = 2. \tag{7-2}$$

把(7-1)式两端积分,得(称为微分方程的通解)

$$y = \int 2x \mathrm{d}x, \text{即 } y = x^2 + C, \tag{7-3}$$

其中 C 是任意常数.

把条件"$x = 1$ 时,$y = 2$"代入(7-3)式,得

$$2 = 1^2 + C,$$

由此定出 $C = 1$.把 $C = 1$ 代入(7-3)式,得所求曲线方程(称为微分方程满足条件 $y\big|_{x=1} = 2$

的解）：

$$y = x^2 + 1.$$

【例2】 列车在平直线路上以 20 米/秒（相当于 72 千米/小时）的速度行驶；当制动时列车获得加速度 -0.4 米/平方秒.问开始制动后多长时间列车才能停住,以及列车在这段时间里行驶了多少路程？

解 设列车在开始制动后 t 秒时行驶了 s 米.根据题意,反映制动阶段列车运动规律的函数 $s = s(t)$ 应满足关系式

$$\frac{d^2 s}{dt^2} = -0.4. \tag{7-4}$$

此外,未知函数 $s = s(t)$ 还应满足下列条件：

$$t = 0 \text{ 时}, s = 0, v = \frac{ds}{dt} = 20.\text{简记为 } s\big|_{t=0} = 0, s'\big|_{t=0} = 20. \tag{7-5}$$

把(7-4)式两端积分一次,得

$$v = \frac{ds}{dt} = -0.4t + C_1 \tag{7-6}$$

再积分一次,得

$$s = -0.2t^2 + C_1 t + C_2 \tag{7-7}$$

这里 C_1, C_2 都是任意常数.

把条件 $v\big|_{t=0} = 20$ 代入(7-6)得

$$20 = C_1$$

把条件 $s\big|_{t=0} = 0$ 代入(7-7)得 $0 = C_2$.

把 C_1, C_2 的值代入(7-6)及(7-7)式得

$$v = -0.4t + 20, \tag{7-8}$$
$$s = -0.2t^2 + 20t. \tag{7-9}$$

在(7-8)式中令 $v = 0$,得到列车从开始制动到完全停住所需的时间

$$t = \frac{20}{0.4} = 50(\text{秒}).$$

再把 $t = 50$ 代入(7-9),得到列车在制动阶段行驶的路程

$$s = -0.2 \times 50^2 + 20 \times 50 = 500(\text{米}).$$

下面给出微分方程的一些概念：

微分方程：表示未知函数、未知函数的导数与自变量之间关系的方程,叫**微分方程**.

常微分方程：未知函数是一元函数的微分方程,叫**常微分方程**.

偏微分方程：未知函数是多元函数的微分方程,叫**偏微分方程**.

微分方程的阶：微分方程中所出现的未知函数的最高阶导数的阶数,叫**微分方程的阶**.

如

$$x^3 y''' + x^2 y'' - 4xy' = 3x^2,$$
$$y^{(4)} - 4y''' + 10y'' - 12y' + 5y = \sin 2x,$$

$$y^{(n)} + 1 = 0.$$

一般 n 阶微分方程:

$$F(x, y, y', \cdots, y^{(n)}) = 0.$$
$$y^{(n)} = f(x, y, y', \cdots, y^{(n-1)}).$$

微分方程的解:满足微分方程的函数(把函数代入微分方程能使该方程成为恒等式)叫做该微分方程的解.确切地说,设函数 $y = \varphi(x)$ 在区间 I 上有 n 阶连续导数,如果在区间 I 上,

$$F[x, \varphi(x), \varphi'(x), \cdots, \varphi^{(n)}(x)] = 0,$$

那么函数 $y = \varphi(x)$ 就叫做微分方程 $F(x, y, y', \cdots, y^{(n)}) = 0$ 在区间 I 上的解.

通解:如果微分方程的解中含有任意常数,且任意常数的个数与微分方程的阶数相同,这样的解叫做微分方程的**通解**.

初始条件:用于确定通解中任意常数的条件,称为**初始条件**.如

$$x = x_0 \text{ 时}, y = y_0, y' = y'_0.$$

一般写成

$$y\Big|_{x=x_0} = y_0, \quad y'\Big|_{x=x_0} = y_0'.$$

特解:确定了通解中的任意常数以后,就得到微分方程的**特解**.即不含任意常数的解.

初值问题:求微分方程满足初始条件的解的问题称为**初值问题**.

一阶微分方程的初值问题是求微分方程 $y' = f(x, y)$ 满足初始条件 $y\Big|_{x=x_0} = y_0$ 的解的问题,

记为

$$\begin{cases} y' = f(x, y) \\ y\Big|_{x=x_0} = y_0 \end{cases}.$$

二阶微分方程的初值问题是:

$$\begin{cases} y'' = f(x, y, y') \\ y\Big|_{x=x_0} = y_0, y'\Big|_{x=x_0} = y'_0 \end{cases}$$

积分曲线:微分方程的解的图形是一条曲线,叫做微分方程的**积分曲线**.

【**例 3**】 验证:函数

$$x = C_1 \cos kt + C_2 \sin kt$$

是微分方程

$$\frac{\mathrm{d}^2 x}{\mathrm{d} t^2} + k^2 x = 0$$

的解.

解 求所给函数的导数:

$$\frac{\mathrm{d} x}{\mathrm{d} t} = -k C_1 \sin kt + k C_2 \cos kt,$$

$$\frac{\mathrm{d}^2 x}{\mathrm{d}t^2} = -k^2 C_1 \cos kt - k^2 C_2 \sin kt = -k^2(C_1 \cos kt + C_2 \sin kt).$$

将 $\dfrac{\mathrm{d}^2 x}{\mathrm{d}t^2}$ 及 x 的表达式代入所给方程,得

$$-k^2(C_1 \cos kt + C_2 \sin kt) + k^2(C_1 \cos kt + C_2 \sin kt) = 0.$$

这表明函数 $x = C_1 \cos kt + C_2 \sin kt$ 满足方程 $\dfrac{\mathrm{d}^2 x}{\mathrm{d}t^2} + k^2 x = 0$,因此所给函数是所给方程的解.

【例4】 已知函数 $x = C_1 \cos kt + C_2 \sin kt\,(k \neq 0)$ 是微分方程 $\dfrac{\mathrm{d}^2 x}{\mathrm{d}t^2} + k^2 x = 0$ 的通解,求满足初始条件 $x\big|_{t=0} = A$, $x'\big|_{t=0} = 0$ 的特解.

解 由条件 $x\big|_{t=0} = A$,及 $x = C_1 \cos kt + C_2 \sin kt$,得

$$C_1 = A.$$

再由条件 $x'\big|_{t=0} = 0$,及 $x'(t) = -kC_1 \sin kt + kC_2 \cos kt$,得

$$C_2 = 0.$$

把 C_1、C_2 的值代入 $x = C_1 \cos kt + C_2 \sin kt$ 中,得

$$x = A\cos kt.$$

习题 7-1

1. 下列方程哪些是微分方程? 若是,请指出它们的阶数.

(1) $2y'' + y + 4x^2 = 0$;

(2) $y'' + x + 1 = y^2$;

(3) $y + (y')^2 = 0$;

(4) $y + x + 1 = 0$;

(5) $\dfrac{\mathrm{d}^2 y}{\mathrm{d}x^2} + \dfrac{\mathrm{d}y}{\mathrm{d}x} - 2y = \mathrm{e}^x$;

(6) $x + 2y + \dfrac{\mathrm{d}y}{\mathrm{d}x} = 1$.

2. 验证下列函数是否为所给方程的解,若是,指明是通解还是特解.

(1) $y'' - \dfrac{1}{x}y' + \dfrac{2y}{x^2} = 0$, $y = C_1 x + C_2 x^2$;

(2) $xy'' + 2y' - xy = 0$, $xy = C_1 \mathrm{e}^x + C_2 \mathrm{e}^{-x}$;

(3) $y'' + (y')^2 = 1$, $y = x$;

(4) $y'' + 3y' - 10y = 2x$, $y = -\dfrac{x}{5} + \dfrac{1}{2}$.

3. 已知曲线过点 $A(1,0)$,且在该曲线上任一点 $M(x,y)$ 处的切线的斜率等于该点横坐标的平方,求此曲线的方程.

7.2 一阶微分方程

7.2.1 可分离变量的微分方程

如果一个一阶微分方程能写成

$$g(y)\mathrm{d}y = f(x)\mathrm{d}x\text{(或写成 } y' = \varphi(x)\psi(y))$$

的形式,就是说,能把微分方程写成一端只含 y 的函数和 $\mathrm{d}y$,另一端只含 x 的函数和 $\mathrm{d}x$,那么原方程就称为**可分离变量的微分方程**.

讨论:下列方程中哪些是可分离变量的微分方程?

(1) $y' = 2xy$,   是. $\Rightarrow y^{-1}\mathrm{d}y = 2x\mathrm{d}x$.

(2) $3x^2 + 5x - y' = 0$,   是. $\Rightarrow \mathrm{d}y = (3x^2 + 5x)\mathrm{d}x$.

(3) $(x^2 + y^2)\mathrm{d}x - xy\mathrm{d}y = 0$,   不是.

(4) $y' = 1 + x + y^2 + xy^2$,   是. $\Rightarrow y' = (1 + x)(1 + y^2)$.

(5) $y' = 10^{x+y}$,   是. $\Rightarrow 10^{-y}\mathrm{d}y = 10^x\mathrm{d}x$.

(6) $y' = \dfrac{x}{y} + \dfrac{y}{x}$.   不是.

7.2.2 可分离变量的微分方程的解法

第一步 分离变量,将方程写成 $g(y)\mathrm{d}y = f(x)\mathrm{d}x$ 的形式;

第二步 两端积分: $\int g(y)\mathrm{d}y = \int f(x)\mathrm{d}x$,设积分后得 $G(y) = F(x) + C$;

第三步 求出由 $G(y) = F(x) + C$ 所确定的隐函数 $y = \Phi(x)$ 或 $x = \Psi(y)$.

$G(y) = F(x) + C, y = \Phi(x)$ 或 $x = \Psi(y)$ 都是方程的通解,其中 $G(y) = F(x) + C$ 称为隐式(通)解.

【例1】 求微分方程 $\dfrac{\mathrm{d}y}{\mathrm{d}x} = 2xy$ 的通解.

解 此方程为可分离变量的微分方程,分离变量后得

$$\frac{1}{y}\mathrm{d}y = 2x\mathrm{d}x,$$

两边积分得

$$\int \frac{1}{y}\mathrm{d}y = \int 2x\mathrm{d}x,$$

即

$$\ln|y| = x^2 + C_1,$$

从而

$$y = \pm e^{x^2 + C_1} = \pm e^{C_1}e^{x^2}.$$

因为 $\pm e^{C_1}$ 仍是任意常数,把它记作 C,便得所给方程的通解

$$y = Ce^{x^2}$$

【例2】 铀的衰变速度与当时未衰变的原子的含量 M 成正比.已知 $t = 0$ 时铀的含量

为 M_0,求在衰变过程中铀含量 $M(t)$ 随时间 t 变化的规律.

解 铀的衰变速度就是 $M(t)$ 对时间 t 的导数 $\dfrac{\mathrm{d}M}{\mathrm{d}t}$.

由于铀的衰变速度与其含量成正比,故得微分方程

$$\frac{\mathrm{d}M}{\mathrm{d}t} = -\lambda M,$$

其中 $\lambda(\lambda>0)$ 是常数,λ 前的负号表示当 t 增加时 M 为单调减少.即 $\dfrac{\mathrm{d}M}{\mathrm{d}t}<0$.

由题意,初始条件为

$$M\big|_{t=0} = M_0.$$

将方程分离变量得

$$\frac{\mathrm{d}M}{M} = -\lambda \mathrm{d}t.$$

两边积分,得

$$\int \frac{\mathrm{d}M}{M} = \int(-\lambda)\mathrm{d}t,$$

即 $\qquad\qquad \ln M = -\lambda t + \ln C,$ 也即 $M = Ce^{-\lambda t}.$

由初始条件,得 $\qquad\qquad M_0 = Ce^0 = C,$

所以铀含量 $M(t)$ 随时间 t 变化的规律为 $M = M_0 e^{-\lambda t}.$

【例3】 设降落伞从跳伞塔下落后,所受空气阻力与速度成正比,并设降落伞离开跳伞塔时速度为零.求降落伞下落速度与时间的函数关系.

解 设降落伞下落速度为 $v(t)$.降落伞所受外力为 $F = mg - kv$(k 为比例系数).根据牛顿第二运动定律 $F = ma$,得函数 $v(t)$ 应满足的方程为

$$m\frac{\mathrm{d}v}{\mathrm{d}t} = mg - kv,$$

初始条件为

$$v\big|_{t=0} = 0.$$

方程分离变量,得

$$\frac{\mathrm{d}v}{mg - kv} = \frac{\mathrm{d}t}{m},$$

两边积分,得

$$\int \frac{\mathrm{d}v}{mg - kv} = \int \frac{\mathrm{d}t}{m},$$

$$-\frac{1}{k}\ln(mg - kv) = \frac{t}{m} + C_1,$$

即 $\qquad\qquad v = \dfrac{mg}{k} + Ce^{-\frac{k}{m}t}\left(C = -\dfrac{e^{-kC_1}}{k}\right),$

将初始条件 $v\big|_{t=0} = 0$ 代入通解得 $C = -\dfrac{mg}{k}$,

于是降落伞下落速度与时间的函数关系为 $v = \dfrac{mg}{k}\left(1 - e^{-\frac{k}{m}t}\right).$

【例4】 求微分方程 $\dfrac{\mathrm{d}y}{\mathrm{d}x} = 1 + x + y^2 + xy^2$ 的通解.

解 方程可化为

$$\frac{\mathrm{d}y}{\mathrm{d}x} = (1 + x)(1 + y^2),$$

分离变量得

$$\frac{1}{1 + y^2}\mathrm{d}y = (1 + x)\mathrm{d}x,$$

两边积分得

$$\int \frac{1}{1 + y^2}\mathrm{d}y = \int (1 + x)\mathrm{d}x, \text{即 } \arctan y = \frac{1}{2}x^2 + x + C.$$

于是原方程的通解为 $y = \tan(\dfrac{1}{2}x^2 + x + C)$.

7.2.3 一阶线性微分方程

方程 $\dfrac{\mathrm{d}y}{\mathrm{d}x} + P(x)y = Q(x)$ 叫做**一阶线性微分方程**. 如果 $Q(x) \equiv 0$,则方程称为**齐次线性方程**,否则方程称为**非齐次线性方程**.

方程 $\dfrac{\mathrm{d}y}{\mathrm{d}x} + P(x)y = 0$ 叫做对应于非齐次线性方程 $\dfrac{\mathrm{d}y}{\mathrm{d}x} + P(x)y = Q(x)$ 的齐次线性方程.

下列方程各是什么类型方程?

(1) $(x - 2)\dfrac{\mathrm{d}y}{\mathrm{d}x} = y \Rightarrow \dfrac{\mathrm{d}y}{\mathrm{d}x} - \dfrac{y}{x - 2} = 0,$ 是齐次线性方程.

(2) $3x^2 + 5x - y' = 0 \Rightarrow y' = 3x^2 + 5x,$ 是非齐次线性方程.

(3) $y' + y\cos x = \mathrm{e}^{-\sin x},$ 是非齐次线性方程.

(4) $\dfrac{\mathrm{d}y}{\mathrm{d}x} = 10^{x+y},$ 不是线性方程.

(5) $(y + 1)^2\dfrac{\mathrm{d}y}{\mathrm{d}x} + x^3 = 0 \Rightarrow \dfrac{\mathrm{d}y}{\mathrm{d}x} + \dfrac{x^3}{(y + 1)^2} = 0$ 或 $\dfrac{\mathrm{d}x}{\mathrm{d}y} = -\dfrac{(y + 1)^2}{x^3},$ 不是线性方程.

1.齐次线性方程的解法

齐次线性方程 $\dfrac{\mathrm{d}y}{\mathrm{d}x} + P(x)y = 0$ 是可分离变量方程,分离变量后得

$$\frac{\mathrm{d}y}{y} = - P(x)\mathrm{d}x,$$

两边积分,得

$$\ln|y| = -\int P(x)\mathrm{d}x + C_1,$$

或

$$y = C\mathrm{e}^{-\int P(x)\mathrm{d}x} (C = \pm \mathrm{e}^{C_1}),$$

就是齐次线性方程的通解(积分中不再加任意常数).

【例5】 求方程$(x-2)\dfrac{\mathrm{d}y}{\mathrm{d}x}=y$的通解.

解 这是齐次线性方程,分离变量得

$$\frac{\mathrm{d}y}{y}=\frac{\mathrm{d}x}{x-2}$$

两边积分得

$$\ln|y|=\ln|x-2|+\ln C$$

方程的通解为

$$y=C(x-2).$$

2.非齐次线性方程的解法

将齐次线性方程通解中的常数换成x的未知函数$u(x)$,把

$$y=u(x)\mathrm{e}^{-\int P(x)\mathrm{d}x}$$

设想成非齐次线性方程的通解.代入非齐次线性方程$\dfrac{\mathrm{d}y}{\mathrm{d}x}+p(x)y=Q(x)$求得

$$u'(x)\mathrm{e}^{-\int P(x)\mathrm{d}x}-u(x)\mathrm{e}^{-\int P(x)\mathrm{d}x}P(x)+P(x)u(x)\mathrm{e}^{-\int P(x)\mathrm{d}x}=Q(x),$$

化简得

$$u'(x)=Q(x)\mathrm{e}^{\int P(x)\mathrm{d}x},$$

$$u(x)=\int Q(x)\mathrm{e}^{\int P(x)\mathrm{d}x}\mathrm{d}x+C,$$

于是非齐次线性方程的通解为

$$y=\mathrm{e}^{-\int P(x)\mathrm{d}x}\left[\int Q(x)\mathrm{e}^{\int P(x)\mathrm{d}x}\mathrm{d}x+C\right],$$

或

$$y=C\mathrm{e}^{-\int P(x)\mathrm{d}x}+\mathrm{e}^{-\int P(x)\mathrm{d}x}\int Q(x)\mathrm{e}^{\int P(x)\mathrm{d}x}\mathrm{d}x.$$

即非齐次线性方程的通解等于对应的齐次线性方程通解与非齐次线性方程的一个特解之和.

【例6】 求方程$\dfrac{\mathrm{d}y}{\mathrm{d}x}-\dfrac{2y}{x+1}=(x+1)^{\frac{5}{2}}$的通解.

解法1 这是一个非齐次线性方程.

先求对应的齐次线性方程$\dfrac{\mathrm{d}y}{\mathrm{d}x}-\dfrac{2y}{x+1}=0$的通解.

分离变量得

$$\frac{\mathrm{d}y}{y}=\frac{2\mathrm{d}x}{x+1}$$

两边积分得

$$\ln|y|=2\ln|x+1|+\ln C$$

齐次线性方程的通解为

$$y=C(x+1)^2.$$

用常数变易法.把C换成u,即令$y=u\cdot(x+1)^2$,代入所给非齐次线性方程,得

$$u'\cdot(x+1)^2+2u\cdot(x+1)-\frac{2}{x+1}u\cdot(x+1)^2=(x+1)^{\frac{5}{2}}$$

$$u' = (x + 1)^{\frac{1}{2}}$$

两边积分,得

$$u = \frac{2}{3}(x + 1)^{\frac{3}{2}} + C.$$

再把上式代入 $y = u(x + 1)^2$ 中,即得所求方程的通解为

$$y = (x + 1)^2 \left[\frac{2}{3}(x + 1)^{\frac{3}{2}} + C \right].$$

解法 2 这里 $P(x) = -\dfrac{2}{x + 1}$, $Q(x) = (x + 1)^{\frac{5}{2}}$.

因为

$$\int P(x) dx = \int \left(-\frac{2}{x + 1} \right) dx = -2\ln|x + 1|$$

$$e^{-\int P(x) dx} = e^{2\ln|x+1|} = (x + 1)^2$$

$$\int Q(x) e^{\int P(x) dx} dx = \int (x + 1)^{\frac{5}{2}} (x + 1)^{-2} dx = \int (x + 1)^{\frac{1}{2}} dx = \frac{2}{3}(x + 1)^{\frac{3}{2}}$$

所以通解为

$$y = e^{-\int P(x) dx} \left[\int Q(x) e^{\int P(x) dx} dx + C \right] = (x + 1)^2 \left[\frac{2}{3}(x + 1)^{\frac{3}{2}} + C \right].$$

【例 7】 有一个电路如图 7-1 所示,其中电源电动势为 $E = E_m \sin\omega t$(E_m、ω 都是常数),电阻 R 和电感 L 都是常量.求电流 $i(t)$.

解 由电学知识知道,当电流变化时,L 上有感应电动势 $-L\dfrac{di}{dt}$.由回路电压定律得出

$$E - L\frac{di}{dt} - iR = 0,$$

即

$$\frac{di}{dt} + \frac{R}{L} i = \frac{E}{L}.$$

把 $E = E_m \sin\omega t$ 代入上式,得

$$\frac{di}{dt} + \frac{R}{L} i = \frac{E_m}{L} \sin\omega t.$$

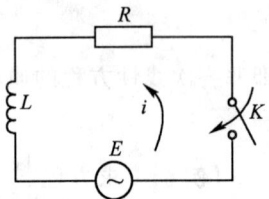

图 7-1

初始条件为

$$i \big|_{t=0} = 0.$$

方程 $\dfrac{di}{dt} + \dfrac{R}{L} i = \dfrac{E_m}{L} \sin\omega t$ 为非齐次线性方程,其中

$$P(t) = \frac{R}{L}, Q(t) = \frac{E_m}{L} \sin\omega t.$$

由通解公式,得

$$i(t) = e^{-\int P(t) dt} \left[\int Q(t) e^{\int P(t) dt} dt + C \right] = e^{-\int \frac{R}{L} dt} \left(\int \frac{E_m}{L} \sin\omega t e^{\int \frac{R}{L} dt} dt + C \right)$$

$$= \frac{E_m}{L} e^{-\frac{R}{L} t} \left(\int \sin\omega t e^{\frac{R}{L} t} dt + C \right)$$

$$= \frac{E_m}{R^2 + \omega^2 L^2}(R\sin\omega t - \omega L\cos\omega t) + Ce^{-\frac{R}{L}t}.$$

其中 C 为任意常数.

将初始条件 $i\mid_{t=0} = 0$ 代入通解,得 $C = \frac{\omega L E_m}{R^2 + \omega^2 L^2}$,

因此,所求函数 $i(t)$ 为

$$i(t) = \frac{\omega L E_m}{R^2 + \omega^2 L^2}e^{-\frac{R}{L}t} + \frac{E_m}{R^2 + \omega^2 L^2}(R\sin\omega t - \omega L\cos\omega t).$$

习题 7-2

1. 求下列可分离变量的微分方程的通解:

(1) $\dfrac{\mathrm{d}y}{\mathrm{d}x} = 2xy$

(2) $y' = -\dfrac{x}{y}$

(3) $(1 + e^x yy') = e^x$

(4) $2x\sin y\,\mathrm{d}x + (x^2 + 3)\cos y\,\mathrm{d}y = 0$

(5) $y' = 1 + x + y^2 + xy^2$

2. 求下列一阶线性微分方程的解:

(1) $y' + y = e^x$;　　　　　　　　　(2) $y' = 2x - y$;

(3) $\dfrac{\mathrm{d}y}{\mathrm{d}x} = \dfrac{y}{2x - y^2}$;　　　　　　　(4) $xy' + y = \cos x$;

(5) $y' = \dfrac{y + x\ln x}{x}, y\mid_{x=1} = 0$;　　(6) $(y - x^2 y)\mathrm{d}y + x\mathrm{d}x = 0, y\mid_{x=\sqrt{2}} = 0$;

(7) $\dfrac{\mathrm{d}x}{\mathrm{d}y} + 2xy = ye^{-y^2}, x\mid_{y=0} = 1$.

3. 已知一曲线通过坐标原点且它在点 (x, y) 处的切线斜率等于 $2x + y$,试求该曲线的方程.

7.3　几类特殊的高阶微分方程

7.3.1　$y^{(n)} = f(x)$ 型的微分方程

解法　积分 n 次

$$y^{(n-1)} = \int f(x)\mathrm{d}x + C_1,$$

$$y^{(n-2)} = \int\left[\int f(x)\mathrm{d}x + C_1\right]\mathrm{d}x + C_2,$$

… .

【例 1】 求微分方程 $y''' = e^{2x} - \cos x$ 的通解.

解 对所给方程接连积分三次,得

$$y'' = \frac{1}{2}e^{2x} - \sin x + C_1$$

$$y' = \frac{1}{4}e^{2x} + \cos x + C_1 x + C_2$$

$$y = \frac{1}{8}e^{2x} + \sin x + \frac{1}{2}C_1 x^2 + C_2 x + C_3$$

这就是所给方程的通解,其中 C_1, C_2, C_3 为任意常数.

或 $\quad y'' = \frac{1}{2}e^{2x} - \sin x + 2C_1$

$$y' = \frac{1}{4}e^{2x} + \cos x + 2C_1 x + C_2$$

$$y = \frac{1}{8}e^{2x} + \sin x + C_1 x^2 + C_2 x + C_3 .$$

【例 2】 质量为 m 的质点受力 F 的作用沿 Ox 轴作直线运动.设力 F 仅是时间 t 的函数:$F = F(t)$.在开始时刻 $t = 0$ 时 $F(0) = F_0$,随着时间 t 的增大,力 F 均匀地减小,直到 $t = T$ 时,$F(T) = 0$.如果开始时质点位于原点,且初速度为零,求该质点的运动规律.

解法 1 设 $x = x(t)$ 表示在时刻 t 时质点的位置,根据牛顿第二定律,质点运动的微分方程为

$$m \frac{d^2 x}{dt^2} = F(t) .$$

由题设,力 $F(t)$ 随 t 增大而均匀地减小,且 $t = 0$ 时,$F(0) = F_0$,所以 $F(t) = F_0 - kt$. 又当 $t = T$ 时,$F(T) = 0$,从而

$$F(t) = F_0 \left(1 - \frac{t}{T}\right) .$$

于是质点运动的微分方程又写为

$$\frac{d^2 x}{dt^2} = \frac{F_0}{m}\left(1 - \frac{t}{T}\right)$$

其初始条件为 $x \big|_{t=0} = 0, \frac{dx}{dt}\big|_{t=0} = 0$.

把微分方程两边积分,得

$$\frac{dx}{dt} = \frac{F_0}{m}\left(t - \frac{t^2}{2T}\right) + C_1$$

再积分一次,得

$$x = \frac{F_0}{m}\left(\frac{1}{2}t^2 - \frac{t^3}{6T}\right) + C_1 t + C_2$$

由初始条件 $x \big|_{t=0} = 0, \frac{dx}{dt}\big|_{t=0} = 0$,得

$$C_1 = C_2 = 0$$

于是所求质点的运动规律为

$$x = \frac{F_0}{m}\left(\frac{1}{2}t^2 - \frac{t^3}{6T}\right), 0 \leqslant t \leqslant T.$$

解法 2 设 $x = x(t)$ 表示在时刻 t 时质点的位置，

根据牛顿第二定律，质点运动的微分方程为

$$mx'' = F(t).$$

由题设，$F(t)$ 是线性函数，且过点 $(0, F_0)$ 和 $(T, 0)$，

故 $\dfrac{F(t)}{F_0} + \dfrac{t}{T} = 1$，即 $F(t) = F_0\left(1 - \dfrac{t}{T}\right).$

于是质点运动的微分方程又写为

$$x'' = \frac{F_0}{m}\left(1 - \frac{t}{T}\right).$$

其初始条件为 $x\big|_{t=0} = 0, x'\big|_{t=0} = 0.$

把微分方程两边积分，得

$$x' = \frac{F_0}{m}\left(t - \frac{t^2}{2T}\right) + C_1$$

再积分一次，得

$$x = \frac{F_0}{m}\left(\frac{1}{2}t^2 - \frac{t^3}{6T}\right) + C_1 t + C_2$$

由初始条件 $x\big|_{t=0} = 0, x'\big|_{t=0} = 0$，

得 $C_1 = C_2 = 0.$

于是所求质点的运动规律为

$$x = \frac{F_0}{m}\left(\frac{1}{2}t^2 - \frac{t^3}{6T}\right), 0 \leqslant t \leqslant T.$$

7.3.2 $y'' = f(x, y')$ 型的微分方程

解法 设 $y' = p$，则方程化为

$$p' = f(x, p).$$

设 $p' = f(x, p)$ 的通解为 $p = \varphi(x, C_1)$，则

$$\frac{dy}{dx} = \varphi(x, C_1).$$

原方程的通解为

$$y = \int \varphi(x, C_1)dx + C_2.$$

【例3】 求微分方程

$$(1 + x^2)y'' = 2xy'$$

满足初始条件

$$y\big|_{x=0} = 1, y'\big|_{x=0} = 3$$

的特解.

解　所给方程是 $y'' = f(x, y')$ 型的.设 $y' = p$,代入方程并分离变量后,有

$$\frac{\mathrm{d}p}{p} = \frac{2x}{1 + x^2}\mathrm{d}x.$$

两边积分,得

$$\ln|p| = \ln|1 + x^2| + C$$

即　　　　　　　$p = y' = C_1(1 + x^2)　(C_1 = \pm \mathrm{e}^C).$

由条件 $y'|_{x=0} = 3$,得 $C_1 = 3$,

所以　　　　　　　$y' = 3(1 + x^2).$

两边再积分,得 $y = x^3 + 3x + C_2$

又由条件 $y|_{x=0} = 1$,得 $C_2 = 1$,

于是所求的特解为

$$y = x^3 + 3x + 1.$$

7.3.3　$y'' = f(y, y')$ 型的微分方程

解法　设 $y' = p$,有

$$y'' = \frac{\mathrm{d}p}{\mathrm{d}x} = \frac{\mathrm{d}p}{\mathrm{d}y} \cdot \frac{\mathrm{d}y}{\mathrm{d}x} = p\frac{\mathrm{d}p}{\mathrm{d}y}.$$

原方程化为

$$p\frac{\mathrm{d}p}{\mathrm{d}y} = f(y, p).$$

设方程 $p\dfrac{\mathrm{d}p}{\mathrm{d}y} = f(y, p)$ 的通解为 $y' = p = \varphi(y, C_1)$,则原方程的通解为

$$\int \frac{\mathrm{d}y}{\varphi(y, C_1)} = x + C_2.$$

【例4】　求微分方程 $yy'' - y'^2 = 0$ 的通解.

解法1　设 $y' = p$,则 $y'' = p\dfrac{\mathrm{d}p}{\mathrm{d}y}$,

代入方程,得

$$yp\frac{\mathrm{d}p}{\mathrm{d}y} - p^2 = 0.$$

在 $y \neq 0$、$p \neq 0$ 时,约去 p 并分离变量,得

$$\frac{\mathrm{d}p}{p} = \frac{\mathrm{d}y}{y}.$$

两边积分得

$$\ln|p| = \ln|y| + \ln c,$$

即　　　　$p = Cy$ 或 $y' = Cy(C = \pm c).$

再分离变量并两边积分,便得到原方程的通解为

$$\ln|y| = Cx + \ln c_1$$

或
$$y = C_1 e^{Cx} (C_1 = \pm c_1).$$

当 $p' = 0$ 时, $y = C$ 也为方程的解.

解法 2 设 $y' = p$, 则原方程化为

$$yp \frac{\mathrm{d}p}{\mathrm{d}y} - p^2 = 0$$

当 $y \neq 0$、$p \neq 0$ 时, 有

$$\frac{\mathrm{d}p}{\mathrm{d}y} - \frac{1}{y} p = 0$$

于是
$$p = e^{\int \frac{1}{y} \mathrm{d}y} = C_1 y$$

即
$$y' - C_1 y = 0$$

从而原方程的通解为

$$y = C_2 e^{\int C_1 \mathrm{d}x} = C_2 e^{C_1 x}.$$

习题 7-3

求下列微分方程的解:

(1) $y''' = x + \sin x$;

(2) $y'' - \frac{1}{x} y' = x e^x$;

(3) $yy'' - y'^2 = 0$;

(4) $y''' - \frac{1}{x} y'' = 0$;

(5) $y'' + y'^2 = 0, y|_{x=0} = 0, y'|_{x=0} = 1$;

(6) $y''' = e^{-x}, y|_{x=1} = y'|_{x=1} = y''|_{x=1} = 0$.

7.4 微分方程的应用举例

微分方程的理论和解法都是应用数学的重要分支, 它在工程、经济、物理、力学及科学众多领域都有非常重要的应用.

本节通过几个常见的微分方程的例子, 介绍它的应用.

【例1】 已知曲线经过点 $(2, \frac{4}{3})$, 并且曲线上任何一点的切线斜率与该点到原点连线的斜率之和等于切点处的横坐标, 求此曲线方程.

解 设曲线上任一点为 $M(x, y)$, 那么曲线在点 M 处的斜率为 y', 点 M 与原点 O 的连线的斜率为 $\frac{y}{x}$.

由题意有

$$y' + \frac{y}{x} = x$$

又曲线过点$(2,\frac{4}{3})$,故有初始条件 $y\big|_{x=2}=\frac{4}{3}$,

由一阶线性方程通解的公式得:

$$y = e^{-\int \frac{1}{x}dx}\left[\int xe^{\int \frac{1}{x}dx}dx + c\right]$$

即:$y = \frac{1}{x}(\frac{x^3}{3} + c)$

由 $y\big|_{x=2}=\frac{4}{3}$,得 $C=0$,

故所求曲线方程为 $y = \frac{x^2}{3}$.

【例2】 设某商品的需求价格弹性为 $\varepsilon_p = -k$(k 为常数),求该商品的需求函数 $Q = Q(p)$.

解 根据需求价格弹性的定义 $\varepsilon_p = \frac{dQ}{dp}\frac{p}{Q}$,

可得微分方程$\frac{dQ}{dp}\frac{p}{Q} = -k$,

分离变量得:$\frac{dQ}{Q} = -k\frac{dp}{p}$,根据题意,$P>0,Q>0$

两边同时积分,得 $\ln Q = -k\ln p + \ln c$

因此 $Q = Ce^{-k\ln p} = Cp^{-k}$,

所以所求的需求函数为:$Q = Cp^{-k}$,(k 为常数,C 为正数)

【例3】 已知某厂的纯利润为 L,L 对广告费 x 的变化率为$\frac{dL}{dx}$.$\frac{dL}{dx}$与常数 A 和纯利润 L 之差成正比,且当 $x=0$ 时,$L=L_0$,试求纯利润 L 与广告费 x 之间的函数关系.

解 由题意可得:$\frac{dL}{dx} = k(A - L)$

k 为常数,$L\big|_{x=0}=L_0$

分离变量得:$\frac{dL}{A-L} = kdx$

两边积分得:

$$-\ln|A-L| = kx + \ln C_1.$$

令

$$C = \frac{1}{C_1},$$

即

$$L = A - Ce^{-kx}.$$

由 $L\big|_{x=0}=L_0$,得 $C = A - L_0$.

所以纯利润 L 与广告费 x 之间的函数关系为:

$$L = A - (A - L_0)e^{-kx}.$$

【例4】 一汽艇连其载荷为 2000 千克,在湖中以 30 千米/小时的速度直线前进,将汽艇的发动机关闭,5 分钟后汽艇的速度降至 6 千米/小时,设湖水对汽艇的阻力与汽艇的速度成正比,求发动机关闭 15 分钟后汽艇的速度 v.

解　由牛顿第二定律有:

$$ma = -kv$$

其中 k 为比例常数,"$-$"表示阻力与汽艇运动方向相反,而 $a = \dfrac{\mathrm{d}v}{\mathrm{d}t}$,

根据题意有:$2000 \dfrac{\mathrm{d}v}{\mathrm{d}t} = -kv$

$v \Big|_{t=0} = \dfrac{30000}{60} = 500$ 米/分

$v \Big|_{t=5} = \dfrac{6000}{60} = 100$ 米/分

可得通解为

$$v = ce^{-\frac{k}{2000}t}$$

代入初始条件,得 $c = 500, k = 400\ln 5$,

所以　$v = 500e^{-\frac{\ln 5}{5}t}$,

因此　$v \Big|_{t=15} = 500e^{(-\frac{1}{5}\ln 5)\cdot 15} = 4$(米/分).

【例 5】 有连接 $A(0,1)$,$B(1,0)$ 两点的一条凸曲线,它位于 AB 上方,$P(x,y)$ 为该凸曲线上的任意一点,已知该曲线弧与 AP 之间的面积(如图 7-2 中阴影部分)为 x^3,求该曲线的方程.

解　设所求曲线方程为 $y = f(x)$,则梯形 $OAPP_1$ 的面积为

$$\frac{x(1 + f(x))}{2}.$$

依题意有:$\displaystyle\int_0^x f(x)\mathrm{d}x - \frac{x(1 + f(x))}{2} = x^3$

两端同时对 x 求导,得

$$f(x) - \frac{1 + f(x)}{2} - \frac{x}{2}f'(x) = 3x^2$$

即

$$y' - \frac{1}{x}y = -6x - \frac{1}{x}, \quad y \Big|_{x=1} = 0$$

利用公式得:

$$y = e^{\int \frac{1}{x}\mathrm{d}x}\left[\int \left(-6x - \frac{1}{x}\right)e^{-\int \frac{1}{x}\mathrm{d}x}\mathrm{d}x + c\right]$$

$$= x\left(-6x + \frac{1}{x} + c\right)$$

$$= -6x^2 + 1 + cx$$

由　$y \Big|_{x=1} = 0$,得 $c = 5$,

因此所求曲线方程为 $y = 1 + 5x - 6x^2$.

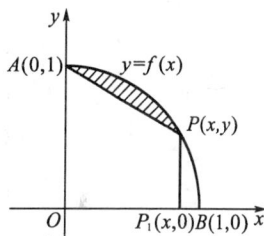

图 7-2

习题 7-4

1. 已知曲线过点 $(1, \frac{1}{3})$，并且在曲线上任何一点处的切线斜率等于自原点到该切点连线的斜率的两倍. 求此曲线方程.

2. 已知某商品的收益 R 随需求量 x 的增加而增加，其增长率为 $R' = \dfrac{2(R^3 + x^3)}{2 \times R^2}$ 且 $R(10) = 0$，求收益函数 $R(x)$.

3. 一跳伞队员质量为 m，降落时空气的阻力与伞下降的速度成正比，设跳伞队员离开飞机时的速度为零. 求伞下降的速度关于时间的函数.

4. 某商品需求量 Q 对价格 P 的弹性为 $-2P$，已知该商品的最大需求量为 10000（即当 $P = 0$ 时 $Q = 10000$），求需求量 Q 对价格 P 的关系.

第 8 章

傅里叶级数

本章学习目标

了解级数的定义；掌握正项级数、一般项级数、幂级数的判定方法；会求傅里叶级数的展开式；了解傅里叶级数在电工学中的应用.

8.1 级数的概念

我们知道，数列 $\{a_n\}: a_1, a_2, a_3, \cdots, a_n, \cdots$，如果当 $n \to \infty$ 时，其前 n 项和 s_n 有极限 s，即 $\lim\limits_{n \to \infty} s_n = s$，就把 s 叫做数列各项的和，记为

$$s = \sum_{n=1}^{\infty} a_n = a_1 + a_2 + \cdots + a_n + \cdots.$$

这大概是我们最早学习过的级数了.本节简要介绍级数的有关概念.

8.1.1 常数项级数及其审敛法

定义 1 给定一个数列 $\{u_n\}: u_1, u_2, u_3, \cdots, u_n, \cdots$，表达式

$$u_1 + u_2 + u_3 + \cdots + u_n + \cdots$$

叫做**常数项无穷级数**，简称**常数项级数**，记为 $\sum\limits_{n=1}^{\infty} u_n$，即

$$\sum_{n=1}^{\infty} u_n = u_1 + u_2 + u_3 + \cdots + u_n + \cdots,$$

其中第 n 项 u_n 叫做**级数的一般项**.

$$\sum_{i=1}^{n} u_i = u_1 + u_2 + u_3 + \cdots + u_n$$

称为级数 $\sum\limits_{n=1}^{\infty} u_n$ 的**部分和（前 n 项和）**，记为 s_n，即

$$s_n = \sum_{i=1}^{n} u_i = u_1 + u_2 + u_3 + \cdots + u_n.$$

如果 $\lim_{n \to \infty} s_n = s$ (s 为常数),则称级数 $\sum_{n=1}^{\infty} u_n$ 收敛,并把 s 叫做级数 $\sum_{n=1}^{\infty} u_n$ 的和,记为

$$s = \sum_{n=1}^{\infty} u_n = u_1 + u_2 + u_3 + \cdots + u_n + \cdots,$$

如果 $\lim_{n \to \infty} s_n$ 不存在,则称级数 $\sum_{n=1}^{\infty} u_n$ 发散.

【例1】 讨论等比级数(几何级数) $\sum_{n=0}^{\infty} aq^n$ ($a \neq 0$)的敛散性.

解 (1) $|q| \neq 1$

级数 $\sum_{n=0}^{\infty} aq^n$ 的部分和为 $s_n = a + aq + aq^2 + \cdots + aq^{n-1} = \dfrac{a - aq^n}{1 - q}$,

当 $|q| < 1$ 时,$\lim_{n \to \infty} s_n = \dfrac{a}{1-q}$,级数 $\sum_{n=0}^{\infty} aq^n$ 收敛,其和为 $\dfrac{a}{1-q}$;

当 $|q| > 1$ 时,$\lim_{n \to \infty} s_n = \infty$,级数 $\sum_{n=0}^{\infty} aq^n$ 发散.

(2) $|q| = 1$

当 $q = 1$ 时,$s_n = na \to \infty$ ($n \to \infty$),级数 $\sum_{n=0}^{\infty} aq^n$ 发散;

当 $q = -1$ 时,$s_n = \begin{cases} a, & n \text{ 为奇数} \\ 0, & n \text{ 为偶数} \end{cases}$,$\lim_{n \to \infty} s_n$ 不存在,级数 $\sum_{n=0}^{\infty} aq^n$ 发散.

综上所述,当 $|q| < 1$ 时,级数 $\sum_{n=0}^{\infty} aq^n$ 收敛,其和为 $\dfrac{a}{1-q}$;当 $|q| \geq 1$ 时,级数 $\sum_{n=0}^{\infty} aq^n$ 发散.

【例2】 判别级数 $\dfrac{1}{1 \cdot 2} + \dfrac{1}{2 \cdot 3} + \dfrac{1}{3 \cdot 4} + \cdots + \dfrac{1}{n(n+1)} + \cdots$ 的收敛性.

解 级数的部分和为

$$s_n = \dfrac{1}{1 \cdot 2} + \dfrac{1}{2 \cdot 3} + \dfrac{1}{3 \cdot 4} + \cdots + \dfrac{1}{n(n+1)}$$

$$= \left(1 - \dfrac{1}{2}\right) + \left(\dfrac{1}{2} - \dfrac{1}{3}\right) + \cdots + \left(\dfrac{1}{n} - \dfrac{1}{n+1}\right) = 1 - \dfrac{1}{n+1},$$

因为 $\lim_{n \to \infty} S_n = \lim_{n \to \infty}\left(1 - \dfrac{1}{n+1}\right) = 1$,所以级数收敛,它的和为1.

级数 $\sum_{n=1}^{\infty} \dfrac{1}{n} = 1 + \dfrac{1}{2} + \dfrac{1}{3} + \cdots + \dfrac{1}{n} + \cdots$ 叫做**调和级数**,它是发散的.

定义2 各项都是正数或零的级数称为**正项级数**.

定理1(比较审敛法)

设 $\sum_{n=1}^{\infty} u_n$ 和 $\sum_{n=1}^{\infty} v_n$ 都是正项级数,且 $u_n \leq v_n$ ($n = 1, 2, 3 \cdots$).

如果 $\sum_{n=1}^{\infty} v_n$ 收敛,则 $\sum_{n=1}^{\infty} u_n$ 也收敛;如果 $\sum_{n=1}^{\infty} u_n$ 发散,则 $\sum_{n=1}^{\infty} v_n$ 也发散.

【例3】 判别级数 $\sum\limits_{n=1}^{\infty} \dfrac{1}{\sqrt{n(n+1)}}$ 的敛散性.

解 因为 $\dfrac{1}{\sqrt{n(n+1)}} > \dfrac{1}{\sqrt{(n+1)^2}} = \dfrac{1}{n+1}$，而级数 $\sum\limits_{n=1}^{\infty} \dfrac{1}{n+1} = \dfrac{1}{2} + \dfrac{1}{3} + \cdots +$

$\dfrac{1}{n+1} + \cdots$ 是发散的,所以级数 $\sum\limits_{n=1}^{\infty} \dfrac{1}{\sqrt{n(n+1)}}$ 发散.

级数 $\sum\limits_{n=1}^{\infty} \dfrac{1}{n^p} = 1 + \dfrac{1}{2^p} + \dfrac{1}{3^p} + \cdots + \dfrac{1}{n^p} + \cdots (p > 0)$ 叫做 **p - 级数**,当 $p > 1$ 时级数收

敛;当 $p \leqslant 1$ 时级数发散.

定理 2(比值审敛法)

设 $\sum\limits_{n=1}^{\infty} u_n$ 是正项级数,如果 $\lim\limits_{n \to \infty} \dfrac{u_{n+1}}{u_n} = \rho$,则当 $\rho < 1$ 时,级数收敛;当 $\rho > 1$(或 $\rho =$

$+ \infty$)时,级数发散.

注意 当 $\rho = 1$ 时级数可能收敛也可能发散.

【例4】 判别级数 $\dfrac{1}{10} + \dfrac{1 \cdot 2}{10^2} + \dfrac{1 \cdot 2 \cdot 3}{10^3} + \cdots + \dfrac{n!}{10^n} + \cdots$ 的收敛性.

解 因为 $\rho = \lim\limits_{n \to \infty} \dfrac{u_{n+1}}{u_n} = \lim\limits_{n \to \infty} \dfrac{(n+1)!}{10^{n+1}} \cdot \dfrac{10^n}{n!} = \lim\limits_{n \to \infty} \dfrac{n+1}{10} = \infty$,所以级数发散.

【例5】 判别级数 $\sum\limits_{n=1}^{\infty} \dfrac{1}{(2n-1) \cdot 2n}$ 的收敛性.

解 $\rho = \lim\limits_{n \to \infty} \dfrac{u_{n+1}}{u_n} = \lim\limits_{n \to \infty} \dfrac{(2n-1) \cdot 2n}{(2n+1) \cdot (2n+2)} = 1$,比值审敛法失效,必须用其他方法

来判别级数的收敛性.

因为 $\dfrac{1}{(2n-1) \cdot 2n} < \dfrac{1}{n^2}$,而级数 $\sum\limits_{n=1}^{\infty} \dfrac{1}{n^2}$ 收敛,由比较审敛法可知级数 $\sum\limits_{n=1}^{\infty} \dfrac{1}{(2n-1) \cdot 2n}$

收敛.

定理 3 如果级数 $\sum\limits_{n=1}^{\infty} u_n$ 收敛,则 $\lim\limits_{n \to \infty} u_n = 0$.

注意 级数的一般项趋于零只是级数收敛的必要条件而不是充分条件.

定义 3 如果级数 $\sum\limits_{n=1}^{\infty} |u_n|$ 收敛,则称级数 $\sum\limits_{n=1}^{\infty} u_n$ **绝对收敛**;如果级数 $\sum\limits_{n=1}^{\infty} u_n$ 收敛,而

级数 $\sum\limits_{n=1}^{\infty} |u_n|$ 发散,则称级数 $\sum\limits_{n=1}^{\infty} u_n$ **条件收敛**.

【例6】 判别级数 $\sum\limits_{n=1}^{\infty} \dfrac{\sin na}{n^2}$ 的收敛性.

解 因为 $\left| \dfrac{\sin na}{n^2} \right| \leqslant \dfrac{1}{n^2}$,而级数 $\sum\limits_{n=1}^{\infty} \dfrac{1}{n^2}$ 是收敛的,所以级数 $\sum\limits_{n=1}^{\infty} \left| \dfrac{\sin na}{n^2} \right|$ 也收敛,从而

级数 $\sum\limits_{n=1}^{\infty} \dfrac{\sin na}{n^2}$ 绝对收敛.

定理 4 如果级数 $\sum\limits_{n=1}^{\infty} u_n$ 绝对收敛,则级数 $\sum\limits_{n=1}^{\infty} u_n$ 收敛.

注意 如果级数 $\sum\limits_{n=1}^{\infty} |u_n|$ 发散,我们不能断定级数 $\sum\limits_{n=1}^{\infty} u_n$ 也发散.

8.1.2 函数项级数、幂级数

定义 4 给定一个函数列 $\{u_n(x)\}$,表达式

$$u_1(x) + u_2(x) + u_3(x) + \cdots + u_n(x) + \cdots$$

称为**函数项级数**,记为 $\sum\limits_{n=1}^{\infty} u_n(x)$.

使级数 $\sum\limits_{n=1}^{\infty} u_n(x)$ 收敛的点 x_0 称为级数 $\sum\limits_{n=1}^{\infty} u_n(x)$ 的**收敛点**;使级数 $\sum\limits_{n=1}^{\infty} u_n(x)$ 发散的点 x_0 称为级数 $\sum\limits_{n=1}^{\infty} u_n(x)$ 的**发散点**.所有收敛点组成的集合叫做**收敛域**;所有发散点组成的集合叫做**发散域**.

在收敛域上,级数 $\sum\limits_{n=1}^{\infty} u_n(x)$ 的和是 x 的函数,记为 $s(x)$,$s(x)$ 称为级数 $\sum\limits_{n=1}^{\infty} u_n(x)$ 的**和函数**,并写成 $s(x) = \sum\limits_{n=1}^{\infty} u_n(x)$.

在满足一定条件时,和函数可以逐项微分或逐项积分,即

$$s'(x) = \Big[\sum_{n=1}^{\infty} u_n(x) \Big]' = \sum_{n=1}^{\infty} u'_n(x),$$

$$\int_a^b s(x)\mathrm{d}x = \sum_{n=1}^{\infty} \int_a^b u_n(x)\mathrm{d}x.$$

定义 5 形如

$$a_0 + a_1 x + a_2 x^2 + \cdots + a_n x^n + \cdots$$

的级数叫**幂级数**,记为 $\sum\limits_{n=0}^{\infty} a_n x^n$,其中常数 $a_0, a_1, a_2, \cdots, a_n, \cdots$ 叫做幂级数的**系数**.

幂级数

$$1 + x + x^2 + \cdots + x^n + \cdots$$

可以看成是公比为 x 的几何级数.容易知道,当 $|x| < 1$ 时它是收敛的;当 $|x| \geqslant 1$ 时,它是发散的,因此它的收敛域为 $(-1,1)$.其和函数为 $\dfrac{1}{1-x}$,即

$$\frac{1}{1-x} = 1 + x + x^2 + x^3 + \cdots + x^n + \cdots \quad (-1 < x < 1).$$

其他常用幂级数及其收敛域、和函数如下:

$$e^x = 1 + x + \frac{1}{2!}x^2 + \cdots + \frac{1}{n!}x^n + \cdots \quad (-\infty < x < +\infty);$$

$$\sin x = x - \frac{x^3}{3!} + \frac{x^5}{5!} - \cdots + (-1)^{n-1}\frac{x^{2n-1}}{(2n-1)!} + \cdots \quad (-\infty < x < +\infty);$$

$$\cos x = 1 - \frac{x^2}{2!} + \frac{x^4}{4!} - \cdots + (-1)^n\frac{x^{2n}}{(2n)!} + \cdots \quad (-\infty < x < +\infty).$$

8.1.3　复数项级数、欧拉公式

定义 6　给定复数 $z_n = u_n + iv_n (n = 1,2,3,\cdots)$，表达式

$$z_1 + z_2 + \cdots + z_n + \cdots = (u_1 + iv_1) + (u_2 + iv_2) + \cdots + (u_n + iv_n) + \cdots$$

叫做**复数项级数**，记为 $\sum\limits_{n=1}^{\infty} z_n = \sum\limits_{n=1}^{\infty}(u_n + iv_n)$，其中 $u_n, v_n (n = 1,2,3,\cdots)$ 为实常数或实函数.

如果实部所成的级数

$$u_1 + u_2 + \cdots + u_n + \cdots$$

收敛于和 u，并且虚部所成的级数

$$v_1 + v_2 + \cdots + v_n + \cdots$$

收敛于和 v，就说复数项级数 $\sum\limits_{n=1}^{\infty}(u_n + iv_n)$ 收敛且和为 $u + iv$，即 $\sum\limits_{n=1}^{\infty}(u_n + iv_n) = u + iv$.

如果级数 $\sum\limits_{n=1}^{\infty}(u_n + iv_n)$ 各项的模所构成的级数 $\sum\limits_{n=1}^{\infty}\sqrt{u_n^2 + v_n^2}$ 收敛，则称级数 $\sum\limits_{n=1}^{\infty}(u_n + iv_n)$ **绝对收敛**.

考察复数项级数

$$1 + z + \frac{1}{2!}z^2 + \cdots + \frac{1}{n!}z^n + \cdots.$$

可以证明，此级数在复平面上是绝对收敛的，它的和为 e^z，即

$$e^z = 1 + z + \frac{1}{2!}z^2 + \cdots + \frac{1}{n!}z^n + \cdots$$

特别地，当 $z = ix (x$ 为实数$)$ 时，利用 i 的性质，可得

$$e^{ix} = 1 + ix + \frac{1}{2!}(ix)^2 + \cdots + \frac{1}{n!}(ix)^n + \cdots$$

$$= 1 + ix - \frac{1}{2!}x^2 - i\frac{1}{3!}x^3 + \frac{1}{4!}x^4 + i\frac{1}{5!}x^5 - \cdots$$

$$= (1 - \frac{1}{2!}x^2 + \frac{1}{4!}x^4 - \cdots) + i(x - \frac{1}{3!}x^3 + \frac{1}{5!}x^5 - \cdots)$$

$$= \cos x + i\sin x,$$

即　　$e^{ix} = \cos x + i\sin x \quad (-\infty < x < \infty)$

上式叫做**欧拉公式**.

在 $e^{ix} = \cos x + i\sin x$ 中以 $-x$ 代替 x 得，$e^{-ix} = \cos x - i\sin x$，解得

$$\cos x = \frac{1}{2}(e^{ix} + e^{-ix}), \sin x = \frac{1}{2i}(e^{ix} - e^{-ix}).$$

这两个式子也叫做**欧拉公式**,它揭示了三角函数与复变量指数函数之间的关系.

习题 8-1

1.考察下列级数的敛散性:

(1) $\sum\limits_{n=1}^{\infty} \dfrac{1}{\sqrt{n(n+1)}}$;

(2) $\sum\limits_{n=1}^{\infty} \dfrac{1}{\sqrt{n^3+1}}$;

(3) $\sum\limits_{n=1}^{\infty} 2^n \sin \dfrac{\pi}{3^n}$;

(4) $\sum\limits_{n=1}^{\infty} \dfrac{2^n n!}{n^n}$;

(5) $\sum\limits_{n=1}^{\infty} \dfrac{3^n n!}{n^n}$;

(6) $\sum\limits_{n=1}^{\infty} \dfrac{(n!)^2}{(2n)!}$;

(7) $\sum\limits_{n=1}^{\infty} \dfrac{n^2}{(n+\frac{1}{n})^n}$;

(8) $\sum\limits_{n=1}^{\infty} \dfrac{1}{n} \sin \dfrac{n\pi}{2}$;

(9) $\sum\limits_{n=1}^{\infty} \dfrac{1}{(\ln n)^{\ln n}}$.

8.2 傅里叶级数

8.2.1 三角级数

在自然界和工程技术中周期运动的现象是很多的,而周期函数反映了客观世界中的周期运动.

正弦函数是一种常见而简单的周期函数,例如描述简谐振动的函数

$$y = A\sin(\omega t + \varphi)$$

就是一个以 $T = \dfrac{2\pi}{\omega}$ 为周期的正弦(型)函数,其中 y 表示动点的位置,t 表示时间,A 为振幅,ω 为角频率,φ 为初相角.

一个比较复杂的周期运动可以展开成许多不同频率(要求都是基频 ω 的整数倍)的简谐振动的叠加,得到函数项级数

$$f(t) = A_0 + \sum_{n=1}^{\infty} A_n \sin(n\omega t + \varphi_n) \tag{8-1}$$

其中 $A_0, A_n, \varphi_n (n=1,2,\cdots)$ 都是常数.

在电工学上,这种展开称为**谐波分析**,其中常数项 A_0 称为**基波**,而 $A_1 \sin(\omega t + \varphi_1)$ 称为**一次谐波**,$A_2 \sin(2\omega t + \varphi_2)$ 称为**二次谐波**,$\cdots$.

由于 n 次谐波可化为

$$A_n \sin(n\omega t + \varphi_n) = A_n \sin\varphi_n \cos n\omega t + A_n \cos\varphi_n \sin n\omega t.$$

的形式,令 $\frac{a_0}{2} = A_0$, $a_n = A_n\sin\varphi_n$, $b_n = A_n\cos\varphi_n$, $\omega t = x$,(8-1)式右端的级数就可以改写成

$$\frac{1}{2}a_0 + \sum_{n=1}^{\infty}(a_n\cos nx + b_n\sin nx). \tag{8-2}$$

(8-2)式表示的级数称为**三角级数**,其中 $a_0, a_n, b_n (n = 1,2,\cdots)$ 都是常数,称为**三角级数的系数**.

8.2.2 三角函数系的正交性

函数列

$$1, \cos x, \sin x, \cos 2x, \sin 2x, \cdots, \cos nx, \sin nx, \cdots$$

称为**三角函数系**;三角函数系中任何两个不同的函数的乘积在区间 $[-\pi, \pi]$ 上的积分等于零,即

$$\int_{-\pi}^{\pi}\cos nx\, dx = 0 \quad (n = 1,2,\cdots);$$

$$\int_{-\pi}^{\pi}\sin nx\, dx = 0 \quad (n = 1,2,\cdots);$$

$$\int_{-\pi}^{\pi}\sin kx\cos nx\, dx = 0 \quad (k,n = 1,2,\cdots);$$

$$\int_{-\pi}^{\pi}\sin kx\sin nx\, dx = 0 \quad (k,n = 1,2,\cdots, k \neq n);$$

$$\int_{-\pi}^{\pi}\cos kx\cos nx\, dx = 0 \quad (k,n = 1,2,\cdots, k \neq n).$$

三角函数系中任何两个相同的函数的乘积在区间 $[-\pi, \pi]$ 上的积分不等于零,且有

$$\int_{-\pi}^{\pi}1^2 dx = 2\pi;$$

$$\int_{-\pi}^{\pi}\cos^2 nx\, dx = \pi \quad (n = 1,2,\cdots);$$

$$\int_{-\pi}^{\pi}\sin^2 nx\, dx = \pi \quad (n = 1,2,\cdots).$$

此特性称为**三角函数系的正交性**.

8.2.3 傅里叶级数

设 $f(x)$ 是周期为 2π 的周期函数,且能展开成三角级数

$$f(x) = \frac{a_0}{2} + \sum_{k=1}^{\infty}(a_k\cos kx + b_k\sin kx). \tag{8-3}$$

下面将导出系数 $a_0, a_1, b_1, \cdots$ 的计算公式.

假定三角级数可逐项积分,并且在用任何 $\sin nx$ 和 $\cos nx$ 去乘(8-3)式的右边后所得的函数级数还可以逐项积分.

把(8-3)式两边从 $-\pi$ 到 π 积分,根据三角函数系的正交性可得

$$\int_{-\pi}^{\pi} f(x)\mathrm{d}x = \int_{-\pi}^{\pi}\frac{a_0}{2}\mathrm{d}x + \sum_{k=1}^{\infty}\left[a_k\int_{-\pi}^{\pi}\cos kx\,\mathrm{d}x + b_k\int_{-\pi}^{\pi}\sin kx\,\mathrm{d}x\right] = \frac{a_0}{2}\cdot 2\pi = \pi a_0,$$

即
$$a_0 = \frac{1}{\pi}\int_{-\pi}^{\pi} f(x)\mathrm{d}x.$$

用 $\cos nx$ 乘以(8-3)式两端,将所得级数在$[-\pi,\pi]$上逐项积分,可得

$$\int_{-\pi}^{\pi} f(x)\cos nx\,\mathrm{d}x = \frac{a_0}{2}\int_{-\pi}^{\pi}\cos nx\,\mathrm{d}x + \sum_{k=1}^{\infty}\left[a_k\int_{-\pi}^{\pi}\cos kx\cos nx\,\mathrm{d}x + b_k\int_{-\pi}^{\pi}\sin kx\cos nx\,\mathrm{d}x\right]$$

根据三角函数系的正交性,等式右端除 $k=n$ 的一项外,其余各项均为零,所以

$$\int_{-\pi}^{\pi} f(x)\cos nx\,\mathrm{d}x = a_n\int_{-\pi}^{\pi}\cos^2 nx\,\mathrm{d}x = a_n\pi,$$

得
$$a_n = \frac{1}{\pi}\int_{-\pi}^{\pi} f(x)\cos nx\,\mathrm{d}x \quad (n = 1,2,\cdots).$$

a_0, a_n 两式可合并写成

$$a_n = \frac{1}{\pi}\int_{-\pi}^{\pi} f(x)\cos nx\,\mathrm{d}x \quad (n = 0,1,2,\cdots).$$

用 $\sin nx$ 乘以(8-3)式两端,将所得级数在$[-\pi,\pi]$上逐项积分,同理可得

$$\int_{-\pi}^{\pi} f(x)\sin nx\,\mathrm{d}x = b_n\int_{-\pi}^{\pi}\sin^2 nx\,\mathrm{d}x = b_n\pi,$$

$$b_n = \frac{1}{\pi}\int_{-\pi}^{\pi} f(x)\sin nx\,\mathrm{d}x \quad (n = 1,2,\cdots).$$

定义 设 $f(x)$ 是在$[-\pi,\pi]$上分段连续的函数(其实只要可积即可),令

$$a_n = \frac{1}{\pi}\int_{-\pi}^{\pi} f(x)\cos nx\,\mathrm{d}x \quad (n = 0,1,2,\cdots);$$

$$b_n = \frac{1}{\pi}\int_{-\pi}^{\pi} f(x)\sin nx\,\mathrm{d}x \quad (n = 1,2,\cdots).$$

作三角级数:

$$\frac{a_0}{2} + \sum_{n=1}^{\infty}(a_n\cos nx + b_n\sin nx) \tag{8-4}$$

称为从 $f(x)$ 导出的傅里叶级数,或简称为 $f(x)$ 的**傅里叶级数**.其中 $a_0, a_1, b_1, \cdots$ 称为 $f(x)$ 的**傅里叶系数**,记为

$$f(x) \sim \frac{a_0}{2} + \sum_{n=1}^{\infty}(a_n\cos nx + b_n\sin nx). \tag{8-5}$$

这里并没有写成等式,因为右边的这个傅里叶级数可能是不收敛的;即使收敛,也未必收敛于 $f(x)$.

关于函数 $f(x)$ 的傅里叶级数的收敛性问题,我们有

定理(狄利克雷(Dirichlet)定理) 设 $f(x)$ 是周期为 2π 的周期函数,如果它满足:在一个周期内连续或只有有限个第一类间断点或在一个周期内至多只有有限个极值点,则 $f(x)$ 的傅里叶级数收敛,并且

当 x 是$f(x)$ 的连续点时,级数收敛于 $f(x)$;

当 x 是$f(x)$ 的间断点时,级数收敛于 $\frac{1}{2}[f(x-0)+f(x+0)]$.

8.2.4　周期为 2π 的函数展开为傅里叶级数

【例1】　设 $f(x)$ 是周期为 2π 的周期函数,它在 $[-\pi,\pi]$ 上的表达式为:

$$f(x) = \begin{cases} -1 & (-\pi \leqslant x < 0) \\ 1 & (0 \leqslant x < \pi) \end{cases}$$

将 $f(x)$ 展开成傅里叶级数.

　　解　所给函数满足收敛定理的条件,它在点 $x = k\pi (k = 0, \pm 1, \pm 2, \cdots)$ 处不连续,在其他点处连续,从而由收敛定理知道 $f(x)$ 的傅里叶级数收敛,并且

　　当 $x = k\pi$ 时,收敛于

$$\frac{1}{2}[f(x-0) + f(x+0)] = \frac{1}{2}(-1+1) = 0,$$

　　当 $x \neq k\pi$ 时,级数收敛于 $f(x)$.

　　傅里叶系数计算如下:

$$a_n = \frac{1}{\pi}\int_{-\pi}^{\pi} f(x)\cos nx \, dx = \frac{1}{\pi}\int_{-\pi}^{0}(-1)\cos nx \, dx + \frac{1}{\pi}\int_{0}^{\pi} 1 \cdot \cos nx \, dx = 0 \, (n = 0,1,2,$$

$\cdots)$;

$$b_n = \frac{1}{\pi}\int_{-\pi}^{\pi} f(x)\sin nx \, dx = \frac{1}{\pi}\int_{-\pi}^{0}(-1)\sin nx \, dx + \frac{1}{\pi}\int_{0}^{\pi} 1 \cdot \sin nx \, dx$$

$$= \frac{1}{\pi}\left(\frac{\cos nx}{n}\Big|_{-\pi}^{0}\right) + \frac{1}{\pi}\left(-\frac{\cos nx}{n}\Big|_{0}^{\pi}\right) = \frac{1}{n\pi}[1 - \cos n\pi - \cos n\pi + 1]$$

$$= \frac{2}{n\pi}[1 - (-1)^n] = \begin{cases} \dfrac{4}{n\pi} & (n = 1,3,5,\cdots) \\ 0 & (n = 2,4,6,\cdots). \end{cases}$$

于是 $f(x)$ 的傅里叶级数展开式为

$$f(x) = \frac{4}{\pi}\left[\sin x + \frac{1}{3}\sin 3x + \cdots + \frac{1}{2k-1}\sin(2k-1)x + \cdots\right],$$

$$(-\infty < x < +\infty, x \neq 0, \pm\pi, \pm2\pi, \cdots).$$

【例2】　设 $f(x)$ 是周期为 2π 的周期函数,它在 $[-\pi,\pi]$ 上的表达式为

$$f(x) = \begin{cases} x & (-\pi \leqslant x < 0) \\ 0 & (0 \leqslant x \leqslant \pi). \end{cases}$$

将 $f(x)$ 展开成傅里叶级数.

　　解　所给函数满足收敛定理的条件,它在点 $x = (2k+1)\pi$ $(k = 0, \pm 1, \pm 2, \cdots)$ 处不连续,因此, $f(x)$ 的傅里叶级数在 $x = (2k+1)\pi$ 处收敛于

$$\frac{1}{2}[f(x-0) + f(x+0)] = \frac{1}{2}(0 - \pi) = -\frac{\pi}{2};$$

　　在连续点 $x \neq (2k+1)\pi$ 处级数收敛于 $f(x)$.

　　傅里叶系数计算如下:

$$a_0 = \frac{1}{\pi}\int_{-\pi}^{\pi} f(x)dx = \frac{1}{\pi}\int_{-\pi}^{0} x \, dx = -\frac{\pi}{2};$$

$$a_n = \frac{1}{\pi}\int_{-\pi}^{\pi} f(x)\cos nx \,\mathrm{d}x = \frac{1}{\pi}\int_{-\pi}^{0} x\cos nx \,\mathrm{d}x$$

$$= \frac{1}{\pi}\left(\frac{x\sin nx}{n} + \frac{\cos nx}{n^2}\right)\Big|_{-\pi}^{0} = \frac{1}{n^2\pi}(1 - \cos n\pi)$$

$$= \begin{cases} \dfrac{2}{n^2\pi} & (n = 1,3,5,\cdots) \\ 0 & (n = 2,4,6,\cdots) \end{cases}$$

$$b_n = \frac{1}{\pi}\int_{-\pi}^{\pi} f(x)\sin nx \,\mathrm{d}x = \frac{1}{\pi}\int_{-\pi}^{0} x\sin nx \,\mathrm{d}x = \frac{1}{\pi}\left(-\frac{x\cos nx}{n} + \frac{\sin nx}{n^2}\right)\Big|_{-\pi}^{0}$$

$$= -\frac{\cos n\pi}{n} = \frac{(-1)^{n+1}}{n} \quad (n = 1,2,\cdots).$$

$f(x)$ 的傅里叶级数展开式为

$$f(x) = -\frac{\pi}{4} + \left(\frac{2}{\pi}\cos x + \sin x\right) - \frac{1}{2}\sin 2x + \left(\frac{2}{3^2\pi}\cos 3x + \frac{1}{3}\sin 3x\right)$$

$$- \frac{1}{4}\sin 4x + \left(\frac{2}{5^2\pi}\cos 5x + \frac{1}{5}\sin 5x\right) - \cdots \quad (-\infty < x < +\infty, \ x \neq \pm\pi, \ \pm 3\pi, \cdots).$$

如果 $f(x)$ 在 $[-\pi,\pi]$ 上为奇函数,因为 $f(x)\cos nx$ 是奇函数,$f(x)\sin nx$ 是偶函数,所以 $f(x)$ 的傅里叶系数为

$$a_n = 0 \quad (n = 0,1,2,\cdots),$$

$$b_n = \frac{2}{\pi}\int_{0}^{\pi} f(x)\sin nx \,\mathrm{d}x \quad (n = 1,2,\cdots)$$

因此奇函数的傅里叶级数是只含有正弦项的正弦级数

$$\sum_{n=1}^{\infty} b_n \sin nx.$$

如果 $f(x)$ 在 $[-\pi,\pi]$ 上为偶函数,因为 $f(x)\cos nx$ 是偶函数,$f(x)\sin nx$ 是奇函数,所以 $f(x)$ 的傅里叶系数为

$$a_n = \frac{2}{\pi}\int_{0}^{\pi} f(x)\cos nx \,\mathrm{d}x \quad (n = 0,1,2,\cdots)$$

$$b_n = 0 \quad (n = 1,2,\cdots).$$

因此偶函数的傅里叶级数是只含有余弦项的余弦级数

$$\frac{a_0}{2} + \sum_{n=1}^{\infty} a_n \cos nx.$$

【例 3】 设 $f(x)$ 是周期为 2π 的周期函数,它在 $[-\pi,\pi]$ 上的表达式为 $f(x) = x$. 将 $f(x)$ 展开成傅里叶级数.

解 首先,所给函数满足收敛定理的条件,它在点 $x = (2k+1)\pi$ $(k = 0, \pm 1, \pm 2, \cdots)$ 处不连续,因此 $f(x)$ 的傅里叶级数在函数的连续点 $x \neq (2k+1)\pi$ 收敛于 $f(x)$,在点 $x = (2k+1)\pi$ $(k = 0, \pm 1, \pm 2, \cdots)$ 收敛于

$$\frac{1}{2}[f(x-0) + f(x+0)] = \frac{1}{2}[\pi + (-\pi)] = 0;$$

其次，若不计 $x = (2k + 1)\pi$ $(k = 0, \pm 1, \pm 2, \cdots)$，则 $f(x)$ 是周期为 2π 的奇函数. 于是

$a_n = 0$ $(n = 0,1,2,\cdots)$，而

$$b_n = \frac{2}{\pi}\int_0^\pi f(x)\sin nx\, dx = \frac{2}{\pi}\int_0^\pi x\sin nx\, dx$$

$$= \frac{2}{\pi}\left(-\frac{x\cos nx}{n} + \frac{\sin nx}{n^2}\right)\bigg|_0^\pi = -\frac{2}{n}\cos n\pi = \frac{2}{n}(-1)^{n+1} \quad (n = 1,2,\cdots)$$

$f(x)$ 的傅里叶级数展开式为

$$f(x) = 2\left(\sin x - \frac{1}{2}\sin 2x + \frac{1}{3}\sin 3x - \cdots + (-1)^{n+1}\frac{1}{n}\sin nx + \cdots\right)$$

$$(-\infty < x < +\infty, x \neq \pm\pi, \pm 3\pi, \cdots)$$

【例 4】 将周期函数 $u(t) = E\left|\sin\frac{1}{2}t\right|$ 展开成傅里叶级数，其中 E 是正的常数.

解 所给函数满足收敛定理的条件，它在整个数轴上连续，因此 $u(t)$ 的傅里叶级数处处收敛于 $u(t)$.

因为 $u(t)$ 是周期为 2π 的偶函数，所以 $b_n = 0$ $(n = 1,2,\cdots)$，而

$$a_n = \frac{2}{\pi}\int_0^\pi u(t)\cos nt\, dt = \frac{2}{\pi}\int_0^\pi E\sin\frac{t}{2}\cos nt\, dt$$

$$= \frac{E}{\pi}\int_0^\pi\left[\sin\left(n + \frac{1}{2}\right)t - \sin\left(n - \frac{1}{2}\right)t\right]dt$$

$$= \frac{E}{\pi}\left[-\frac{\cos\left(n + \frac{1}{2}\right)t}{n + \frac{1}{2}} + \frac{\cos\left(n - \frac{1}{2}\right)t}{n - \frac{1}{2}}\right]\bigg|_0^\pi$$

$$= -\frac{4E}{(4n^2 - 1)\pi} \quad (n = 0,1,2,\cdots)$$

所以 $u(t)$ 的傅里叶级数展开式为

$$u(t) = \frac{4E}{\pi}\left(\frac{1}{2} - \sum_{n=1}^\infty \frac{1}{4n^2 - 1}\cos nt\right) \quad (-\infty < t < +\infty).$$

注 以上讨论了将周期为 2π 的函数展开为傅里叶级数的问题，对于非周期函数的情形，仅作以下简要的说明：

(1) 如果函数 $f(x)$ 只在 $[-\pi,\pi]$ 上有定义，可以在 $[-\pi,\pi]$ 外补充定义，将 $f(x)$ 拓广成周期为 2π 的周期函数 $F(x)$（称为周期延拓），在 $(-\pi,\pi)$ 内，$F(x) = f(x)$.

(2) 如果函数 $f(x)$ 只在 $[0,\pi]$（或 $[-\pi,0]$）上有定义，可以先在 $[-\pi,0]$（或 $[0,\pi]$）内补充定义，得到定义在 $[-\pi,\pi]$ 上的函数 $F(x)$. 特别地，可使 $F(x)$ 在 $[-\pi,\pi]$ 上成为奇函数（或偶函数），然后再对 $F(x)$ 进行周期延拓，得到周期为 2π 的周期函数 $G(x)$，在 $(0, \pi)$（或 $(-\pi,0)$）内，$G(x) = f(x)$.

(3) 对于定义在 $(-\infty, +\infty)$ 上的非周期函数，其展开为傅里叶级数问题请参阅傅里叶变换的有关内容.

8.2.5 周期为 $2l$ 的函数展开为傅里叶级数

对于周期为 $2l$ 的周期函数 $f(x)$,可以先把 $f(x)$ 变换为周期为 2π 的周期函数 $F(t)$,并将 $F(t)$ 展开为傅里叶级数,再通过变换即可得到 $f(x)$ 的傅里叶级数.

令 $x = \dfrac{l}{\pi}t$ 及 $f(x) = f(\dfrac{l}{\pi}t) = F(t)$,因为

$$F(t + 2\pi) = f\left[\frac{l}{\pi}(t + 2\pi)\right] = f(\frac{l}{\pi}t + 2l) = f(\frac{l}{\pi}t) = F(t)$$

所以 $F(t)$ 是以 2π 为周期的函数.

假设 $F(t)$ 的傅里叶级数为:

$$\frac{a_0}{2} + \sum_{n=1}^{\infty}(a_n \cos nt + b_n \sin nt),$$

其中

$$a_n = \frac{1}{\pi}\int_{-\pi}^{\pi} F(t)\cos nt\,\mathrm{d}t \quad (n = 0,1,2,\cdots),$$

$$b_n = \frac{1}{\pi}\int_{-\pi}^{\pi} F(t)\sin nt\,\mathrm{d}t \quad (n = 1,2,\cdots).$$

回代 $t = \dfrac{\pi}{l}x$,可得到 $f(x)$ 的傅里叶级数为:

$$\frac{a_0}{2} + \sum_{n=1}^{\infty}\left(a_n \cos \frac{n\pi x}{l} + b_n \sin \frac{n\pi x}{l}\right),$$

其中

$$a_n = \frac{1}{l}\int_{-l}^{l} f(x)\cos \frac{n\pi x}{l}\,\mathrm{d}x \quad (n = 0,1,2,\cdots),$$

$$b_n = \frac{1}{l}\int_{-l}^{l} f(x)\sin \frac{n\pi x}{l}\,\mathrm{d}x \quad (n = 1,2,\cdots).$$

当 $f(x)$ 为奇函数时,$f(x)$ 的傅里叶级数为:

$$\sum_{n=1}^{\infty} b_n \sin \frac{n\pi x}{l},$$

其中 $b_n = \dfrac{2}{l}\displaystyle\int_{0}^{l} f(x)\sin \frac{n\pi x}{l}\,\mathrm{d}x \quad (n = 1,2,\cdots)$.

当 $f(x)$ 为偶函数时,$f(x)$ 的傅里叶级数为:

$$\frac{a_0}{2} + \sum_{n=1}^{\infty} a_n \cos \frac{n\pi x}{l},$$

其中 $a_n = \dfrac{2}{l}\displaystyle\int_{0}^{l} f(x)\cos \frac{n\pi x}{l}\,\mathrm{d}x \quad (n = 0,1,2,\cdots)$.

【例 5】 设 $f(x)$ 是周期为 4 的周期函数,它在 $[-2,2]$ 上的表达式为

$$f(x) = \begin{cases} 0 & (-2 \leqslant x < 0) \\ k & (0 \leqslant x < 2) \end{cases} \quad (常数\ k \neq 0)$$

将 $f(x)$ 展开成傅里叶级数.

解 这里 $l = 2$,

$$a_0 = \frac{1}{2}\int_{-2}^{0} 0 \mathrm{d}x + \frac{1}{2}\int_{0}^{2} k \mathrm{d}x = k;$$

$$a_n = \frac{1}{2}\int_{0}^{2} k\cos\frac{n\pi x}{2}\mathrm{d}x = \left[\frac{k}{n\pi}\sin\frac{n\pi x}{2}\right]\Big|_{0}^{2} = 0 \quad (n \neq 0);$$

$$b_n = \frac{1}{2}\int_{0}^{2} k\sin\frac{n\pi x}{2}\mathrm{d}x = \left[-\frac{k}{n\pi}\cos\frac{n\pi x}{2}\right]\Big|_{0}^{2}$$

$$= \frac{k}{n\pi}(1 - \cos n\pi) = \begin{cases} \dfrac{2k}{n\pi} & (n = 1,3,5,\cdots) \\ 0 & (n = 2,4,6,\cdots) \end{cases};$$

于是

$$f(x) = \frac{k}{2} + \frac{2k}{\pi}\left(\sin\frac{\pi x}{2} + \frac{1}{3}\sin\frac{3\pi x}{2} + \frac{1}{5}\sin\frac{5\pi x}{2} + \cdots\right).$$

8.2.6　傅里叶级数的指数形式

在许多理论和实际问题中,经常要用到傅里叶级数的指数形式,这种形式不仅更整齐、方便,而且也便于理论本身的进一步引申与推广,下面就来介绍下这种形式.

设 $f(x)$ 是在 $[-\pi,\pi]$ 上分段连续的函数,

$$f(x) \sim \frac{a_0}{2} + \sum_{n=1}^{\infty}(a_n\cos nx + b_n\sin nx)$$

根据欧拉公式

$$\cos nx = \frac{\mathrm{e}^{\mathrm{i}nx} + \mathrm{e}^{-\mathrm{i}nx}}{2}, \quad \sin nx = \frac{\mathrm{e}^{\mathrm{i}nx} - \mathrm{e}^{-\mathrm{i}nx}}{2i}.$$

所以 $\quad \dfrac{a_0}{2} + \sum\limits_{n=1}^{\infty}(a_n\cos nx + b_n\sin nx)$

$$= \frac{a_0}{2} + \sum_{n=1}^{\infty}\left(\frac{a_n - ib_n}{2}\mathrm{e}^{\mathrm{i}nx} + \frac{a_n + ib_n}{2}\mathrm{e}^{-\mathrm{i}nx}\right)$$

$$= \frac{a_0}{2} + \sum_{n=1}^{\infty}\frac{a_n - ib_n}{2}\mathrm{e}^{\mathrm{i}nx} + \sum_{n=1}^{\infty}\frac{a_n + ib_n}{2}\mathrm{e}^{-\mathrm{i}nx}$$

$$= \frac{a_0}{2} + \sum_{n=1}^{\infty}\overline{c_n}\mathrm{e}^{\mathrm{i}nx} + \sum_{n=1}^{\infty}\overline{c_n}\mathrm{e}^{-\mathrm{i}nx}$$

此处 $c_n = \dfrac{1}{2}(a_n - ib_n)$, $\overline{c_n} = \dfrac{1}{2}(a_n + ib_n)$ 表示 c_n 的共轭复数.

因此,如果当 $n = -1, -2, \cdots$ 时,令

$$c_n = \overline{c_{-n}},$$

并令 $c_0 = \dfrac{1}{2}a_0$,则还可以将上式改写成

$$\frac{a_0}{2} + \sum_{n=1}^{\infty}(a_n\cos nx + b_n\sin nx) = \sum_{n=-\infty}^{\infty} c_n\mathrm{e}^{\mathrm{i}nx}.$$

上式右端就称为从 $f(x)$ 导出的傅里叶级数的指数形式.

系数 c_n 计算如下:

显然, $c_0 = \dfrac{a_0}{2} = \dfrac{1}{2\pi}\int_{-\pi}^{\pi} f(x)\mathrm{d}x,$

当 $n = 1,2,3,\cdots$ 时,

$$c_n = \frac{a_n - \mathrm{i}b_n}{2} = \frac{1}{2\pi}\int_{-\pi}^{\pi} f(x)(\cos nx - \mathrm{i}\sin nx)\mathrm{d}x = \frac{1}{2\pi}\int_{-\pi}^{\pi} f(x)\mathrm{e}^{-\mathrm{i}nx}\mathrm{d}x.$$

注意 复变量函数的积分为实部和虚部分别积分.

当 $n = -1,-2,-3,\cdots$ 时,

$$c_n = \overline{c_{-n}} = \frac{a_{-n} + \mathrm{i}b_{-n}}{2} = \frac{1}{2\pi}\int_{-\pi}^{\pi} f(x)[\cos(-nx) + \mathrm{i}\sin(-nx)]\mathrm{d}x$$

$$= \frac{1}{2\pi}\int_{-\pi}^{\pi} f(x)(\cos nx - \mathrm{i}\sin nx)\mathrm{d}x$$

$$= \frac{1}{2\pi}\int_{-\pi}^{\pi} f(x)\mathrm{e}^{-\mathrm{i}nx}\mathrm{d}x.$$

可见,无论是 $n = 0$ 或 n 为正整数或负整数,都有统一的公式:

$$c_n = \frac{1}{2\pi}\int_{-\pi}^{\pi} f(x)\mathrm{e}^{-\mathrm{i}nx}\mathrm{d}x,$$

如果 $f(x)$ 是一个以 $2l$ 为周期的周期函数,令 $x = \frac{l}{\pi}t$,记 $F(t) = f(\frac{l}{\pi}t)$,这时$F(t)$ 就变成了以 2π 为周期的函数.并且不难看出,当 $f(x)$ 在 $[-l,l]$ 上分段连续或光滑时,$F(t)$ 就在 $[-\pi,\pi]$ 上分段连续或分段光滑.

这时 $F(t)$ 在 $[-\pi,\pi]$ 上的指数形式的傅立叶级数为

$$\sum_{n=-\infty}^{\infty} c_n \mathrm{e}^{\mathrm{i}nt}$$

用 $t = \frac{\pi}{l}x$ 代回去,便得到 $f(x)$ 在 $[-l,l]$ 上的指数形式的傅立叶级数

$$\sum_{n=-\infty}^{\infty} c_n \mathrm{e}^{\mathrm{i}\frac{n\pi x}{l}},$$

其中 $c_n = \frac{1}{2l}\int_{-l}^{l} f(x)\mathrm{e}^{-\mathrm{i}\frac{n\pi x}{l}}\mathrm{d}x \quad (n = 0, \pm1, \pm2, \cdots).$

习题 8-2

1.求下列函数的傅里叶级数:

(1) $f(x) = \mathrm{e}^{ax}$, $(-\pi < x < \pi)$;

(2) $f(x) = \sin ax$, $(-\pi < x < \pi, a\ 不是整数)$;

(3) $f(x) = x\sin x$, $(-\pi < x < \pi)$;

(4) $f(x) = \begin{cases} 1, & 0 < x \leqslant \pi, \\ 0, & \pi < x < 2\pi; \end{cases}$

(5) $f(x) = |\sin x|$, $(-\pi < x < \pi)$.

2.设 $f(x)$ 是周期为 6 的周期函数,它在区间 $[-3,3)$ 内的表达式为:

$$f(x) = \begin{cases} 2x + 1 & (-3 \leqslant x < 0) \\ 1 & (0 \leqslant x < 3) \end{cases}$$

将 $f(x)$ 展开成傅里叶级数.

第9章

拉普拉斯变换

本章学习目标

　　了解拉普拉斯变换的概念;掌握拉普拉斯变换及其逆变换的定义、性质和求法;了解拉普拉斯变换在数学分支以及其他学科,如力学、电工学等领域中的广泛应用.

9.1　拉普拉斯变换的概念

9.1.1　拉普拉斯变换的定义

　　定义 1　设 $f(t)$ 为实变量 t 的实值(或复值) 函数,当 $t \geq 0$ 时有定义,如果积分

$$\int_0^{+\infty} f(t)\mathrm{e}^{-st}\mathrm{d}t$$

在 $s(s$ 一般取为复数) 的某一区域内收敛,则由此积分就确定了一个复变数 s 的复函数 $F(s)$,即

$$F(s) = \int_0^{+\infty} f(t)\mathrm{e}^{-st}\mathrm{d}t. \tag{9-1}$$

由(9-1)式所建立起来的从 $f(t)$ 到 $F(s)$ 的对应关系称为**拉普拉斯变换**,记作

$$F(s) = \pounds\left[f(t)\right],$$

即　　　　　　　　　　　$$\pounds\left[f(t)\right] = \int_0^{+\infty} f(t)\mathrm{e}^{-st}\mathrm{d}t,$$

并称 $F(s)$ 为 $f(t)$ 的**象函数**,$f(t)$ 为 $F(s)$ 的**象原函数**.

9.1.2　拉普拉斯变换举例

　　我们对一些简单而常用的函数计算它们的拉普拉斯变换.

　　【例 1】　求单位阶跃函数 $u(t) = \begin{cases} 0 & (t < 0) \\ 1 & (t > 0) \end{cases}$ 的拉普拉斯变换.

　　解　根据定义

$$\pounds\left[u(t)\right] = \int_0^{+\infty} u(t)\mathrm{e}^{-st}\mathrm{d}t = \int_0^{+\infty} \mathrm{e}^{-st}\mathrm{d}t$$

$$= \lim_{T \to +\infty} \int_0^T \mathrm{e}^{-st}\mathrm{d}t = \lim_{T \to +\infty}\left(-\frac{1}{s}\mathrm{e}^{-st}\Big|_0^T\right)$$

$$= \frac{1}{s} - \frac{1}{s}\lim_{T \to +\infty}\mathrm{e}^{-sT}$$

当且仅当 s 的实部 $\mathrm{Re}(s) > 0$ 时, $\lim\limits_{T \to +\infty}\mathrm{e}^{-sT}$ 存在且等于零.

从而 $$\pounds\left[f(t)\right] = \frac{1}{s} \quad (\mathrm{Re}(s) > 0).$$

括号中的 $\mathrm{Re}(s) > 0$ 是函数 $u(t)$ 的拉普拉斯变换的积分收敛域.

【例 2】 求 $\pounds\left[\mathrm{e}^t\right]$.

解 $$\pounds\left[f(t)\right] = \int_0^{+\infty} \mathrm{e}^t\mathrm{e}^{-st}\mathrm{d}t = \int_0^{+\infty} \mathrm{e}^{-(s-1)t}\mathrm{d}t$$

$$= \lim_{T \to +\infty}\int_0^T \mathrm{e}^{-(s-1)t}\mathrm{d}t = \lim_{T \to +\infty}\left[-\frac{1}{s-1}\mathrm{e}^{-(s-1)t}\right]\Big|_0^T$$

$$= \frac{1}{s-1} - \frac{1}{s-1}\lim_{T \to +\infty}\mathrm{e}^{-(s-1)T}$$

$$= \frac{1}{s-1} \quad (\mathrm{Re}(s) > 1).$$

即 $\pounds\left[\mathrm{e}^t\right] = \dfrac{1}{s-1} \quad (\mathrm{Re}(s) > 1).$

类似地, $\pounds\left[\mathrm{e}^{-t}\right] = \dfrac{1}{s+1} \quad (\mathrm{Re}(s) > -1).$

【例 3】 求 $\pounds\left[\sin t\right]$.

解 $$\pounds\left[\sin t\right] = \int_0^{+\infty} \sin t \cdot \mathrm{e}^{-st}\mathrm{d}t = \int_0^{+\infty} \frac{\mathrm{e}^{it} - \mathrm{e}^{-it}}{2i}\mathrm{e}^{-st}\mathrm{d}t$$

$$= \frac{1}{2i}\int_0^{+\infty}\left[\mathrm{e}^{-(s-i)t} - \mathrm{e}^{-(s+i)t}\right]\mathrm{d}t$$

$$= \frac{1}{2i}\int_0^{+\infty}\mathrm{e}^{-(s-i)t}\mathrm{d}t - \frac{1}{2i}\int_0^{+\infty}\mathrm{e}^{-(s+i)t}\mathrm{d}t$$

上式右端第一个积分当且仅当 $\mathrm{Re}(s) > \mathrm{Re}(i) = 0$ 时收敛;而第二个积分当且仅当 $\mathrm{Re}(s) > \mathrm{Re}(-i) = 0$ 时收敛.于是有,

$$\pounds\left[\sin t\right] = \frac{1}{2i}\left(\frac{1}{s-i} - \frac{1}{s+i}\right) = \frac{1}{s^2+1} \quad (\mathrm{Re}(s) > 0).$$

类似地, $\pounds\left[\cos t\right] = \dfrac{s}{s^2+1} \quad (\mathrm{Re}(s) > 0).$

9.1.3 拉普拉斯变换的存在定理

先引入一个概念.

定义 2 对实变量 t 的复值函数 $f(t)$,如果存在两个常数 $M > 0$ 及 $\sigma \geqslant 0$,使对于一切 $t \geqslant 0$ 都有 $|f(t)| \leqslant M\mathrm{e}^{\sigma t}$ 成立,即 $f(t)$ 的增长速度不超过某一指数函数,则称 $f(t)$ 为**指**

数级函数, σ 为其增长指数.

例如 $|u(t)| \leqslant 1 \cdot e^{0 \cdot t}$, 此处 $M = 1, \sigma = 0$;

$|e^{kt}| \leqslant 1 \cdot e^{k \cdot t}$, 此处 $M = 1, \sigma = k$ $(k > 0)$;

$|\sin kt| \leqslant 1 \cdot e^{0 \cdot t}$, 此处 $M = 1, \sigma = 0$ (k 为实常数);

$|t^n| \leqslant n! \cdot e^t$, 此处 $M = n!, \sigma = 1$;

它们都是指数级函数.但是对于函数 e^{t^2},不论选 M 及 σ 多么大,总有

$$|e^{t^2}| > Me^{\sigma t},$$

所以它不是指数级函数.

拉普拉斯变换存在定理 设函数 $f(t)$ 满足下列条件:

(1) 当 $t < 0$ 时, $f(t) = 0$;

(2) $f(t)$ 在 $t \geqslant 0$ 的任一有限区间上分段连续,间断点的个数是有限个,且是第一类间断点;

(3) $f(t)$ 是指数级函数.

则 $f(t)$ 的拉普拉斯变换

$$F(s) = \int_0^{+\infty} f(t)e^{-st}dt$$

在半平面 $\mathrm{Re}(s) > \sigma$ 上一定存在,此时上式右端的积分绝对收敛.

证明从略.

习题 9-1

求下列各函数的拉普拉斯变换:

(1) $\cos t$; (2) $f(t) = t$.

9.2 拉普拉斯变换的基本性质

上一节我们利用定义求得一些较简单的常用函数的拉普拉斯变换,但对于较复杂的函数,利用定义来求就显得不方便,有时甚至求不出来.利用一些已知函数的拉普拉斯变换及拉普拉斯变换的性质或查拉普拉斯变换表求函数的拉普拉斯变换显得更方便.这里只介绍几个常用的性质.

以下总假定函数的拉普拉斯变换是存在的.

1. 线性性质

若 $\mathscr{L}[f_1(t)] = F_1(s), \mathscr{L}[f_2(t)] = F_2(s)$,则对于任意两个复常数 α 和 β,有

$$\mathscr{L}[\alpha f_1(t) + \beta f_2(t)] = \alpha F_1(s) + \beta F_2(s).$$

这个性质表明函数的线性组合的拉普拉斯变换等于各函数的拉普拉斯变换的线性组合,即拉普拉斯变换是线性变换.

函数 $\text{sh}\,t = \dfrac{e^t - e^{-t}}{2}$ 叫做**双曲正弦函数**，$\text{ch}\,t = \dfrac{e^t + e^{-t}}{2}$ 叫做**双曲余弦函数**.

【**例 1**】 求 $\pounds[\text{sh}\,t]$.

解 $\pounds[\text{sh}\,t] = \pounds\left[\dfrac{e^t - e^{-t}}{2}\right] = \dfrac{1}{2}\{\pounds[e^t] - \pounds[e^{-t}]\}$

$$= \dfrac{1}{2}\left(\dfrac{1}{s-1} - \dfrac{1}{s+1}\right)$$

$$= \dfrac{1}{s^2 - 1}$$

即 $\qquad\qquad \pounds[\text{sh}\,t] = \dfrac{1}{s^2 - 1} \qquad (\text{Re}(s) > 1).$

类似地，$\pounds[\text{ch}\,t] = \dfrac{s}{s^2 - 1} \qquad (\text{Re}(s) > 1).$

2. 相似性质

若 $\pounds[f(t)] = F(s)$，且 $a > 0$，则 $\pounds[f(at)] = \dfrac{1}{a}F\left(\dfrac{s}{a}\right).$

因为函数 $f(at)$ 的图像可由 $f(t)$ 的图像沿 t 轴正向经相似变换得到，所以把这个性质称为**相似性**.在工程技术中，常希望改变时间的比例尺，或将一个给定的时间函数标准化后，再求它的拉普拉斯变换，这时就要用到这个性质，因此这个性质在工程技术中也称为**尺度变换性**.

【**例 2**】 已知 $\pounds[\sin t] = \dfrac{1}{s^2 + 1}$，求 $\pounds[\sin at] \quad (a > 0).$

解 由相似性质即得到当 $a > 0$ 时，有

$$\pounds[\sin at] = \dfrac{1}{a} \cdot \dfrac{1}{\left(\dfrac{s}{a}\right)^2 + 1} = \dfrac{a}{s^2 + a^2}.$$

类似地，$\pounds[\cos at] = \dfrac{s}{s^2 + a^2}.$

3. 位移性质

若 $F(s) = \pounds[f(t)]$，s_0 是复常数且 $\text{Re}(s - s_0) > \sigma$，则

$$\pounds[e^{s_0 t} f(t)] = F(s - s_0).$$

这个性质表明一个函数乘以指数函数 $e^{s_0 t}$ 后的拉普拉斯变换等于这个函数的象函数作位移 s_0.

【**例 3**】 求 $\pounds[e^{-s_0 t}\sin at]$、$\pounds[e^{-s_0 t}\cos at]$.

解 利用位移性质及公式

$$\pounds[\sin at] = \dfrac{a}{s^2 + a^2}, \pounds[\cos at] = \dfrac{s}{s^2 + a^2},$$

可得 $\quad \pounds[e^{-s_0 t}\sin at] = \dfrac{a}{(s + s_0)^2 + a^2};$

$$\pounds[e^{-s_0 t}\cos at] = \dfrac{s + s_0}{(s + s_0)^2 + a^2}.$$

4. 象原函数的微分性质

若 $f(t)$ 在 $t \geqslant 0$ 中可微,并且 $f'(t)$ 满足拉普拉斯变换存在定理中的条件,又 $\pounds[f(t)] = F(s)$,则 $\pounds[f'(t)] = sF(s) - f(0)$.

这个性质表明,一个函数求导后取拉普拉斯变换,等于这个函数的拉普拉斯变换乘以参数 s,再减去函数的初值.

推论 若 $f(t)$ 在 $t \geqslant 0$ 中 n 次可微,并且 $f^{(n)}(t)$ 满足拉普拉斯变换存在定理中的条件,又 $\pounds[f(t)] = F(s)$,则

$$\pounds[f^{(n)}(t)] = s^n F(s) - s^{n-1}f(0) - s^{n-2}f'(0) - \cdots - f^{(n-1)}(0)$$
$$(n = 1,2,3,\cdots),$$

其中 $f^{(k)}(0)$ 应理解为右极限 $\lim\limits_{t \to 0^+} f^{(k)}(t)$ $(k = 0,1,2,\cdots,n-1)$.特别地,当初值 $f(0) = f'(0) = \cdots = f^{(n-1)}(0) = 0$ 时,有

$$\pounds[f^{(n)}(t)] = s^n F(s).$$

这个性质在运用拉普拉斯变换解线性常微分方程的初值问题时起着特别重要的作用,它可将关于 $f(t)$ 的微分方程转化为关于 $F(s)$ 的代数方程.

【例 4】 已知 $\pounds[\sin at] = \dfrac{a}{s^2 + a^2}$ $(a > 0)$,利用象原函数的微分性质求 $\pounds[\cos at]$.

解 由于 $\cos at = \dfrac{1}{a}(\sin at)'$,根据象原函数的微分性质及线性性质,可得

$$\pounds[\cos at] = \frac{1}{a}\pounds[(\sin at)'] = \frac{1}{a}\{s\pounds[\sin at] - 0\}$$
$$= \frac{1}{a}\left(s \cdot \frac{a}{s^2 + a^2}\right) = \frac{s}{s^2 + a^2}.$$

5. 象函数的微分性质

若 $F(s) = \pounds[f(t)]$,则 $F'(s) = -\pounds[tf(t)]$ 或 $\pounds[tf(t)] = -F'(s)$.

这个性质表明对象函数求导,等于其象原函数乘以 $-t$ 的拉普拉斯变换,或函数 $f(t)$ 乘以 t 的拉普拉斯变换等于其拉普拉斯变换的导数的相反数.

一般地,有

$$F^{(n)}(s) = (-1)^n \pounds[t^n f(t)] \text{ 或 } \pounds[t^n f(t)] = (-1)^n F^{(n)}(s)$$
$$(n = 1,2,3,\cdots).$$

【例 5】 已知 $\pounds[\sin at] = \dfrac{a}{s^2 + a^2}$,求 $\pounds[t\sin at]$.

解 由象函数的微分性质且 $\text{Re}(s) > 0$,可知

$$\pounds[t\sin at] = -\frac{\mathrm{d}}{\mathrm{d}s}\pounds[\sin at] = -\frac{\mathrm{d}}{\mathrm{d}s}\frac{a}{s^2 + a^2} = \frac{2as}{(s^2 + a^2)^2}.$$

现将一些常用函数的拉普拉斯变换列成一表(见附录 Ⅳ).

习题 9-2

求下列函数的拉普拉斯变换:

(1) $\sin^2 at$;

(2) $\cos at \cos bt$;

(3) $t^2 \sin t$;

(4) $t \sh t$.

9.3　拉普拉斯逆变换及其性质

9.3.1　拉普拉斯逆变换的定义

上面我们讨论了由已知的象原函数 $f(t)$ 如何求拉普拉斯变换后的象函数 $F(s)$. 但在很多实际应用中,还会遇到与此相反的问题,即已知象函数 $F(s)$,如何求出其对应的象原函数 $f(t)$.

定义　设函数 $f(t)$ 的拉普拉斯变换为 $F(s)$,即

$$F(s) = \int_0^{+\infty} f(t) e^{-st} dt,$$

则从 $F(s)$ 到 $f(t)$ 的对应关系称为**拉普拉斯逆变换**,记作

$$f(t) = \pounds^{-1}[F(s)].$$

9.3.2　拉普拉斯逆变换的计算公式

设函数 $f(t)$ 满足拉普拉斯变换存在定理中的条件,$\pounds[f(t)] = F(s)$,σ 为收敛坐标,则 $\pounds^{-1}[F(s)]$ 由下式给出

$$f(t) = \frac{1}{2\pi i} \int_{\sigma - i\infty}^{\sigma + i\infty} F(s) e^{st} ds \quad (s = \sigma + i\omega, t > 0), \tag{9-2}$$

其中 t 为 $f(t)$ 的连续点.

如果 t 为 $f(t)$ 的间断点,则改成

$$\frac{f(t+0) + f(t-0)}{2} = \frac{1}{2\pi i} \int_{\sigma - i\infty}^{\sigma + i\infty} F(s) e^{st} ds.$$

其中的积分应理解为

$$\int_{\sigma - i\infty}^{\sigma + i\infty} F(s) e^{st} ds = \lim_{\omega \to \infty} \int_{\sigma - i\omega}^{\sigma + i\omega} F(s) e^{st} ds.$$

直接利用(9-2)式计算 $\pounds^{-1}[F(s)]$ 是比较困难的,要用到有关复变函数论方面的知识. 为此将一些常用象函数的象原函数列成一表(见附录 Ⅳ),今后可结合查表及性质求 $\pounds^{-1}[F(s)]$.

9.3.3 拉普拉斯逆变换的性质

1.线性性质

若 $\pounds[f_1(t)] = F_1(s), \pounds[f_2(t)] = F_2(s)$,则对于任意两个复常数 α 和 β,有

$$\pounds^{-1}[\alpha F_1(s) + \beta F_2(s)] = \alpha f_1(t) + \beta f_2(t).$$

2. 位移性质

若 $F(s) = \pounds[f(t)], s_0$ 是复常数,则

$$\pounds^{-1}[F(s - s_0)] = e^{s_0 t} f(t).$$

【例1】 求 $\pounds^{-1}\left[\dfrac{2s+5}{(s+2)^2+3^2}\right]$.

解 由于 $F(s) = \dfrac{2s+5}{(s+2)^2+3^2} = \dfrac{2(s+2)+1}{(s+2)^2+3^2}$

$$= 2 \cdot \frac{s+2}{(s+2)^2+3^2} + \frac{1}{3} \cdot \frac{3}{(s+2)^2+3^2},$$

根据 $\pounds[\sin 3t] = \dfrac{3}{s^2+3^2}$ 和 $\pounds[\cos 3t] = \dfrac{s}{s^2+3^2}$ 及位移性质、线性性质,得

$$f(t) = 2e^{-2t}\cos 3t + \frac{1}{3} \cdot e^{-2t}\sin 3t.$$

注意 利用位移性质求象原函数,一方面要将 $F(s)$ 写成 $F_1(s-s_0)$ 的形式,另一方面 $F_1(s)$ 的象原函数要求是已知的.

3.卷积性质

若 $f_1(t)$ 和 $f_2(t)$ 都满足拉普拉斯变换存在定理中的条件,$\pounds[f_1(t)] = F_1(s)$,
$\pounds[f_2(t)] = F_2(s)$.则

$$\pounds^{-1}[F_1(s) \cdot F_2(s)] = f_1(t) * f_2(t),$$

式中

$$f_1(t) * f_2(t) = \int_0^t f_1(u)f_2(t-u)\mathrm{d}u = \int_0^t f_1(t-u)f_2(u)\mathrm{d}u$$

称为函数 $f_1(t)$ 和 $f_2(t)$ 的**卷积**.

【例2】 求 $\pounds^{-1}\left[\dfrac{1}{s+a} \cdot \dfrac{a}{s^2+a^2}\right]$.

解 因为 $\pounds[e^{-at}] = \dfrac{1}{s+a}, \pounds[\sin at] = \dfrac{a}{s^2+a^2}$,根据卷积性质,得

$$\pounds^{-1}\left[\frac{1}{s+a} \cdot \frac{a}{s^2+a^2}\right] = e^{-at} * \sin at = \int_0^t e^{-a(t-u)}\sin au\,\mathrm{d}u$$

$$= -\frac{1}{2a}(\cos at - \sin at - e^{-at}).$$

【例3】 求下列各函数的拉普拉斯逆变换：

(1) $\dfrac{1}{s(s^2-1)}$；　　(2) $\dfrac{1}{s(s+1)^3}$；　　(3) $\dfrac{4s^2-1}{4s^2(s^2-1)}$.

解　(1)根据附录Ⅳ公式,取 $a=0,b=-1,c=1$,得

$$\pounds^{-1}\left[\frac{1}{s(s^2-1)}\right]=\pounds^{-1}\left[\frac{1}{s(s+1)(s-1)}\right]$$

$$=-\frac{-2+\mathrm{e}^{-t}+\mathrm{e}^{t}}{-2}$$

$$=-1+\mathrm{ch}\,t.$$

(2) 先将 $\dfrac{1}{s(s+1)^3}$ 分解为部分分式,令

$$\frac{1}{s(s+1)^3}=\frac{A}{s}+\frac{B}{s+1}+\frac{C}{(s+1)^2}+\frac{D}{(s+1)^3}$$

两边同乘以 $s(s+1)^3$,得

$$1=A(s+1)^3+Bs(s+1)^2+Cs(s+1)+Ds$$

令 $s=0$,得 $A=1$;令 $s=-1$,得 $D=-1$;令 $s=1$,得 $2B+C=-3$;

令 $s=2$,得 $3B+C=-4$;解得 $B=-1,C=-1$.

所以 $\dfrac{1}{s(s+1)^3}=\dfrac{1}{s}-\dfrac{1}{s+1}-\dfrac{1}{(s+1)^2}-\dfrac{1}{(s+1)^3}$.

$$\pounds^{-1}\left[\frac{1}{s(s+1)^3}\right]=\pounds^{-1}\left[\frac{1}{s}\right]-\pounds^{-1}\left[\frac{1}{s+1}\right]-\pounds^{-1}\left[\frac{1}{(s+1)^2}\right]-\pounds^{-1}\left[\frac{1}{(s+1)^3}\right]$$

$$=1-\mathrm{e}^{-t}-t\mathrm{e}^{-t}-\frac{1}{2}t^2\mathrm{e}^{-t}.$$

注:有关有理分式的分解参看附录 Ⅴ.

(3) 先将 $\dfrac{4s^2-1}{4s^2(s^2-1)}$ 分解为部分分式,令

$$\frac{4s^2-1}{4s^2(s^2-1)}=\frac{A}{s}+\frac{B}{s^2}+\frac{C}{s+1}+\frac{D}{s-1},$$

两边同乘以 $4s^2(s^2-1)$,得

$$4s^2-1=4As(s^2-1)+4B(s^2-1)+4Cs^2(s-1)+4Ds^2(s+1)$$

令 $s=0$,得 $B=\dfrac{1}{4}$;令 $s=1$,得 $D=\dfrac{3}{8}$;令 $s=-1$,得 $C=-\dfrac{3}{8}$;令 $s=2$,得 $A=0$.

所以　$\dfrac{4s^2-1}{4s^2(s^2-1)}=\dfrac{1}{4}\cdot\dfrac{1}{s^2}-\dfrac{3}{8}\cdot\dfrac{1}{s+1}+\dfrac{3}{8}\cdot\dfrac{1}{s-1}$

$$\pounds^{-1}\left[\frac{4s^2-1}{4s^2(s^2-1)}\right]=\frac{1}{4}\pounds^{-1}\left[\frac{1}{s^2}\right]-\frac{3}{8}\pounds^{-1}\left[\frac{1}{s+1}\right]+\frac{3}{8}\pounds^{-1}\left[\frac{1}{s-1}\right]$$

$$=\frac{1}{4}t-\frac{3}{8}\mathrm{e}^{-t}+\frac{3}{8}\mathrm{e}^{t}$$

$$=\frac{1}{4}(t+3\mathrm{sh}\,t).$$

习题 9-3

求下列函数的拉普拉斯逆变换：

(1) $\dfrac{1}{(s-1)^2}$；

(2) $\dfrac{s}{s+2}$；

(3) $\dfrac{3}{(s+4)(s+2)}$；

(4) $\dfrac{s+1}{s^2+s-6}$；

(5) $\dfrac{4}{s(2s+3)}$；

(6) $\dfrac{-2s+4}{s^2+4}$；

(7) $\dfrac{1}{s(s^2+5)}$；

(8) $\dfrac{1}{s(s-1)(s-2)}$；

(9) $\dfrac{s^2+2}{s(s+1)(s+2)}$；

(10) $\dfrac{1}{4s^2(s^2-1)}$；

(11) $\dfrac{a}{s(s^2+a^2)}$；

(12) $\dfrac{4s}{(s^2+4)^2}$；

(13) $\dfrac{s+2}{(s^2+4s+5)^2}$；

(14) $\dfrac{s^2}{(s^2+a^2)^2}$；

(15) $\dfrac{s}{s^4+5s^2+4}$；

(16) $\ln\dfrac{s+1}{s-1}$.

9.4　拉普拉斯变换的应用

拉普拉斯变换的重要应用之一是解线性微分方程,这里仅讨论解线性常微分方程.其求解方法大致包括以下三个步骤：

(1) 对关于 $y(t)$ 的微分方程进行拉普拉斯变换,得到一个关于象函数 $Y(s)$ 的代数方程,称为**象方程**；

(2) 解象方程,得象函数 $Y(s)$；

(3) 对 $Y(s)$ 作逆变换,得微分方程的解 $y(t)$.

9.4.1　解常系数线性微分方程

在解决一个具体问题时,除了微分方程本身以外,还需要一定的定解条件.如果定解条件为**初始条件**(即初始时刻的状态),相应的定解问题称为**初值问题**；如果定解条件在所考虑的区间的两端给出,这种定解条件称为**边界条件**,相应的定解问题就称为**边值问题**.

1.初值问题

【例 1】　求 $y''(t)+4y(t)=0$ 满足初始条件 $y(0)=-2, y'(0)=4$ 的特解.

解　设 $\mathscr{L}\left[y(t)\right]=Y(s)$,对方程两边取拉普拉斯变换,得

$$s^2 Y(s) - sy(0) - y'(0) + 4Y(s) = 0.$$

利用初始条件,可得象方程为

$$s^2 Y(s) + 2s - 4 + 4Y(s) = 0,$$

解象方程,得

$$Y(s) = \frac{-2s + 4}{s^2 + 4} = \frac{-2s}{s^2 + 4} + \frac{4}{s^2 + 4}.$$

取拉普拉斯逆变换,得

$$y(t) = \mathcal{L}^{-1}[Y(s)] = -2\mathcal{L}^{-1}\left[\frac{s}{s^2 + 4}\right] + 2\mathcal{L}^{-1}\left[\frac{2}{s^2 + 4}\right] = -2\cos 2t + 2\sin 2t.$$

【例 2】 求 $y''' + 3y'' + 3y' + y = 1$ 满足初始条件

$$y(0) = y'(0) = y''(0) = 0 \text{ 的特解}.$$

解 象方程为

$$s^3 Y(s) + 3s^2 Y(s) + 3sY(s) + Y(s) = \frac{1}{s},$$

于是 $Y(s) = \dfrac{1}{s(s + 1)^3}$,由 9.3 例 3 得

$$y(t) = 1 - e^{-t} - te^{-t} - \frac{1}{2}t^2 e^{-t}.$$

【例 3】 如图 9-1 所示的电路中,当 $t = 0$ 时,开关 K 闭合,接入信号源 $e(t) = E_0 \sin\omega t$,电感起始电流等于零,求 $i(t)$.

解 $i(t)$ 所满足的微分方程为

$$L_0 \frac{\mathrm{d}i}{\mathrm{d}t} + Ri = E_0 \sin\omega t,$$

且满足初始条件 $i(0) = 0$.

设 $L[i(t)] = I(s)$,对方程两边取拉普拉斯变换,得象方程为

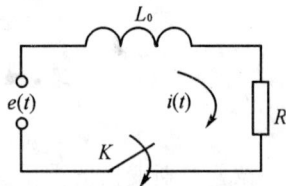

图 9-1

$$L_0 sI(s) + RI(s) = E_0 \frac{\omega}{s^2 + \omega^2}, \text{于是}$$

$$I(s) = \frac{E_0 \omega}{(L_0 s + R)(s^2 + \omega^2)} = \frac{E_0}{L_0} \cdot \frac{1}{s + \dfrac{R}{L_0}} \cdot \frac{\omega}{s^2 + \omega^2}.$$

取拉普拉斯逆变换,根据卷积性质,得

$$i(t) = \frac{E_0}{L_0}\left(e^{-\frac{R}{L_0}t} * \sin\omega t\right)$$

$$= \frac{E_0}{L_0}\int_0^t \sin\omega u \cdot e^{-\frac{R}{L_0}(t - u)}\mathrm{d}u$$

$$= \frac{E_0}{R^2 + L_0^2 \omega^2}(R\sin\omega t - \omega L_0 \cos\omega t) + \frac{E_0 \omega L_0}{R^2 + L_0^2 \omega^2}e^{-\frac{R}{L_0}t}.$$

所得结果的第一部分代表一个稳定的(幅度不变的)振荡,第二部分则随时间而衰减.

2.边值问题

【例4】 求 $y'' - 2y' + y = 0$ 满足 $y(0) = 0, y(1) = 2$ 的特解.

这里 $y(1) = 2$ 就是边界条件,已知一个初始条件 $y(0) = 0$,可设想另一个初始条件 $y'(0)$ 已知,而将边值问题当作初值问题来解.显然,所得微分方程的解内含有未知的初值,但它可由已知的边值求得,从而求出微分方程的解.

解 象方程为

$$s^2 Y(s) - sy(0) - y'(0) - 2sY(s) + y(0) + Y(s) = 0$$

于是

$$Y(s) = \frac{y'(0)}{(s-1)^2}$$

取拉普拉斯逆变换,得

$$y(t) = y'(0)te^t$$

用 $t = 1$ 代入上式,得 $2 = y(1) = y'(0)e, y'(0) = 2e^{-1}$,

从而

$$y(t) = 2te^{t-1}.$$

9.4.2 解常系数线性微分方程组

【例5】 求 $\begin{cases} x' + y + z' = 1 \\ x + y' + z = 0 \\ y + 4z' = 0 \end{cases}$ 满足 $x(0) = y(0) = z(0) = 0$ 的特解.

解 对方程组中的每个方程两边取拉普拉斯变换,设 $\pounds[x(t)] = X(s), \pounds[y(t)] = Y(s), \pounds[z(t)] = Z(s)$,利用初始条件,可得到象方程组为

$$\begin{cases} sX(s) + Y(s) + sZ(s) = \frac{1}{s} \\ X(s) + sY(s) + Z(s) = 0 \\ Y(s) + 4sZ(s) = 0 \end{cases}$$

解此方程组,得

$$X(s) = \frac{4s^2 - 1}{4s^2(s^2 - 1)}; Y(s) = -\frac{1}{s(s^2 - 1)}; Z(s) = \frac{1}{4s^2(s^2 - 1)}.$$

对每一象函数取逆变换(参见9.3 例3),得

$$x(t) = \pounds^{-1}\left[\frac{4s^2 - 1}{4s^2(s^2 - 1)}\right] = \frac{1}{4}(t + 3\mathrm{sh}t)$$

$$y(t) = \pounds^{-1}\left[\frac{1}{s(s^2 - 1)}\right] = 1 - \mathrm{ch}t$$

$$z(t) = \pounds^{-1}\left[\frac{1}{4s^2(s^2 - 1)}\right] = \frac{1}{4}\pounds^{-1}\left[\frac{1}{s^2 - 1} - \frac{1}{s^2}\right] = \frac{1}{4}(\mathrm{sh}t - 1).$$

从以上例子可看出,用拉普拉斯变换来解常系数线性微分方程(组)时,通过拉普拉斯变换,先将微分方程(组)变换为复数的代数方程(组),将微积分的运算变换为复数的代数运算,然后求出代数方程(组)的解;再通过拉普拉斯逆变换,就得到原来微分方程(组)的解.由于代数方程(组)的求解要比相应的微分方程(组)的求解简单得多,而拉普拉斯(逆)变换又有表可查,因此,计算就大为简化,相对于常规解法,拉普拉斯变换法显示出了它的优点.

习题 **9-4**

1.求下列微分方程的解：

(1) $y' - y = e^{2t}, y(0) = 0$;

(2) $y'' + 4y = \sin t, y(0) = y'(0) = 0$;

(3) $y''' + 3y'' + 3y' + y = 6e^{-t}, y(0) = y'(0) = y''(0) = 0$;

(4) $y'' - y = 4\sin t + 5\cos 2t, y(0) = -1, y'(0) = 1$;

(5) $y'' - y = 0, y(0) = 0, y'(2\pi) = 1$.

2.求下列微分方程组的解：

(1) $\begin{cases} x' + y' = 1, \\ x' - y' = t, \end{cases}$ $x(0) = 0, y(0) = 0$;

(2) $\begin{cases} 2x - y - y' = 4, \\ 2x' + y = 2, \end{cases}$ $x(0) = y(0) = 0$.

3.设有如图 9-2 所示的 RL 串联电路，在 $t = t_0$ 时接入直流电源 E，求电路中的电流 $i(t)$.

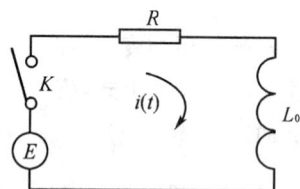

图 9-2

参 考 答 案

习题 1-1

1.(1)不是(定义域不同) (2)不是(定义域不同) (3)不是(对应法则不同)

2.(1)$(-\infty,+\infty)$ (2)$(-\infty,-2)\bigcup(2,+\infty)$ (3)$[-1,3]$ (4)$x \geqslant -2$ 且 $x \neq \pm 1$

3.$f(0)=2$ $f(1)=0$ $f(-x)=x^2+3x+2$ $f(\frac{1}{x})=\frac{1}{x^2}-\frac{3}{x}+2$ $f(x+1)=x^2-x$

4. 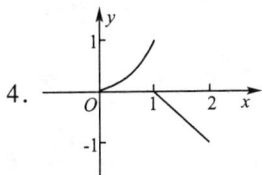 定义域$[0,2]$ $f(0)=0$ $f(1)=0$ $f(\frac{5}{4})=-\frac{1}{4}$
$$f(\frac{\pi}{4})=\frac{\pi^2}{16}$$

5.(1)奇函数 (2)奇函数

6.(1)$y=\frac{1}{2}x+\frac{1}{2}(x\in R)$ (2)$\frac{1}{3}\arcsin\frac{x}{2}(x\in[-2,2])$

7.(1)由 $y=e^u,u=\frac{x}{2}$ (2)由 $y=\lg u,u=\tan v,v=3x$

(3)由 $y=\cot u,u=\sqrt{x}$ (4)由 $y=\arccos u,u=\frac{1}{x}$

(5)由 $y=u^3,u=\sin v,v=1+2x$ (6)由 $y=\arctan u,u=\lg v,v=\sqrt{x}$

8.$f[\varphi(x)]=4^x$ $\varphi[f(x)]=2^{x^2}$

9.$Q=50\times(1-n\times 4.5\%)$

10. 记表面积 S,底面半径为 R,则 $S=\frac{2v}{R}+2\pi R^2(0<R<+\infty)$

11.$D=\begin{cases}100x & 0\leqslant x \leqslant 10\\ 200+80x & 10<x\leqslant 100\end{cases}$

12.$R=\begin{cases}200x & 0\leqslant x\leqslant 500\\ 10000+180x & 500<x\leqslant 700\\ 136000 & x>700\end{cases}$

13.$f(x)=x^2-5x+6$

14.$f(x)=\begin{cases}4-x & x\geqslant 2\\ x & x<2\end{cases}$

习题 1-2

1.(1)$\lim\limits_{n\to x}y_n=2$ (2)$\lim\limits_{n\to\infty}y_n=0$

2.

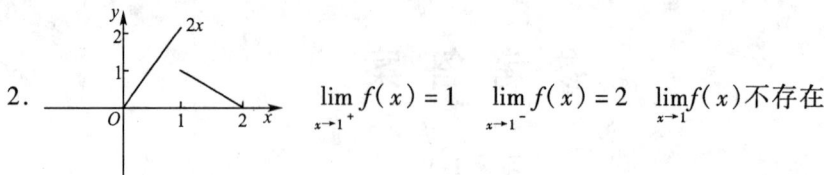

$\lim\limits_{x \to 1^+} f(x) = 1$ $\lim\limits_{x \to 1^-} f(x) = 2$ $\lim\limits_{x \to 1} f(x)$ 不存在

3.(1)无穷小量   (2)无穷大量

4.(1)24   (2)0   (3)∞ (4)0   (5)$\dfrac{1}{2}$ (6)0   (7)$\dfrac{1}{2}$ (8)$2x$ (9)0   (10)0

5.(1)$\dfrac{3}{2}$ (2)4   (3)2   (4)$\dfrac{2}{5}$ (5)e^{-2} (6)$e^{\frac{1}{3}}$

习题 1-3

1.(1)$\Delta x = -2.5$ (2)$\Delta y = 4$ (3)$\Delta y = 2a\Delta x + (\Delta x)^2$

2. $\lim\limits_{x \to 0^-} f(x) = -1 = f(0) \neq \lim\limits_{x \to 0^+} f(x) = 0$, $\therefore$ 不连续

3.(1)1   (2)0   (3)$\dfrac{\pi}{2}$ (4)1

习题 2-1

1. $y - \dfrac{\sqrt{3}}{2} = \dfrac{1}{2}(x - \dfrac{\pi}{3})$

2.(1)$y' = \dfrac{1}{x\ln 10}$ (2)$y' = \dfrac{1}{x\ln 2}$ (3)$y = 4x^3$ (4)$y' = \dfrac{2}{3}x^{-\frac{1}{3}}$ (5)$y' = -\dfrac{1}{2}x^{-\frac{3}{2}}$

(6)$y = -3x^{-4}$

3.$f'(\dfrac{\pi}{6}) = -\dfrac{1}{2}$ $f'(-\dfrac{\pi}{4}) = \dfrac{\sqrt{2}}{2}$

4.(1)$y' = 6x^2 + 1$ (2)$y' = x + 4x^{-3}$

(3)$y' = -\dfrac{1}{2}x^{-\frac{3}{2}} - \dfrac{1}{2}x^{-\frac{1}{2}}$ (4)$y' = \dfrac{21}{2}x^{\frac{5}{2}} - 3x^2$

(5)$y' = -2x + (b - a)$ (6)$y' = \dfrac{2}{(x + 1)^2}$

5.(1)$y' = 15(3x + 1)^4$ (2)$y' = 5\cos(5t + \dfrac{\pi}{4})$

(3)$y' = -\dfrac{1}{2}x^{-\frac{1}{2}}\sin\sqrt{x}$ (4)$y' = \dfrac{x}{\sqrt{x^2 - 4}}$

(5)$y' = \dfrac{2x}{(1 + x^2)\ln a}$ (6)$y' = \dfrac{1}{x\ln x}$

(7)$y' = \dfrac{1}{\sin x}$ (8)$y' = -\dfrac{4}{3}\sin\dfrac{2}{3}x$

(9)$y' = -2\cos(1 - 2x)$ (10)$y' = \dfrac{1}{2x} - \dfrac{1}{2x\sqrt{\ln x}}$

6.(1)$y' = -\dfrac{1}{1 + x^2}$ (2)$y' = (1 - x^2)^{-\frac{3}{2}}$

(3) $y' = e^x + xe^x + 5x^4$ 　　　　 (4) $y' = 10^x \ln 10 + 10x^9$

(5) $y' = \dfrac{1}{2}e^x(1+e^x)^{-\frac{1}{2}}$ 　　　 (6) $y' = e^{\arctan\sqrt{x}} \cdot \dfrac{1}{1+x} \cdot \dfrac{1}{2\sqrt{x}}$

7.(1) $y' = \dfrac{y}{y-x}$ 　(2) $y' = \dfrac{y}{y-1}$ 　(3) $y' = -\dfrac{e^y}{1+xe^y}$ 　(4) $y' = \dfrac{e^{x+y}-y}{x-e^{x+y}}$

8.(1) $y' = \sqrt{\dfrac{1-x}{1+x}} - \dfrac{x}{(1+x)(1-x)}\sqrt{\dfrac{1-x}{1+x}}$ 　(2) $y' = (\sin x)^{\ln x}\left(\dfrac{\ln\sin x}{x} + \dfrac{\cos x \ln x}{\sin x}\right)$

9.(1) $y'' = 4 - \dfrac{1}{x^2}$ 　(2) $y'' = 2\sec^2 x \cdot \tan x$

10.(1) $y^{(n)} = a^x(\ln a)^n$ 　(2) $y^{(n)} = \cos\left(x + \dfrac{n\pi}{2}\right)$

习题 2-2

1. $\Delta y = 0.0404$ 　$dy = 0.04$

2.(1) $dy = \left(-\dfrac{1}{x^2} + x^{-\frac{1}{2}}\right)dx$ 　　　　 (2) $dy = (\sin 2x + 2x\cos 2x)dx$

(3) $dy = (1-2x^2)^{-\frac{3}{2}}dx$ 　　　　 (4) $dy = [e^{-x}\sin(1-x) - e^{-x}\cos(1-x)]dx$

(5) $dy = \dfrac{2}{x-1}\ln(1-x)dx$ 　　　　 (6) $dy = \dfrac{2x\,dx}{\sqrt{1-x^4}}$

3.(1) $-2\sin 2x$ 　(2) $-\dfrac{1}{2}e^{-\frac{1}{2}x}$ 　(3) $3x + C$ 　(4) $x^2 + C$ 　(5) $\dfrac{1}{\omega}\sin\omega t + C$ 　(6) $\ln x + C$

(7) $2\arcsin x + C$ 　(8) -1 　(9) $-\dfrac{1}{2}$ 　(10) 3 　(11) $\dfrac{1}{3}$ 　(12) -1

4.(1) 0.985 (2) 2.017 (3) 1.04 (4) 0.87467

5. 30

6. $\Delta S = 2.01\pi$ 　$ds = 2\pi$

7. 0.034

习题 3-1

(1) $\dfrac{1}{12}$ 　(2) ∞ 　(3) 0 　(4) $\dfrac{1}{6}$ 　(5) 1 　(6) $\dfrac{1}{2}$ 　(7) $-\dfrac{1}{2}$ 　(8) 1 　(9) e 　(10) 1

习题 3-2

1.(1) $\left(-\infty, \dfrac{3}{2}\right)$ 单减，$\left(\dfrac{3}{2}, \infty\right)$ 单增

(2) $(-\infty, 0)$ 单增，$(0, +\infty)$ 单减

(3) $(-\infty, -2)$ 和 $(0, +\infty)$ 单增，$[-2, -1)$ 和 $(-1, 0]$ 单减

(4) $\left(0, \dfrac{1}{2}\right)$ 单减，$\left[\dfrac{1}{2}, +\infty\right)$ 单增

2.(1) 在 $x = 0$ 取极大值且为 0，在 $x = 2$ 取极小值 -4

(2) 在 $x = 0$ 取极小值为 0，在 $x = 2$ 取极大值为 $4e^{-2}$

(3)在 $x=-1$ 取极小值,且为 $-\dfrac{3}{2}$,在 $x=1$ 取极大值 $\dfrac{3}{2}$

(4)在 $x=-8$ 取极大值为 4,在 $x=0$ 取极小值 0

(5)在 $x=1$ 取极小值为 $2-\ln16$

(6)在 $x=-2$ 取极大值 -4,在 $x=2$ 取极小值 4

3.(1)最大值 13,最小值 4   (2)最大值 10,最小值 6

(3)最小值 0,最大值 4   (4)最小值 0,最大值 8

4.设总造价 $S(r)$,侧面单位造价为 C,则 $S(r)=2\pi r^2 C+\dfrac{600C}{r}$,$S'(r)=0$

$\Rightarrow r=\sqrt[3]{\dfrac{150}{\pi}}$,当 $r=\sqrt[3]{\dfrac{150}{\pi}}$ 时,总造价最低。

5.设土地的长为 x,而围墙总长度为 $S(x)$

$S(x)=2x+3\cdot\dfrac{216}{x}$,令 $S'(x)=0$,解得 $x=18$,$S(18)=72$.

即这块土地的长和宽分别为 18 和 12 时所用材料最省,为 72.

6.设利润函数 $L(x)$,则

$L(x)=R(x)-C(x)=5x-0.01x^2-200$

令 $L'(x)=0$,解得 $x=250$,且 $L(250)=425$

即每批生产 250 个单位产品,利润达最大为 425

7.设每件售价为 x 元,利润为 $L(x)$,则

$L(x)=[200+50(140-x)](x-120)$

令 $L'(x)=0$,解得 $x=132$,且 $L(132)=7200$

而进货数为 $200+50(140-132)=600$

即进货 600 件,每件售价 132 元,使利润最大,为 7200 元.

8.设分 x 批生产,准备费与库存费之和为 y,则

$y(x)=1000x+\dfrac{9\times10^6}{x}\times\dfrac{1}{2}\times0.05$

令 $y'(x)=0$,解得 $x=15$

$y(15)=30000$

即分 15 批生产以使总费用最小为 30000.

习题 3-3

1.396000(元) 220(元) 40(元)

2.(1)80,265,185 (2)95,45

3.$1+x,1-x$

4.(1)$-\dfrac{p}{4}$ (2)$-\dfrac{7}{8},-1,-\dfrac{9}{8}$

表示在单价为 p 元时,单价每变动 1% 时,需求量变化的百分数

5.(1)$-\dfrac{7}{6}$ (2)8.75

习题 4-1

1.$(1)\dfrac{3}{5}x^5 + x^3 + x + C$ $(2)\dfrac{1}{\ln 3e}(3e)^x + C$

$(3)x + 4\ln|x| - \dfrac{4}{x} + C$ $(4)\tan x - 2x + C$

$(5)\dfrac{1}{3}x^3 - x + \arctan x + C$ $(6) -\dfrac{1}{x} - 3\ln|x| + 3x - \dfrac{1}{2}x^2 + C$

$(7) -\cos x + \sin x + C$ $(8) -4\cot x + C$

2.$f(x) = \arcsin x + \pi$

3.$C(x) = 59x - 0.03x^2 + 1200$

习题 4-2

1.$(1)\dfrac{1}{a}$ $(2)\dfrac{1}{2}$ $(3)\dfrac{1}{5}$ $(4) -\dfrac{1}{4}$ $(5)\dfrac{1}{n+1}$ $(6)1$ $(7)\dfrac{1}{(1-n)x}$ $(8) -1$

$(9) -1$ $(10)\dfrac{1}{a}$ $(11) -\dfrac{1}{2}, \dfrac{1}{2}, -\dfrac{1}{4}$ $(12) -\dfrac{1}{2}e^{-x^2}, -\dfrac{1}{2}$

2.$(1) -\ln|1-x| + C$ $(2) -\dfrac{1}{3}\cot 3x + C$

$(3)\ln(x^2 + 2) + C$ $(4)\dfrac{1}{3}\sin x^3 + C$

$(5)\dfrac{1}{3}e^{x^3} + C$ $(6) -\dfrac{1}{4}\cos(2x^2 - 1) + C$

$(7)\ln|\ln x| + C$ $(8)\dfrac{1}{3}\ln|x^3 + 3| + C$

$(9) = -\dfrac{3}{8}(3 - 2x^2)^{\frac{2}{3}} + C$ $(10)2\arctan x^{\frac{1}{2}} + C$

$(11)\dfrac{1}{2\cos^2 x} + C$ $(12)\dfrac{1}{2}\arcsin\dfrac{2}{3}x + \dfrac{1}{4}\sqrt{9 - 4x^2} + C$

$(13) -\dfrac{3}{4}\ln|1 - x^4| + C$ $(14) -\dfrac{10^{2\arccos x}}{2\ln 10} + C$

$(15)\dfrac{1}{3}\sec^3 x - \sec x + C$ $(16) -\dfrac{1}{x\ln x} + C$

$(17)\dfrac{1}{3}(\ln|x - 2| - \ln|x + 1|) + C$

3.$(1)\dfrac{x}{\sqrt{1 + x^2}} + C$ $(2)\arccos\dfrac{1}{x} + C$

$(3) -\dfrac{1}{2}\ln\left|\dfrac{2 - \sqrt{4 - x^2}}{x}\right| + C$ $(4)\dfrac{3}{2}(1 + x)^{\frac{2}{3}} - 3(1 + x)^{\frac{1}{3}} + 3\ln|1 + \sqrt[3]{1 + x}| + C$

$(5)\ln\dfrac{e^x}{1 + e^x} + C$

习题 4-3

1.$x\sin x + \cos x + C$

$2 . - x e^{-x} - e^{-x} + C$

$3 . 2 x \sin \dfrac{x}{2} + 4 \cos \dfrac{x}{2} + C$

$4 . \dfrac{1}{3} x^3 \ln x - \dfrac{1}{9} x^3 + C$

$5 . x \ln(1 + x^2) - 2 x + 2 \arctan x + C$

$6 . x \arcsin x + \sqrt{1 - x^2} + C$

$7 . \dfrac{1}{2} e^{-x}(\sin x - \cos x) + C$

$8 . \dfrac{1}{2} x(\sin \ln x - \cos \ln x) + C$

习题 5-1

1.(1) $\displaystyle\int_{-\frac{\pi}{2}}^{\frac{\pi}{2}} \cos x \, dx - \int_{\frac{\pi}{2}}^{\pi} \cos x \, dx$ 　　(2) $\displaystyle\int_{-1}^{2} x^2 \, dx$

(3) $1 - \displaystyle\int_{0}^{1} x^2 \, dx$ 　　(4) $\displaystyle\int_{-1}^{0} [(x-1)^2 - 1] \, dx - \int_{0}^{2} [(x-1)^2 - 1] \, dx$

2.(1) 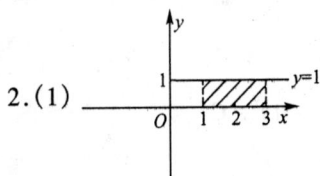 　(2)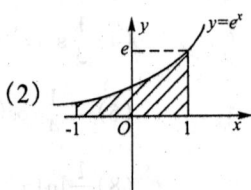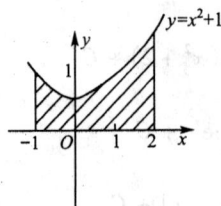

3. $S = \displaystyle\int_{2}^{10} v \, dt = \int_{2}^{10} g t \, dt$

4. 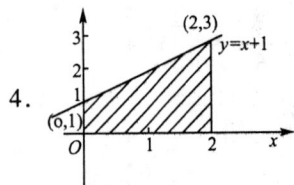 　　$\displaystyle\int_{0}^{2} (x + 1) \, dx = \dfrac{1 + 3}{2} \times 2 = 4$

5. 仿照定积分的定义

6. 因为 $m \leqslant f(x) \leqslant M$,由性质4,则有 $\displaystyle\int_{a}^{b} m \, dx \leqslant \int_{a}^{b} f(x) \, dx \leqslant \int_{a}^{b} m \, dx$,即得性质6.

习题 5-2

1.(1) $\dfrac{14}{3}$ 　(2)1 　(3) $-\dfrac{1}{6}$ 　(4) $\dfrac{29}{6}$ 　(5) $e - 2$ 　(6) -4 　(7) $1 - \dfrac{\pi}{2}$ 　(8) $\dfrac{\pi}{4} - \dfrac{2}{3}$ 　(9) $\dfrac{1}{2}$

2.(1) $\dfrac{5}{2}$ 　(2)4

3. $\dfrac{7}{2}$

4.135

习题 5-3

1.(1)0　(2)$\dfrac{2}{3}$　(3)$\dfrac{2}{3}$　(4)$\arctan e - \dfrac{\pi}{4}$　(5)$\dfrac{\pi}{3} + \dfrac{\sqrt{3}}{2}$　(6)$\dfrac{1}{2}\ln 2$　(7)$\dfrac{3}{2}$　(8)$\dfrac{20}{3}$

(9)$\dfrac{\pi^2}{32}$　(10)$2 - \sqrt{3} - \dfrac{\pi}{2}$

2.(1)$-\dfrac{1}{2}$　(2)$\dfrac{\pi}{2} - 1$　(3)$\dfrac{\pi}{4} - \dfrac{1}{2}\ln 2$　(4)$8\ln 2 - 4$　(5)2　(6)$\dfrac{1}{2}(e^{\frac{\pi}{2}} + 1)$

3.(1)0　(2)$\dfrac{\pi}{2} - 1$

4.2

5. 提示:令 $t = x$

习题 5-4

1.(1)$\dfrac{4}{3}$　(2)$\dfrac{1}{2}$　(3)5　(4)18　(5)$\dfrac{\sqrt{2}}{6} + \dfrac{\sqrt{2}}{8}\pi$

2.(1)$\dfrac{32}{3}\pi$　(2)$\dfrac{512}{15}\pi$　(3)$\dfrac{3}{10}\pi$　(4)绕 x 轴:$4\pi^2$,绕 y 轴:$\dfrac{4}{3}\pi$

3.250

4.9.23×10^4

5.$1.6ah^2 \times 10^3$

6.(1)$100t + 5t^2 - 0.15t^3$　(2)572.8

7. 令 $L'(a) = R'(x) - C'(x) = 0$,解得 $x = 11$,$L(x) = 297x + 3x^2 - x^3 - 100$,$L(11) = 2199$

习题 5-5

1.(1)$\dfrac{1}{3}$　(2)$\dfrac{1}{2}e^2$　(3)发散　(4)π　(5)发散　(6)1

习题 6-1

1.(1)-13　(2)$-b^2$　(3)-8　(4)-280

2.(1)$A_{12} = 8$,$A_{23} = -3$,$A_{33} = 1$　(2)$A_{12} = -4$,$A_{23} = -2$,$A_{33} = -11$

3.(1)-10　(2)-3　(3)1　(4)0

4.(1)9　(2)160　(3)abc　(4)$-\dfrac{1}{2}$

5.(1)$\begin{cases} x = 3 \\ y = -2 \end{cases}$　(2)$\begin{cases} x = 3 \\ y = 5 \end{cases}$　(3)$\begin{cases} x = 1 \\ y = 2 \\ z = 7 \end{cases}$　(4)$\begin{cases} x = \dfrac{b + c - a}{2a} \\ y = \dfrac{a + c - b}{2b} \\ z = \dfrac{a + b - c}{2c} \end{cases}$

6.(1)$\begin{vmatrix} 1 & 1 & 1 \\ a & b & c \\ a^2 & b^2 & c^2 \end{vmatrix} \xlongequal[r_2 - ar_1]{r_3 - ar_2} \begin{vmatrix} 1 & 1 & 1 \\ 0 & b - a & c - a \\ 0 & b(b-a) & c(c-a) \end{vmatrix} = (b-a)(c-a)\begin{vmatrix} 1 & 1 \\ b & c \end{vmatrix}$

$$= (b-a)(c-a)(c-b)$$

$$(2)\begin{vmatrix} 1 & 1 & 1 & 1 \\ a & b & c & d \\ a^2 & b^2 & c^2 & d^2 \\ a^3 & b^3 & c^3 & d^3 \end{vmatrix} \xlongequal[\substack{r_3-dr_2 \\ r_2-dr_1}]{r_4-dr_3} \begin{vmatrix} 1 & 1 & 1 & 1 \\ a-d & b-d & c-d & 0 \\ a(a-d) & b(b-d) & c(c-d) & 0 \\ a^2(a-d) & b^2(b-d) & c^2(c-d) & 0 \end{vmatrix}$$

$$= -(a-d)(b-d)(c-d)\begin{vmatrix} 1 & 1 & 1 \\ a & b & c \\ a^2 & b^2 & c^2 \end{vmatrix}$$

$$= (b-a)(c-a)(d-a)(c-b)(d-b)(d-c)$$

习题 6-2

$$1.(1)\begin{cases} x_1 = 1 \\ x_2 = -2 \\ x_3 = 0 \\ x_4 = \dfrac{1}{2} \end{cases} \qquad (2)\begin{cases} x_1 = -1 \\ x_2 = -1 \\ x_3 = 0 \\ x_4 = 1 \end{cases}$$

2. 设 A、B、C 三种食物需准备 x、y、z 盎司,则有

$$\begin{cases} 2x + 3y + 3z = 25 \\ 3x + 2y + 3z = 24 \\ 4x + y + 2z = 21 \end{cases}$$

解得

$$\begin{cases} x = \dfrac{16}{5} \\ y = \dfrac{21}{5} \\ y = 2 \end{cases}$$

3. 设 A、B、C、D 的利润率分别为 x_1、x_2、x_3、x_4,则有:

$$\begin{cases} 4x_1 + 6x_2 + 8x_3 + 10x_4 = 2.74 \\ 4x_1 + 6x_2 + 9x_3 + 9x_4 = 2.76 \\ 5x_1 + 6x_2 + 8x_3 + 10x_4 = 2.89 \\ 5x_1 + 5x_2 + 9x_3 + 9x_4 = 2.79 \end{cases}$$

解得:$x_1 = 0.15, x_2 = 0.12, x_3 = 0.09, x_4 = 0.07$

习题 6-3

1. 行列式为 $n \times n$ 型矩阵按某种运算法则计算所得的数值,矩阵为 m 行 n 列个元素排成的数表,且 m 与 n 可能不等.

$$2.\ A - 2B = \begin{pmatrix} 1 & 6 & -1 \\ 11 & -2 & -5 \\ -8 & 6 & 5 \end{pmatrix},\ -A + B = \begin{pmatrix} -2 & -4 & -2 \\ -6 & 1 & 3 \\ 2 & -6 & -1 \end{pmatrix},$$

$$A + B^+ = \begin{pmatrix} 4 & -3 & 11 \\ -1 & 1 & -1 \\ 7 & 8 & -7 \end{pmatrix}$$

3.(1) $\begin{pmatrix} 8 \\ 12 \end{pmatrix}$ 　　　　　　　(2)5

(3) $\begin{pmatrix} -1 & 0 \\ -11 & 14 \end{pmatrix}$ 　　　　　(4) $\begin{pmatrix} 3 & 6 & -3 \\ 2 & 4 & -2 \\ -1 & -2 & 1 \\ 1 & 2 & -1 \end{pmatrix}$

(5) $\begin{pmatrix} 4 & 7 & 8 & -1 \\ 4 & 2 & 0 & -2 \\ 5 & 0 & -4 & -3 \end{pmatrix}$ 　　　(6) $\begin{pmatrix} 1 & 0 \\ 0 & -1 \end{pmatrix}$

4. 不一定, $(A+B)^2 = (A+B)(A+B) = A^2 + AB + BA + B^2$, AB 与 BA 不一定相等.

5. $(80 \quad 50 \quad 70) \begin{pmatrix} 20 & 0 & 0 \\ 0 & 30 & 0 \\ 0 & 0 & 50 \end{pmatrix} (0.12 \quad 0.10 \quad 0.11) = 727$

习题 6-4

1.(1) $\dfrac{1}{8} \begin{pmatrix} 1 & -3 \\ 2 & 2 \end{pmatrix}$ 　　(2) $\begin{pmatrix} \dfrac{3}{4} & \dfrac{1}{2} & -\dfrac{3}{4} \\ -\dfrac{1}{2} & 0 & \dfrac{1}{2} \\ -\dfrac{3}{4} & -\dfrac{1}{2} & \dfrac{7}{4} \end{pmatrix}$ 　　(3) $\begin{pmatrix} 1 & 0 & 0 \\ 0 & 1 & 0 \\ 0 & 0 & 1 \end{pmatrix}$

2.(1) $\begin{pmatrix} 2 & -23 \\ 0 & 8 \end{pmatrix}$ 　　(2) $\begin{pmatrix} 24 & 13 \\ -34 & -18 \end{pmatrix}$ 　　(3) $\begin{pmatrix} -2 & 2 & 1 \\ -\dfrac{8}{3} & 5 & -\dfrac{2}{3} \end{pmatrix}$

3.(1) $\begin{pmatrix} x_1 \\ x_2 \end{pmatrix} = \begin{pmatrix} 1 \\ 1 \end{pmatrix}$ 　　(2) $\begin{pmatrix} x_1 \\ x_2 \\ x_3 \end{pmatrix} = \begin{pmatrix} 1 \\ 2 \\ -1 \end{pmatrix}$ 　　(3) $\begin{pmatrix} x_1 \\ x_2 \\ x_3 \end{pmatrix} = \begin{pmatrix} 5 \\ -5 \\ 2 \end{pmatrix}$

4.(1)3　　(2)2　　(3)2　　(4)2

5.(1) $\begin{pmatrix} -2 & 2 & -\dfrac{1}{3} \\ \dfrac{1}{2} & 0 & -\dfrac{1}{6} \\ 1 & -1 & \dfrac{1}{3} \end{pmatrix}$ 　　(2) $\begin{pmatrix} 1 & -1 & -4 \\ 0 & 1 & 1 \\ 0 & 0 & 1 \end{pmatrix}$ 　　(3)不可逆

习题 6-5

1.(1) $x = 1, y = 3, z = 2$ 　　(2) $x_1 = 2, x_2 = 3, x_3 = 4$ 　　(3) $x_1 = -1, x_2 = -1, x_2 = 0, x_4 = 1$

习题 7-1

1.(1)二阶 (2)二阶 (3)一阶 (5)二阶 (6)一阶

2.(1)否 (2)否 (3)是,特解 (4)否

3. $y = \dfrac{1}{3}x^3 - \dfrac{1}{3}$

习题 7-2

1.(1) $x^2 + C = \ln|y|$
(2) $y^2 + x^2 = C$

(3) $\dfrac{1}{2}y^2 = x + e^{-x} + C$
(4) $\ln|\sin y| = -\ln|x^2 + 3| + C$

(5) $\arctan y = x + \dfrac{1}{2}x^2 + C$

2.(1) $y = e^{-x}\left[\dfrac{1}{2}e^{2x} + C\right]$
(2) $y = e^{-x}(2xe^x - 2e^x + C)$

(3) $x = \dfrac{1}{y^2}\left[-\dfrac{1}{4}y^4 + C\right]$
(4) $y = \dfrac{1}{x}\left[\sin x + C\right]$

(5) $y = \dfrac{1}{2}x\ln^2 x$
(6) $y^2 = \ln|1 - x^2|$

(7) $xe^y = \dfrac{1}{2}y^2 + 1$

3. $y = -2e^x(xe^{-x} + e^{-x} - 1)$

习题 7-3

1.(1) $y = \dfrac{1}{24}x^4 + \cos x + \dfrac{1}{2}C_1 x^2 + C_2 x + C_3$
(2) $y = xe^x - e^x + \dfrac{1}{2}C_1 x^2 + C_2$

(3) $y = C_2 e^{C_1 x}$
(4) $y = \dfrac{1}{6}C_1 x^3 + C_2 x + C_3$

(5) $e^y = x + 1$
(6) $y = -e^{-x} + \dfrac{1}{2e}x^2 - \dfrac{2}{e}x + \dfrac{5}{2e}$

习题 7-4

1. $y = \dfrac{1}{3}x^2$ 2. $R^3 = -x^3 - x^2 - \dfrac{2}{3}x - \dfrac{2}{9} + 1106\dfrac{8}{9}e^{3x-30}$

3. 设阻力与伞下降的速度的比例系数为 k,则 $v(t) = e^{-\frac{k}{m}t}\left[g \cdot \dfrac{m}{k}e^{\frac{k}{m}t} - g \cdot \dfrac{m}{k}\right]$

4. $Q = 10000e^{-2p}$

习题 8-1

1.(1)发散 (2)收敛 (3)收敛 (4)收敛 (5)收敛 (6)收敛 (7)收敛 (8)收敛
(9)收敛

习题 8-2

1.(1) $f(x) = \dfrac{1}{2a\pi}(e^{a\pi} - e^{-a\pi}) + \sum_{n=1}^{\infty}\left[\dfrac{(-1)^n a}{(a^2 + n^2)\pi}(e^{a\pi} - e^{-a\pi})\cos nx + \dfrac{(-1)^n \pi}{(a^2 + n^2)\pi}(e^{-a\pi} - e^{a\pi})\sin nx\right]$

$(2)f(x) = \sum_{n=1}^{\infty} \left(\frac{2n(-1)^n}{(a^2-n^2)\pi}\sin a\pi\right)\sin nx$

$(3)f(x) = 1 + \sum_{n=1}^{\infty} \frac{2(-1)^{n+1}}{n^2-1}\cos nx$

$(4)f(x) = \frac{1}{2} + \sum_{n=1}^{\infty} \frac{1}{n\pi}(1-\cos n\pi)\sin nx$

$(5)f(x) = \frac{4}{\pi}\left(\frac{1}{2} - \sum_{n=1}^{\infty} \frac{1}{4n^2-1}\cos 2nx\right)$

$2.\, f(x) = -\frac{1}{2} + \sum_{n=1}^{\infty}\left[\frac{6}{n^2\pi^2}(1-\cos n\pi)\cos\frac{n\pi x}{3} - \frac{6\cos n\pi}{n\pi}\sin\frac{n\pi x}{3}\right]$

习题 9-1

$(1)\frac{s}{s^2+1}(\mathrm{Re}(s)>0)$ $(2)\frac{1}{s^2}(\mathrm{Re}(s)>0)$

习题 9-2

$(1)\frac{2a^2}{s(s^2+4a^2)}$ $(2)\frac{1}{2}\left[\frac{s}{s^2+(a+b)^2}+\frac{s}{s^2+(a-b)^2}\right]$ $(3)\frac{-6s^2-2}{(s^2+1)^4}$ $(4)\frac{2s}{(s^2-1)^2}$

习题 9-3

$(1)te^t$ $(2)\delta(t)-2e^{-2t}$

$(3)\frac{3}{2}(e^{-2t}-e^{-4t})$ $(4)\frac{2}{5}e^{-3t}+\frac{3}{5}e^{2t}$

$(5)\frac{4}{3}-\frac{4}{3}e^{-\frac{3}{2}t}$ $(6)-2\cos 2t+2\sin 2t$

$(7)\frac{1}{5}(1-\cos\sqrt{5}t)$ $(8)\frac{1}{2}(1-2e^t+e^{2t})$

$(9)1-3e^{-t}+3e^{-2t}$ $(10)\frac{1}{4}\mathrm{sh}t-\frac{1}{4}t$

$(11)\frac{1}{a}(1-\cos at)$ $(12)t\sin 2t$

$(13)\frac{t}{2}e^{-2t}\sin t$ $(14)\frac{1}{2a}(\sin at+at\cos at)$

$(15)\frac{1}{3}(\cos t-\cos 2t)$ $(16)\frac{1}{t}(e^t-e^{-t})$

习题 9-4

$1.(1)y=e^{2t}-e^t$ $(2)y=\frac{1}{3}\sin t-\frac{1}{6}\sin 2t$

$(3)y=(t-1)^3e^{-t}$ $(4)3\mathrm{sh}t-2\sin t-\cos 2t$

$(5)y=\frac{2}{e^{2\pi}+e^{-2\pi}}\mathrm{sh}t$

$$2.(1)\begin{cases} x(t) = \dfrac{1}{2}t + \dfrac{1}{4}t^2 \\ y(t) = \dfrac{1}{2}t - \dfrac{1}{4}t^2 \end{cases}$$

$$(2)\begin{cases} x(t) = 3 - 3e^{-\frac{1}{2}t}\cos\dfrac{\sqrt{3}}{2}t - \dfrac{\sqrt{3}}{3}e^{-\frac{1}{2}t}\sin\dfrac{\sqrt{3}}{2}t \\ y(t) = 2 - 2e^{-\frac{1}{2}t}\cos\dfrac{\sqrt{3}}{2}t - \dfrac{10\sqrt{3}}{3}e^{-\frac{1}{2}t}\sin\dfrac{\sqrt{3}}{2}t \end{cases}$$

3. $i(t)$ 满足微分方程为:$L_0\dfrac{\mathrm{d}i}{\mathrm{d}t} + Ri = E_0\sin\omega t$,且满足边的条件 $i(t_0) = E$

$$i(t) = \dfrac{E_0}{R^2 + L_0^2\omega^2}(R\sin\omega t - \omega L_0\cos\omega t) + \dfrac{E_0\omega L_0}{R^2 + L_0^2\omega^2}e^{-\frac{R}{L_0}t} +$$

$$\left(e - \dfrac{E_0}{R^2 + L_0^2\omega^2}(R\sin\omega t_0 - \omega L_0\cos\omega t_0) + \dfrac{E\omega L_0}{R^2 + L_0^2\omega^2}e^{-\frac{R}{L_0}t_0}\right)e^{\frac{R}{L_0}(t_0 - t)}$$

附 录

附录 Ⅰ 初等数学部分常用公式

一、代数

1. $|x + y| \leqslant |x| + |y|$

2. $|x| - |y| \leqslant |x - y| \leqslant |x| + |y|$

3. $\sqrt{x^2} = |x| = \begin{cases} x & (x \geqslant 0) \\ -x & (x < 0) \end{cases}$

4. 若 $|x| \leqslant a$,则 $-a \leqslant x \leqslant a$;若 $|x| \geqslant b, b > 0$,则 $x \geqslant b$ 或 $x \leqslant -b$

5. 设 $ax^2 + bx + c = 0$ 的判别式为 Δ(只考虑 $a > 0$ 的情况)

　(1) 当 $\Delta > 0$ 时,方程有两个不相等的实根 $x_1, x_2(x_1 < x_2)$

　　　$ax^2 + bx + c > 0$ 的解集为 $\{x \mid x > x_2\} \bigcup \{x \mid x < x_1\}$

　　　$ax^2 + bx + c < 0$ 的解集为 $\{x \mid x_1 < x < x_2\}$

　(2) 当 $\Delta = 0$ 时,方程有两个相等的实根 $x_1 = x_2$

　　　$ax^2 + bx + c > 0$ 的解集为 $\{x \mid x \in R, 且\ x \neq x_1\}$

　　　$ax^2 + bx + c < 0$ 的解集为 $\varnothing$

　(3) 当 $\Delta < 0$ 时,方程无实根

　　　$ax^2 + bx + c > 0$ 的解集为 R

　　　$ax^2 + bx + c < 0$ 的解集为 $\varnothing$

6. $a^m \cdot a^n = a^{m+n}; a^m \div a^n = a^{m-n}$

　$(a^m)^n = a^{mn}; \sqrt[n]{a^m} = a^{\frac{m}{n}}$ 　(式中 $a > 0, m$、n 均为任意实数)

7. $\log_a(M \cdot N) = \log_a M + \log_a N$

　$\log_a \dfrac{M}{N} = \log_a M - \log_a N$

　$\log_a M^n = n \log_a M$

　$a^{\log_a N} = N(a > 0\ 且\ a \neq 1, M > 0, N > 0)$

8. $1 + 2 + 3 + \cdots\cdots + n = \dfrac{1}{2}n(n + 1)$

　$1^2 + 2^2 + 3^2 + \cdots\cdots + n^2 = \dfrac{1}{6}n(n + 1)(2n + 1)$

9. $a + (a + d) + (a + 2d) + \cdots\cdots + [a + (n - 1)d] = na + \dfrac{n(n - 1)}{2}d$

　$a + aq + aq^2 + \cdots\cdots + aq^{n-1} = \dfrac{a(1 - q^n)}{1 - q}$ 　$(q \neq 1)$

10. $a^2 - b^2 = (a + b)(a - b)$

$a^3 \pm b^3 = (a \pm b)(a^2 \mp ab + b^2)$

$(a \pm b)^2 = a^2 \pm 2ab + b^2$

$(a \pm b)^3 = a^3 \pm 3a^2 b + 3ab^2 \pm b^3$

二、三角

1. $\sin(\alpha \pm \beta) = \sin\alpha\cos\beta \pm \cos\alpha\sin\beta$

$\cos(\alpha \pm \beta) = \cos\alpha\cos\beta \mp \sin\alpha\sin\beta$

$\tan(\alpha \pm \beta) = \dfrac{\tan\alpha \pm \tan\beta}{1 \mp \tan\alpha\tan\beta}$

2. $\sin2\alpha = 2\sin\alpha\cos\alpha$

$\cos2\alpha = \cos^2\alpha - \sin^2\alpha = 2\cos^2\alpha - 1 = 1 - 2\sin^2\alpha$

3. $\sin\alpha\cos\beta = \dfrac{1}{2}\left[\sin(\alpha + \beta) + \sin(\alpha - \beta)\right]$

$\cos\alpha\sin\beta = \dfrac{1}{2}\left[\sin(\alpha + \beta) - \sin(\alpha - \beta)\right]$

$\cos\alpha\cos\beta = \dfrac{1}{2}\left[\cos(\alpha + \beta) + \cos(\alpha - \beta)\right]$

$\sin\alpha\sin\beta = -\dfrac{1}{2}\left[\cos(\alpha + \beta) - \cos(\alpha - \beta)\right]$

三、几何

1. 三角形的面积 $S = \dfrac{1}{2} \times 底 \times 高$

2. 圆弧长 $l = R\theta$(θ 为弧所对的圆心角,单位为弧度)

3. 扇形面积 $S = \dfrac{1}{2}R^2\theta = \dfrac{1}{2}Rl$($\theta$ 为圆心角的弧度,l 为 θ 对应的圆弧长)

4. 球的体积 $V = \dfrac{4}{3}\pi R^3$

球的表面积 $S = 4\pi R^2$

5. 圆锥的体积 $V = \dfrac{1}{3}\pi R^2 H$

圆锥的侧面积 $S = \pi Rl$

附录 Ⅱ　简易积分表

一、含有 $ax + b$ 的积分

1. $\displaystyle\int \frac{1}{ax + b}dx = \frac{1}{a}\ln| ax + b | + C$

2. $\displaystyle\int (ax + b)^n dx = \frac{1}{a(n + 1)}(ax + b)^{n+1} + C \quad (n \neq -1)$

3. $\displaystyle\int \frac{x}{ax + b}dx = \frac{1}{a^2}(ax - b\ln| ax + b |) + C$

4. $\displaystyle\int \frac{x^2}{ax + b}dx = \frac{1}{a^3}\Big[\frac{1}{2}(ax + b)^2 - 2b(ax + b) + b^2\ln| ax + b |\Big] + C$

5. $\displaystyle\int \frac{dx}{x(ax + b)} = -\frac{1}{b}\ln\left| \frac{ax + b}{x} \right| + C$

6. $\displaystyle\int \frac{dx}{x^2(ax + b)} = -\frac{1}{bx} + \frac{a}{b^2}\ln\left| \frac{ax + b}{x} \right| + C$

7. $\displaystyle\int \frac{x\,dx}{(ax + b)^2} = \frac{1}{a^2}\Big(\ln| ax + b | + \frac{b}{ax + b}\Big) + C$

8. $\displaystyle\int \frac{x^2\,dx}{(ax + b)^2} = \frac{1}{a^3}\Big(ax + b - 2b\ln| ax + b | - \frac{b^2}{ax + b}\Big) + C$

9. $\displaystyle\int \frac{dx}{x(ax + b)^2} = \frac{1}{b(ax + b)} - \frac{1}{b^2}\ln\left| \frac{ax + b}{x} \right| + C$

二、含有 $\sqrt{ax + b}$ 的积分

10. $\displaystyle\int \sqrt{ax + b}\,dx = \frac{2}{3a}\sqrt{(ax + b)^3} + C$

11. $\displaystyle\int x\sqrt{ax + b}\,dx = \frac{2}{15a^2}(3ax - 2b)\sqrt{(ax + b)^3} + C$

12. $\displaystyle\int x^2\sqrt{ax + b}\,dx = \frac{2}{105a^3}(15a^2x^2 - 12abx + 8b^2)\sqrt{(ax + b)^3} + C$

13. $\displaystyle\int \frac{x}{\sqrt{ax + b}}dx = \frac{2}{3a^2}(ax - 2b)\sqrt{ax + b} + C$

14. $\displaystyle\int \frac{x^2}{\sqrt{ax + b}}dx = \frac{2}{15a^3}(3a^2x^2 - 4abx + 8b^2)\sqrt{ax + b} + C$

15. $\displaystyle\int \frac{1}{x\sqrt{ax + b}}dx = \begin{cases} \dfrac{1}{\sqrt{b}}\ln\left| \dfrac{\sqrt{ax + b} - \sqrt{b}}{\sqrt{ax + b} + \sqrt{b}} \right| + C \quad (b > 0) \\[3mm] \dfrac{2}{\sqrt{-b}}\arctan\sqrt{\dfrac{ax + b}{-b}} + C \quad (b < 0) \end{cases}$

16. $\displaystyle\int \frac{1}{x^2\sqrt{ax + b}}dx = -\frac{\sqrt{ax + b}}{bx} - \frac{a}{2b}\int \frac{1}{x\sqrt{ax + b}}dx$

17. $\displaystyle\int \frac{\sqrt{ax + b}}{x}dx = 2\sqrt{ax + b} + b\int \frac{1}{x\sqrt{ax + b}}dx$

18. $\int \dfrac{\sqrt{ax+b}}{x^2}\mathrm{d}x = -\dfrac{\sqrt{ax+b}}{x} + \dfrac{a}{2}\int \dfrac{1}{x\sqrt{ax+b}}\mathrm{d}x$

三、含有 $x^2 \pm a^2$ 的积分

19. $\int \dfrac{\mathrm{d}x}{x^2+a^2} = \dfrac{1}{a}\arctan\dfrac{x}{a} + C$

20. $\int \dfrac{\mathrm{d}x}{(x^2+a^2)^n} = \dfrac{x}{2(n-1)a^2(x^2+a^2)^{n-1}} + \dfrac{2n-3}{2(n-1)a^2}\int \dfrac{\mathrm{d}x}{(x^2+a^2)^{n-1}}$

21. $\int \dfrac{\mathrm{d}x}{x^2-a^2} = \dfrac{1}{2a}\ln\left|\dfrac{x-a}{x+a}\right| + C$

四、含有 $ax^2 + b\,(a>0)$ 的积分

22. $\int \dfrac{\mathrm{d}x}{ax^2+b} = \begin{cases} \dfrac{1}{\sqrt{ab}}\arctan\sqrt{\dfrac{a}{b}}x + C & (b>0) \\[3mm] \dfrac{1}{2\sqrt{-ab}}\ln\left|\dfrac{\sqrt{a}x-\sqrt{-b}}{\sqrt{a}x+\sqrt{-b}}\right| + C & (b<0) \end{cases}$

23. $\int \dfrac{x\,\mathrm{d}x}{ax^2+b} = \dfrac{1}{2a}\ln|ax^2+b| + C$

24. $\int \dfrac{x^2\,\mathrm{d}x}{ax^2+b} = \dfrac{x}{a} - \dfrac{b}{a}\int \dfrac{\mathrm{d}x}{ax^2+b}$

25. $\int \dfrac{\mathrm{d}x}{x(ax^2+b)} = \dfrac{1}{2b}\ln\left|\dfrac{x^2}{ax^2+b}\right| + C$

26. $\int \dfrac{1}{x^2(ax^2+b)}\mathrm{d}x = -\dfrac{1}{bx} - \dfrac{a}{b}\int \dfrac{\mathrm{d}x}{ax^2+b}$

27. $\int \dfrac{\mathrm{d}x}{(ax^2+b)^2} = \dfrac{x}{2b(ax^2+b)} + \dfrac{1}{2b}\int \dfrac{\mathrm{d}x}{ax^2+b}$

五、含有 $ax^2 + bx + c\,(a>0)$ 的积分

28. $\int \dfrac{\mathrm{d}x}{ax^2+bx+c} = \begin{cases} \dfrac{2}{\sqrt{4ac-b^2}}\arctan\dfrac{2ax+b}{\sqrt{4ac-b^2}} + C & (b^2<4ac) \\[3mm] \dfrac{1}{\sqrt{b^2-4ac}}\ln\left|\dfrac{2ax+b-\sqrt{b^2-4ac}}{2ax+b+\sqrt{b^2-4ac}}\right| + C & (b^2>4ac) \end{cases}$

29. $\int \dfrac{x\,\mathrm{d}x}{ax^2+bx+c} = \dfrac{1}{2a}\ln|ax^2+bx+c| - \dfrac{b}{2a}\int \dfrac{\mathrm{d}x}{ax^2+bx+c}$

六、含有 $\sqrt{x^2+a^2}\,(a>0)$ 的积分

30. $\int \dfrac{\mathrm{d}x}{\sqrt{x^2+a^2}} = \ln\left|x+\sqrt{x^2+a^2}\right| + C$

31. $\int \dfrac{\mathrm{d}x}{\sqrt{(x^2+a^2)^3}} = \dfrac{x}{a^2\sqrt{x^2+a^2}} + C$

32. $\int \dfrac{x\,\mathrm{d}x}{\sqrt{x^2+a^2}} = \sqrt{x^2+a^2} + C$

33. $\int \dfrac{x\,\mathrm{d}x}{\sqrt{(x^2+a^2)^3}} = -\dfrac{1}{\sqrt{x^2+a^2}} + C$

$34. \int \dfrac{x^2 \mathrm{d}x}{\sqrt{x^2 + a^2}} = \dfrac{x}{2}\sqrt{x^2 + a^2} - \dfrac{a^2}{2}\ln(x + \sqrt{x^2 + a^2}) + C$

$35. \int \dfrac{x^2 \mathrm{d}x}{\sqrt{(x^2 + a^2)^3}} = -\dfrac{x}{\sqrt{x^2 + a^2}} + \ln(x + \sqrt{x^2 + a^2}) + C$

$36. \int \dfrac{\mathrm{d}x}{x\sqrt{x^2 + a^2}} = \dfrac{1}{a}\ln\dfrac{\sqrt{x^2 + a^2} - a}{|x|} + C$

$37. \int \dfrac{\mathrm{d}x}{x^2\sqrt{x^2 + a^2}} = -\dfrac{\sqrt{x^2 + a^2}}{a^2 x} + C$

$38. \int \sqrt{x^2 + a^2}\,\mathrm{d}x = \dfrac{x}{2}\sqrt{x^2 + a^2} + \dfrac{a^2}{2}\ln(x + \sqrt{x^2 + a^2}) + C$

$39. \int \sqrt{(x^2 + a^2)^3}\,\mathrm{d}x = \dfrac{x}{8}(2x^2 + 5a^2)\sqrt{x^2 + a^2} + \dfrac{3a^4}{8}\ln(x + \sqrt{x^2 + a^2}) + C$

$40. \int x\sqrt{x^2 + a^2}\,\mathrm{d}x = \dfrac{1}{3}\sqrt{(x^2 + a^2)^3} + C$

$41. \int x^2\sqrt{x^2 + a^2}\,\mathrm{d}x = \dfrac{x}{8}(2x^2 + a^2)\sqrt{x^2 + a^2} - \dfrac{a^4}{8}\ln(x + \sqrt{x^2 + a^2}) + C$

$42. \int \dfrac{\sqrt{x^2 + a^2}}{x}\,\mathrm{d}x = \sqrt{x^2 + a^2} + a\ln\dfrac{\sqrt{x^2 + a^2} - a}{|x|} + C$

$43. \int \dfrac{\sqrt{x^2 + a^2}}{x^2}\,\mathrm{d}x = -\dfrac{\sqrt{x^2 + a^2}}{x} + \ln(x + \sqrt{x^2 + a^2}) + C$

七、含有 $\sqrt{x^2 - a^2}\,(a > 0)$ 的积分

$44. \int \dfrac{\mathrm{d}x}{\sqrt{x^2 - a^2}} = \ln|x + \sqrt{x^2 - a^2}| + C$

$45. \int \dfrac{\mathrm{d}x}{\sqrt{(x^2 - a^2)^3}} = -\dfrac{x}{a^2\sqrt{x^2 - a^2}} + C$

$46. \int \dfrac{x\,\mathrm{d}x}{\sqrt{x^2 - a^2}} = \sqrt{x^2 - a^2} + C$

$47. \int \dfrac{x\,\mathrm{d}x}{\sqrt{(x^2 - a^2)^3}} = -\dfrac{1}{\sqrt{x^2 - a^2}} + C$

$48. \int \dfrac{x^2 \mathrm{d}x}{\sqrt{x^2 - a^2}} = \dfrac{x}{2}\sqrt{x^2 - a^2} + \dfrac{a^2}{2}\ln|x + \sqrt{x^2 - a^2}| + C$

$49. \int \dfrac{x^2 \mathrm{d}x}{\sqrt{(x^2 - a^2)^3}} = -\dfrac{x}{\sqrt{x^2 - a^2}} + \ln|x + \sqrt{x^2 - a^2}| + C$

$50. \int \dfrac{\mathrm{d}x}{x\sqrt{x^2 - a^2}} = \dfrac{1}{a}\arccos\dfrac{a}{|x|} + C$

$51. \int \dfrac{\mathrm{d}x}{x^2\sqrt{x^2 - a^2}} = \dfrac{\sqrt{x^2 - a^2}}{a^2 x} + C$

$52. \int \sqrt{x^2 - a^2}\,\mathrm{d}x = \dfrac{x}{2}\sqrt{x^2 - a^2} - \dfrac{a^2}{2}\ln|x + \sqrt{x^2 - a^2}| + C$

53. $\int \sqrt{(x^2-a^2)^3}\,dx = \dfrac{x}{8}(2x^2-5a^2)\sqrt{x^2-a^2} + \dfrac{3a^4}{8}\ln\left| x+\sqrt{x^2-a^2} \right| + C$

54. $\int x\sqrt{x^2-a^2}\,dx = \dfrac{1}{3}\sqrt{(x^2-a^2)^3} + C$

55. $\int x^2\sqrt{x^2-a^2}\,dx = \dfrac{x}{8}(2x^2-a^2)\sqrt{x^2-a^2} - \dfrac{a^4}{8}\ln| x+\sqrt{x^2-a^2} | + C$

56. $\int \dfrac{\sqrt{x^2-a^2}}{x}\,dx = \sqrt{x^2-a^2} - \arccos\dfrac{a}{|x|} + C$

57. $\int \dfrac{\sqrt{x^2-a^2}}{x^2}\,dx = -\dfrac{\sqrt{x^2-a^2}}{x} + \ln| x+\sqrt{x^2-a^2} | + C$

八、含有 $\sqrt{a^2-x^2}\,(a>0)$ 的积分

58. $\int \dfrac{dx}{\sqrt{a^2-x^2}} = \arcsin\dfrac{x}{a} + C$

59. $\int \dfrac{dx}{\sqrt{(a^2-x^2)^3}} = \dfrac{x}{a^2\sqrt{a^2-x^2}} + C$

60. $\int \dfrac{x\,dx}{\sqrt{a^2-x^2}} = -\sqrt{a^2-x^2} + C$

61. $\int \dfrac{x\,dx}{\sqrt{(a^2-x^2)^3}} = \dfrac{1}{\sqrt{a^2-x^2}} + C$

62. $\int \dfrac{x^2\,dx}{\sqrt{a^2-x^2}} = -\dfrac{x}{2}\sqrt{a^2-x^2} + \dfrac{a^2}{2}\arcsin\dfrac{x}{a} + C$

63. $\int \dfrac{x^2\,dx}{\sqrt{(a^2-x^2)^3}} = \dfrac{x}{\sqrt{a^2-x^2}} - \arcsin\dfrac{x}{a} + C$

64. $\int \dfrac{dx}{x\sqrt{a^2-x^2}} = \dfrac{1}{a}\ln\dfrac{a-\sqrt{a^2-x^2}}{|x|} + C$

65. $\int \dfrac{dx}{x^2\sqrt{a^2-x^2}} = -\dfrac{\sqrt{a^2-x^2}}{a^2x} + C$

66. $\int \sqrt{a^2-x^2}\,dx = \dfrac{x}{2}\sqrt{a^2-x^2} + \dfrac{a^2}{2}\arcsin\dfrac{x}{a} + C$

67. $\int \sqrt{(a^2-x^2)^3}\,dx = \dfrac{x}{8}(5a^2-2x^2)\sqrt{a^2-x^2} + \dfrac{3a^4}{8}\arcsin\dfrac{x}{a} + C$

68. $\int x\sqrt{a^2-x^2}\,dx = -\dfrac{1}{3}\sqrt{(a^2-x^2)^3} + C$

69. $\int x^2\sqrt{a^2-x^2}\,dx = \dfrac{x}{8}(2x^2-a^2)\sqrt{a^2-x^2} + \dfrac{a^4}{8}\arcsin\dfrac{x}{a} + C$

70. $\int \dfrac{\sqrt{a^2-x^2}}{x}\,dx = \sqrt{a^2-x^2} + a\ln\dfrac{a-\sqrt{a^2-x^2}}{|x|} + C$

71. $\int \dfrac{\sqrt{a^2-x^2}}{x^2}\,dx = -\dfrac{\sqrt{a^2-x^2}}{x} - \arcsin\dfrac{x}{a} + C$

九、含有 $\sqrt{\pm ax^2 + bx + c}\,(a > 0)$ 的积分

72. $\displaystyle\int \frac{1}{\sqrt{ax^2 + bx + c}}dx = \frac{1}{\sqrt{a}}\ln\left|2ax + b + 2\sqrt{a}\,\sqrt{ax^2 + bx + c}\right| + C$

73. $\displaystyle\int \sqrt{ax^2 + bx + c}\,dx = \frac{2ax + b}{4a}\sqrt{ax^2 + bx + c} + \frac{4ac - b^2}{8\sqrt{a^3}}\ln\left|2ax + b + 2\sqrt{a}\,\sqrt{ax^2 + bx + c}\right| + C$

74. $\displaystyle\int \frac{x}{\sqrt{ax^2 + bx + c}}dx = \frac{1}{a}\sqrt{ax^2 + bx + c} - \frac{b}{2\sqrt{a^3}}\ln\left|2ax + b + 2\sqrt{a}\,\sqrt{ax^2 + bx + c}\right| + C$

75. $\displaystyle\int \frac{dx}{\sqrt{c + bx - ax^2}} = \frac{1}{\sqrt{a}}\arcsin\frac{2ax - b}{\sqrt{b^2 + 4ac}} + C$

76. $\displaystyle\int \sqrt{c + bx - ax^2}\,dx = \frac{2ax - b}{4a}\sqrt{c + bx - ax^2} + \frac{b^2 + 4ac}{8\sqrt{a^3}}\arcsin\frac{2ax - b}{\sqrt{b^2 + 4ac}} + C$

77. $\displaystyle\int \frac{x}{\sqrt{c + bx - ax^2}}dx = -\frac{1}{a}\sqrt{c + bx - ax^2} + \frac{b}{2\sqrt{a^3}}\arcsin\frac{2ax - b}{\sqrt{b^2 + 4ac}} + C$

十、含有 $\sqrt{\dfrac{a \pm x}{b \pm x}}$ 或 $\sqrt{(x - a)(x - b)}$ 的积分

78. $\displaystyle\int \sqrt{\frac{a + x}{b + x}}\,dx = \sqrt{(x + a)(x + b)} + (a - b)\ln(\sqrt{x + a} + \sqrt{x + b}) + C$

79. $\displaystyle\int \sqrt{\frac{a - x}{b - x}}\,dx = -\sqrt{(a - x)(b - x)} + (b - a)\ln(\sqrt{a - x} + \sqrt{b - x}) + C$

80. $\displaystyle\int \sqrt{\frac{b - x}{x - a}}\,dx = \sqrt{(x - a)(b - x)} + (b - a)\arcsin\frac{\sqrt{x - a}}{\sqrt{b - a}} + C \quad (a < b)$

81. $\displaystyle\int \sqrt{\frac{x - a}{b - x}}\,dx = \sqrt{(x - a)(b - x)} + (b - a)\arcsin\frac{\sqrt{x - a}}{\sqrt{b - a}} + C \quad (a < b)$

82. $\displaystyle\int \frac{dx}{\sqrt{(x - a)(b - x)}} = 2\arcsin\sqrt{\frac{x - a}{b - a}} + C \quad (a < b)$

十一、含有三角函数的积分

83. $\displaystyle\int \sin x\,dx = -\cos x + C$

84. $\displaystyle\int \cos x\,dx = \sin x + C$

85. $\displaystyle\int \tan x\,dx = \ln|\cos x| + C$

86. $\displaystyle\int \cot x\,dx = \ln|\sin x| + C$

87. $\displaystyle\int \sec x\,dx = \ln|\sec x + \tan x| + C = \ln\left|\tan\left(\frac{\pi}{4} + \frac{x}{2}\right)\right| + C$

88. $\displaystyle\int \csc x\,dx = \ln|\csc x - \cot x| + C = \ln\left|\tan\frac{x}{2}\right| + C$

89. $\displaystyle\int \sec^2 x\,dx = \tan x + C$

90. $\int \csc^2 x \, dx = -\cot x + C$

91. $\int \sec x \tan x \, dx = \sec x + C$

92. $\int \csc x \cot x \, dx = -\csc x + C$

93. $\int \sin^2 x \, dx = \dfrac{x}{2} - \dfrac{1}{4}\sin 2x + C$

94. $\int \cos^2 x \, dx = \dfrac{x}{2} + \dfrac{1}{4}\sin 2x + C$

95. $\int \sin^n x \, dx = -\dfrac{1}{n}\sin^{n-1} x \cos x + \dfrac{n-1}{n}\int \sin^{n-2} x \, dx$

96. $\int \cos^n x \, dx = \dfrac{1}{n}\cos^{n-1} x \sin x + \dfrac{n-1}{n}\int \cos^{n-2} x \, dx$

97. $\int \dfrac{dx}{\sin^n x} = -\dfrac{1}{n-1}\dfrac{\cos x}{\sin^{n-1} x} + \dfrac{n-2}{n-1}\int \dfrac{dx}{\sin^{n-2} x}$

98. $\int \dfrac{dx}{\cos^n x} = \dfrac{1}{n-1}\dfrac{\sin x}{\cos^{n-1} x} + \dfrac{n-2}{n-1}\int \dfrac{dx}{\cos^{n-2} x}$

99. $\int \cos^m x \sin^n x \, dx = \dfrac{1}{m+n}\cos^{m-1} x \sin^{n+1} x + \dfrac{m-1}{m+n}\int \cos^{m-2} x \sin^n x \, dx$

$$= -\dfrac{1}{m+n}\cos^{m+1} x \sin^{n-1} x + \dfrac{m-1}{m+n}\int \cos^m x \sin^{n-2} x \, dx$$

100. $\int \sin ax \cos bx \, dx = -\dfrac{1}{2(a+b)}\cos(a+b)x - \dfrac{1}{2(a-b)}\cos(a-b)x + C \quad (a^2 \neq b^2)$

101. $\int \sin ax \sin bx \, dx = -\dfrac{1}{2(a+b)}\sin(a+b)x + \dfrac{1}{2(a-b)}\sin(a-b)x + C \quad (a^2 \neq b^2)$

102. $\int \cos ax \cos bx \, dx = \dfrac{1}{2(a+b)}\sin(a+b)x + \dfrac{1}{2(a-b)}\sin(a-b)x + C \quad (a^2 \neq b^2)$

103. $\int \dfrac{dx}{a + b\sin x} = \dfrac{2}{\sqrt{a^2 - b^2}}\arctan \dfrac{a\tan \frac{x}{2} + b}{\sqrt{a^2 - b^2}} + C \quad (a^2 > b^2)$

104. $\int \dfrac{dx}{a + b\sin x} = \dfrac{1}{\sqrt{b^2 - a^2}}\ln \left| \dfrac{a\tan \frac{x}{2} + b - \sqrt{b^2 - a^2}}{a\tan \frac{x}{2} + b + \sqrt{b^2 - a^2}} \right| + C \quad (a^2 < b^2)$

105. $\int \dfrac{dx}{a + b\cos x} = \dfrac{2}{a+b}\sqrt{\dfrac{a+b}{a-b}}\arctan\left(\sqrt{\dfrac{a-b}{a+b}}\tan\dfrac{x}{2}\right) + C \quad (a^2 > b^2)$

106. $\int \dfrac{dx}{a + b\cos x} = \dfrac{1}{a+b}\sqrt{\dfrac{a+b}{b-a}}\ln \left| \dfrac{\tan \frac{x}{2} + \sqrt{\frac{a+b}{b-a}}}{\tan \frac{x}{2} - \sqrt{\frac{a+b}{b-a}}} \right| + C \quad (a^2 < b^2)$

107. $\int \dfrac{dx}{a^2 \cos^2 x + b^2 \sin^2 x} = \dfrac{1}{ab}\arctan\left(\dfrac{b}{a}\tan x\right) + C$

108. $\int \dfrac{dx}{a^2\cos^2 x - b^2\sin^2 x} = \dfrac{1}{2ab}\ln\left|\dfrac{b\tan x + a}{b\tan x - a}\right| + C$

109. $\int x\sin ax\,dx = \dfrac{1}{a^2}\sin ax - \dfrac{1}{a}x\cos ax + C$

110. $\int x^2\sin ax\,dx = -\dfrac{1}{a}x^2\cos ax + \dfrac{2}{a^2}x\sin ax + \dfrac{2}{a^3}\cos ax + C$

111. $\int x\cos ax\,dx = \dfrac{1}{a^2}\cos ax + \dfrac{1}{a}x\sin ax + C$

112. $\int x^2\cos ax\,dx = \dfrac{1}{a}x^2\sin ax + \dfrac{2}{a^2}x\cos ax - \dfrac{2}{a^3}\sin ax + C$

十二、含有反三角函数的积分($a > 0$)

113. $\int \arcsin\dfrac{x}{a}\,dx = x\arcsin\dfrac{x}{a} + \sqrt{a^2 - x^2} + C$

114. $\int x\arcsin\dfrac{x}{a}\,dx = \left(\dfrac{x^2}{2} - \dfrac{a^2}{4}\right)\arcsin\dfrac{x}{a} + \dfrac{x}{4}\sqrt{a^2 - x^2} + C$

115. $\int x^2\arcsin\dfrac{x}{a}\,dx = \dfrac{x^3}{3}\arcsin\dfrac{x}{a} + \dfrac{1}{9}(x^2 + 2a^2)\sqrt{a^2 - x^2} + C$

116. $\int \arccos\dfrac{x}{a}\,dx = x\arccos\dfrac{x}{a} - \sqrt{a^2 - x^2} + C$

117. $\int x\arccos\dfrac{x}{a}\,dx = \left(\dfrac{x^2}{2} - \dfrac{a^2}{4}\right)\arccos\dfrac{x}{a} - \dfrac{x}{4}\sqrt{a^2 - x^2} + C$

118. $\int x^2\arccos\dfrac{x}{a}\,dx = \dfrac{x^3}{3}\arccos\dfrac{x}{a} - \dfrac{1}{9}(x^2 + 2a^2)\sqrt{a^2 - x^2} + C$

119. $\int \arctan\dfrac{x}{a}\,dx = x\arctan\dfrac{x}{a} - \dfrac{a}{2}\ln(a^2 + x^2) + C$

120. $\int x\arctan\dfrac{x}{a}\,dx = \dfrac{1}{2}(a^2 + x^2)\arctan\dfrac{x}{a} - \dfrac{ax}{2} + C$

121. $\int x^2\arctan\dfrac{x}{a}\,dx = \dfrac{x^3}{3}\arctan\dfrac{x}{a} - \dfrac{a}{6}x^2 + \dfrac{a^3}{6}\ln(a^2 + x^2) + C$

十三、含有指数函数的积分

122. $\int a^x\,dx = \dfrac{1}{\ln a}a^x + C$

123. $\int e^{ax}\,dx = \dfrac{1}{a}e^{ax} + C$

124. $\int xe^{ax}\,dx = \dfrac{1}{a^2}(ax - 1)e^{ax} + C$

125. $\int x^n e^{ax}\,dx = \dfrac{1}{a}x^n e^{ax} - \dfrac{n}{a}\int x^{n-1}e^{ax}\,dx$

126. $\int xa^x\,dx = \dfrac{x}{\ln a}a^x - \dfrac{x}{(\ln a)^2}a^x + C$

127. $\int x^n a^x\,dx = \dfrac{1}{\ln a}x^n a^x - \dfrac{n}{\ln a}\int x^{n-1}a^x\,dx$

128. $\int e^{ax} \sin bx \, dx = \dfrac{1}{a^2 + b^2} e^{ax} (a \sin bx - b \cos bx) + C$

129. $\int e^{ax} \cos bx \, dx = \dfrac{1}{a^2 + b^2} e^{ax} (b \sin bx + a \cos bx) + C$

130. $\int e^{ax} \sin^n bx \, dx = \dfrac{1}{a^2 + b^2 n^2} e^{ax} \sin^{n-1} bx (a \sin bx - nb \cos bx) + \dfrac{n(n-1)b^2}{a^2 + b^2 n^2} \int e^{ax} \sin^{n-2} bx \, dx$

131. $\int e^{ax} \cos^n bx \, dx = \dfrac{1}{a^2 + b^2 n^2} e^{ax} \cos^{n-1} bx (a \cos bx + nb \sin bx) + \dfrac{n(n-1)b^2}{a^2 + b^2 n^2} \int e^{ax} \cos^{n-2} bx \, dx$

十四、含有对数函数的积分

132. $\int \ln x \, dx = x \ln x - x + C$

133. $\int \dfrac{dx}{x \ln x} = \ln |\ln x| + C$

134. $\int x^n \ln x \, dx = \dfrac{x^{n+1}}{n+1} (\ln x - \dfrac{1}{n+1}) + C$

135. $\int (\ln x)^n \, dx = x (\ln x)^n - n \int (\ln x)^{n-1} \, dx$

136. $\int x^m (\ln x)^n \, dx = \dfrac{x^{m+1}}{m+1} (\ln x)^n - \dfrac{n}{m+1} \int x^m (\ln x)^{n-1} \, dx$

十五、定积分

137. $\int_{-\pi}^{\pi} \cos nx \, dx = \int_{-\pi}^{\pi} \sin nx \, dx = 0$

138. $\int_{-\pi}^{\pi} \cos mx \sin nx \, dx = 0$

139. $\int_{-\pi}^{\pi} \cos mx \cos nx \, dx = \begin{cases} 0 & (m \neq n) \\ \pi & (m \neq n) \end{cases}$

140. $\int_{-\pi}^{\pi} \sin mx \sin nx \, dx = \begin{cases} 0 & (m \neq n) \\ \pi & (m \neq n) \end{cases}$

141. $\int_{0}^{\pi} \sin mx \sin nx \, dx = \int_{0}^{\pi} \cos mx \cos nx \, dx = \begin{cases} 0 & (m \neq n) \\ \dfrac{\pi}{2} & (m \neq n) \end{cases}$

142. $I_n = \int_{0}^{\frac{\pi}{2}} \sin^n x \, dx = \int_{0}^{\frac{\pi}{2}} \cos^n x \, dx$

$I_n = \dfrac{n-1}{n} I_{n-2}$

$\begin{cases} I_n = \dfrac{n-1}{n} \dfrac{n-3}{n-2} \cdots \dfrac{4}{5} \dfrac{2}{3}, (n \text{ 为正奇数}), I_1 = 1 \\ I_n = \dfrac{n-1}{n} \dfrac{n-3}{n-2} \cdots \dfrac{3}{4} \dfrac{1}{2} \dfrac{\pi}{2}, (n \text{ 为正偶数}), I_0 = \dfrac{\pi}{2} \end{cases}$

附录 Ⅲ 基本初等函数

函　数	定义域和值域	图　　像	性　　质
幂函数 $y = x^{\mu}$			当 $\mu > 0$ 时,函数在第一象限单调增 当 $\mu < 0$ 时,函数在第一象限单调减
指数函数 $y = a^x$ $(a > 0, a \neq 1)$	$x \in (-\infty, +\infty)$ $y \in (0, +\infty)$		过点 $(0,1)$ 当 $a > 1$ 时,单调增 当 $0 < a < 1$ 时,单调减
对数函数 $y = \log_a x$ $(a > 0, a \neq 1)$	$x \in (0, +\infty)$ $y \in (-\infty, +\infty)$		过点 $(1,0)$ 当 $a > 1$ 时,单调增 当 $0 < a < 1$ 时,单调减
三角函数　正弦函数 $y = \sin x$	$x \in (-\infty, +\infty)$ $y \in [-1,1]$		奇函数,周期为 2π,有界 在 $\left[2k\pi - \dfrac{\pi}{2}, 2k\pi + \dfrac{\pi}{2}\right] (k \in \mathbf{Z})$ 单调增 在 $\left[2k\pi + \dfrac{\pi}{2}, 2k\pi + \dfrac{3\pi}{2}\right] (k \in \mathbf{Z})$ 单调减
余弦函数 $y = \cos x$	$x \in (-\infty, +\infty)$ $y \in [-1,1]$		偶函数,周期为 2π,有界 在 $[2k\pi, 2k\pi + \pi] (k \in \mathbf{Z})$ 单调减 在 $[2k\pi - \pi, 2k\pi] (k \in \mathbf{Z})$ 单调增
正切函数 $y = \tan x$	$x \neq k\pi + \dfrac{\pi}{2} (k \in \mathbf{Z})$ $y \in (-\infty, +\infty)$		奇函数,周期为 π 在 $\left(k\pi - \dfrac{\pi}{2}, k\pi + \dfrac{\pi}{2}\right) (k \in \mathbf{Z})$ 单调增
余切函数 $y = \cot x$	$x \neq k\pi (k \in \mathbf{Z})$ $y \in (-\infty, +\infty)$		奇函数,周期为 π 在 $(k\pi, (k+1)\pi) \quad (k \in \mathbf{Z})$ 单调减

(续表)

函　　数	定义域和值域	图　　像	性　　质
反正弦函数 $y = \arcsin x$	$x \in [-1,1]$ $y \in \left[-\dfrac{\pi}{2}, \dfrac{\pi}{2}\right]$		奇函数,有界 单调增
反余弦函数 $y = \arccos x$	$x \in [-1,1]$ $y \in [0,\pi]$		有界 单调减
反正切函数 $y = \arctan x$	$x \in (-\infty, +\infty)$ $y \in \left(-\dfrac{\pi}{2}, \dfrac{\pi}{2}\right)$		奇函数,有界 单调增
反余切函数 $y = \text{arccot} x$	$x \in (-\infty, +\infty)$ $y \in (0,\pi)$		有界 单调减

反三角函数

附录 Ⅳ　拉普拉斯变换表

表 1 （已知像原函数，求像函数）

	像原函数 $f(t)$	像函数 $F(s)$
1	0	0
2	$\delta(t) = \begin{cases} 0 & t \neq 0 \\ \infty & t = 0 \end{cases}$	1
3	$\delta(t-a)\ (a>0)$	e^{-as}
4	1	$\dfrac{1}{s}$
5	$t^n\,(n=1,2,3,\cdots)$	$\dfrac{n!}{s^{n+1}}$
6	$\sqrt{t}$	$\dfrac{\sqrt{\pi}}{2} \cdot \dfrac{1}{s^{3/2}}$
7	$\dfrac{1}{\sqrt{t}}$	$\sqrt{\dfrac{\pi}{s}}$
8	$\begin{cases} 0 & 0<t<a \\ 1 & t>a \end{cases}\ (a>0)$	$\dfrac{e^{-as}}{s}$
9	$\begin{cases} 0 & 0<t<a \\ t-a & t>a \end{cases}$	$\dfrac{e^{-as}}{s^2}$
10	$\begin{cases} 0 & 0<t<a \\ 1 & a<t<b\ (0<a<b) \\ 0 & t>b \end{cases}$	$\dfrac{e^{-as}-e^{-bs}}{s}$
11	e^{at}	$\dfrac{1}{s-a}$
12	te^{at}	$\dfrac{1}{(s-a)^2}$
13	$\sin at$	$\dfrac{a}{s^2+a^2}$
14	$\cos at$	$\dfrac{s}{s^2+a^2}$
15	$\operatorname{sh} at$	$\dfrac{a}{s^2-a^2}$
16	$\operatorname{ch} at$	$\dfrac{s}{s^2-a^2}$
17	$t\sin at$	$\dfrac{2sa}{(s^2+a^2)^2}$

(续表)

	像原函数 $f(t)$	像函数 $F(s)$
18	$t\cos at$	$\dfrac{s^2 - a^2}{(s^2 + a^2)^2}$
19	$e^{at}\sin bt$	$\dfrac{b}{(s - a)^2 + b^2}$
20	$e^{at}\cos bt$	$\dfrac{s - a}{(s - a)^2 + b^2}$

表2 （已知像函数，求像原函数）

	像函数 $F(s)$	像原函数 $f(t)$
1	$\dfrac{1}{s^n}(n = 1,2,3,\cdots)$	$\dfrac{t^{n-1}}{(n - 1)!}$
2	$\dfrac{1}{(s - a)^n}(n = 1,2,3,\cdots)$	$\dfrac{t^{n-1}}{(n - 1)!}e^{at}$
3	$\dfrac{1}{(s - a)(s - b)}(a \neq b)$	$\dfrac{1}{a - b}(e^{at} - e^{bt})$
4	$\dfrac{s}{(s - a)(s - b)}(a \neq b)$	$\dfrac{h}{a - b}(ae^{at} - be^{bt})$
5	$\dfrac{1}{(s - a)(s - b)(s - c)}(a,b,c \text{ 不等})$	$-\dfrac{(b - c)e^{at} + (c - a)e^{bt} + (a - b)e^{ct}}{(a - b)(b - c)(c - a)}$
6	$\dfrac{s}{(s - a)^2}$	$(1 + at)e^{at}$
7	$\dfrac{s}{(s - a)^3}$	$t\left(1 + \dfrac{a}{2}t\right)e^{at}$
8	$\dfrac{1}{(s - a)(s - b)^2}(a \neq b)$	$\dfrac{1}{(a - b)^2}e^{at} - \dfrac{1 + (a - b)t}{(a - b)^2}e^{bt}$
9	$\dfrac{s}{(s - a)(s - b)^2}(a \neq b)$	$\dfrac{a}{(a - b)^2}e^{at} - \dfrac{a + b(a - b)t}{(a - b)^2}e^{bt}$
10	$\dfrac{a}{s^2 + a^2}$	$\sin at$
11	$\dfrac{s}{s^2 + a^2}$	$\cos at$
12	$\dfrac{a}{s^2 - a^2}$	$\text{sh}\,at$
13	$\dfrac{s}{s^2 - a^2}$	$\text{ch}\,at$
14	$\dfrac{b}{(s + a)^2 + b^2}$	$e^{-at}\sin bt$

（续表）

	像函数 $F(s)$	像原函数 $f(t)$
15	$\dfrac{s+a}{(s+a)^2+b^2}$	$e^{-at}\cos bt$
16	$\dfrac{1}{s(s^2+a^2)}$	$\dfrac{1}{a^2}(1-\cos at)$
17	$\dfrac{1}{s^2(s^2+a^2)}$	$\dfrac{1}{a^3}(at-\sin at)$
18	$\dfrac{1}{(s^2+a^2)^2}$	$\dfrac{1}{2a^3}(\sin at-at\cos at)$
19	$\dfrac{s}{(s^2+a^2)^2}$	$\dfrac{t}{2a}\sin at$
20	$\dfrac{s^2}{(s^2+a^2)^2}$	$\dfrac{1}{2a}(\sin at+at\cos at)$
21	$\dfrac{s^2-a^2}{(s^2+a^2)^2}$	$t\cos at$
22	$\dfrac{1}{s(s^2+a^2)^2}$	$\dfrac{1}{a^4}(1-\cos at)-\dfrac{1}{2a^3}t\sin at$
23	$\dfrac{2as}{(s^2-a^2)^2}$	$t\,\mathrm{sh}\,at$
24	$\dfrac{s^2+a^2}{(s^2-a^2)^2}$	$t\,\mathrm{ch}\,at$
25	$\dfrac{2}{s(s^2+4)}$	$\sin^2 t$
26	$\dfrac{s^2+2}{s(s^2+4)}$	$\cos^2 t$
27	$\dfrac{3a^2}{s^3+a^3}$	$e^{-at}-e^{\frac{at}{2}}\left(\cos\dfrac{\sqrt{3}\,at}{2}-\sqrt{3}\sin\dfrac{\sqrt{3}\,at}{2}\right)$
28	$\dfrac{1}{s^4+a^4}$	$\dfrac{1}{\sqrt{2}\,a^3}\left(\sin\dfrac{at}{\sqrt{2}}\mathrm{ch}\dfrac{at}{\sqrt{2}}-\cos\dfrac{at}{\sqrt{2}}\mathrm{sh}\dfrac{at}{\sqrt{2}}\right)$
29	$\dfrac{s}{s^4+a^4}$	$\dfrac{1}{a^2}\sin\dfrac{at}{\sqrt{2}}\mathrm{sh}\dfrac{at}{\sqrt{2}}$
30	$\dfrac{1}{s^4-a^4}$	$\dfrac{1}{2a^3}(\mathrm{sh}\,at-\sin at)$
31	$\dfrac{s}{s^4-a^4}$	$\dfrac{1}{2a^2}(\mathrm{ch}\,at-\cos at)$
32	1	$\delta(t)$
33	e^{-as}	$\delta(t-a)$

(续表)

	像函数 $F(s)$	像原函数 $f(t)$
34	s	$\delta'(t)$
35	se^{-as}	$\delta'(t-a)$
36	$\dfrac{1}{\sqrt{s}}$	$\dfrac{1}{\sqrt{\pi t}}$
37	$\dfrac{1}{s\sqrt{s}}$	$2\sqrt{\dfrac{t}{\pi}}$
38	$\dfrac{s}{(s-a)\sqrt{s-a}}$	$\dfrac{1}{\sqrt{\pi t}}e^{at}(1+2at)$
39	$\sqrt{s-a}-\sqrt{s-b}$	$\dfrac{1}{2\sqrt{\pi t^3}}(e^{bt}-e^{at})$
40	$\ln\dfrac{s-a}{s-b}$	$\dfrac{e^{bt}-e^{at}}{t}$
41	$\ln\dfrac{s^2+a^2}{s^2}$	$\dfrac{2(1-\cos at)}{t}$
42	$\ln\dfrac{s^2-a^2}{s^2}$	$\dfrac{2(1-\mathrm{ch}\,at)}{t}$
43	$\ln\dfrac{s^2+a^2}{s^2+b^2}(a\neq b)$	$\dfrac{2(\cos bt-\cos at)}{t}$
44	$\ln\dfrac{s^2-a^2}{s^2-b^2}(a\neq b)$	$\dfrac{2(\mathrm{ch}\,bt-\mathrm{ch}\,at)}{t}$

附录 Ⅴ 有理分式分解为部分分式

由代数学可知,n 次实系数多项式

$$Q(x) = x^n + a_1 x^{n-1} + \cdots + a_{n-1} x + a_n$$

总可以分解为一些实系数的一次因子与二次因子的乘积,设为

$$Q(x) = (x-a)^h \cdots (x-b)^k (x^2 + px + q)^l \cdots (x^2 + rx + s)^t$$

其中 $a, \cdots, b, p, q, \cdots, r, s$ 为常数;且 $p^2 - 4q < 0, \cdots, r^2 - 4s < 0; h, \cdots, k, l, \cdots, t$ 为正整数,且 $h + \cdots + k + 2(l + \cdots + t) = n$.

设 $\dfrac{P(x)}{Q(x)} = \dfrac{x^m + b_1 x^{m-1} + \cdots + b_{m-1} x + b_m}{x^n + a_1 x^{n-1} + \cdots + a_{n-1} x + a_n}$ 为既约真分式(分子与分母没有公因子,分子次数低于分母次数). 则 $\dfrac{P(x)}{Q(x)}$ 可惟一地分解成形如 $\dfrac{A_1}{x-a}, \cdots, \dfrac{A_h}{(x-a)^h}; \dfrac{B_1}{x-b}, \cdots,$ $\dfrac{B_k}{(x-b)^k}; \dfrac{C_l x + D_l}{x^2 + px + q}, \cdots, \dfrac{C_1 x + D_1}{(x^2 + px + q)^l}; \dfrac{E_1 x + F_1}{x^2 + rx + s}, \cdots, \dfrac{E_t x + F_t}{(x^2 + rx + s)^t}$ 的基本真分式之和,其运算称为部分分式展开,其中 $A_1, \cdots, A_h; B_1, \cdots, B_k; C_1, D_1, \cdots, C_l, D_l; E_1, F_1, \cdots, E_t, F_t$,为待定常数。若 $\dfrac{P(x)}{Q(x)}$ 为假分式(分子次数不低于分母次数),应先化为整式与真分式之和,然后再对真分式进行部分分式展开。

【例1】 将 $\dfrac{2x-1}{x^2 - 5x + 6}$ 分解为部分分式.

解 设 $\dfrac{2x-1}{x^2 - 5x + 6} = \dfrac{A}{x-3} + \dfrac{B}{x-2}$,两边同乘以 $(x-3)(x-2)$,得

$$2x - 1 = A(x-2) + B(x-3)$$

令 $x = 2$,得 $B = -3$;令 $x = 3$,得 $A = 5$(x 取 $-3, 2$ 外的值结果相同),所以

$$\frac{2x-1}{x^2 - 5x + 6} = \frac{5}{x-3} - \frac{3}{x-2}.$$

【例2】 将 $\dfrac{x^2 + 2x - 1}{(x-1)(x^2 - x + 1)}$ 分解为部分分式.

解 设 $\dfrac{x^2 + 2x - 1}{(x-1)(x^2 - x + 1)} = \dfrac{A}{x-1} + \dfrac{Bx + C}{x^2 - x + 1}$,两边同乘以 $(x-1)(x^2 - x + 1)$,得

$$x^2 + 2x - 1 = A(x^2 - x + 1) + (Bx + C)(x-1)$$

令 $x = 1$,得 $A = 2$;令 $x = 0$,得 $C = 3$;令 $x = 2$,得 $B = -1$,所以

$$\frac{x^2 + 2x - 1}{(x-1)(x^2 - x + 1)} = \frac{2}{x-1} - \frac{x-3}{x^2 - x + 1}$$

【例3】 将 $\dfrac{x^2+1}{x(x-1)^2}$ 分解为部分分式.

解 设 $\dfrac{x^2+1}{x(x-1)^2} = \dfrac{A}{x} + \dfrac{B}{x-1} + \dfrac{C}{(x-1)^2}$，两边同乘以 $x(x-1)^2$，得

$$x^2 + 1 = A(x-1)^2 + Bx(x-1) + Cx$$

令 $x=0$，得 $A=1$；令 $x=1$，得 $C=2$；令 $x=2$，得 $B=0$，所以

$$\dfrac{x^2+1}{x(x-1)^2} = \dfrac{1}{x} + \dfrac{2}{(x-1)^2}.$$